建筑节能与
暖通空调节能技术研究

于磊鑫　袁登峰　段桂芝　**主编**

图书在版编目（CIP）数据

建筑节能与暖通空调节能技术研究 / 于磊鑫，袁登峰，段桂芝主编．-- 哈尔滨 : 哈尔滨出版社，2023.1
ISBN 978-7-5484-6654-3

Ⅰ．①建… Ⅱ．①于… ②袁… ③段… Ⅲ．①建筑－节能－研究②房屋建筑设备－采暖设备－节能－研究③房屋建筑设备－通风设备－节能－研究④房屋建筑设备－空气调节设备－节能－研究 Ⅳ．①TU111.4②TU83

中国版本图书馆CIP数据核字（2022）第152006号

书　　名：建筑节能与暖通空调节能技术研究
JIANZHU JIENENG YU NUANTONG KONGTIAO JIENENG JISHU YANJIU

作　　者：于磊鑫　袁登峰　段桂芝　主编
责任编辑：张艳鑫
封面设计：张　华

出版发行：哈尔滨出版社（Harbin Publishing House）
社　　址：哈尔滨市香坊区泰山路82-9号　邮编：150090
经　　销：全国新华书店
印　　刷：河北创联印刷有限公司
网　　址：www.hrbcbs.com
E - mail：hrbcbs@yeah.net
编辑版权热线：（0451）87900271　87900272

开　　本：787mm×1092mm　1/16　印张：12.75　字数：260千字
版　　次：2023年1月第1版
印　　次：2023年1月第1次印刷
书　　号：ISBN 978-7-5484-6654-3
定　　价：68.00元

编委会

主　编

于磊鑫　沈阳城市建设学院

袁登峰　新疆宏泰建工集团有限公司

段桂芝　山东省建筑设计研究院有限公司

副主编

胡永广　河南永正检验检测研究院有限公司

李腾飞　山东省威海市环翠区孙家疃街道办事处

秦连银　商丘工学院

王　献　驻马店市建筑公司

王彦奎　山东天元安装工程有限公司

王振凤　山东天元安装工程有限公司

夏贞瑜　河南省鹤壁市淇滨热力有限公司

闫海滨　冰轮环境技术股份有限公司

建筑节能是在当今人类面临生存与可持续发展重大问题的大环境下，建筑发展的基本趋向，是建筑技术进步的一个重大标志，也是建筑界实施可持续发展战略的一个关键环节。积极推进建筑节能经济持续稳定发展，减轻大气污染，有利于改善人民生活和工作环境，减少温室气体排放，缓解地球变暖的趋势，是发展我国建筑业和节能事业的重要工作。暖通空调系统在建筑节能中占据着重要的位置，起着重要的作用。在节省能源、保护环境的大环境下，要采取各种节能措施，降低空调系统的运行能耗和费用。只要通过暖通空调专业人士的不懈努力，暖通空调系统的节能降耗终会为社会做出贡献。

本书分为九个章节，从不同角度对建筑节能和暖通空调节能技术进行了详细的分析与阐述，发现其中存在的各种问题，并提出了相应的建议、措施和方法，从而为建筑事业贡献一份力量。

Contents

目录

第一章　绪论

第一节　我国的建筑与建筑能耗

我国碳减排工作已经进入总量控制阶段。建筑作为能源消耗的三大“巨头”之一，是温室气体排放的重要来源。建筑节能将是我国实现2030年碳减排目标的关键领域。能耗及碳排放数据是科学推进建筑节能工作的基础。目前，中国建筑节能在法律法规、激励政策、技术标准等体系建设方面取得了长足进展，但建筑能耗及碳排放统计制度建设仍有待进一步加强。在当前碳排放总量控制阶段，制定能耗总量控制目标，推动建筑碳排放交易市场机制的创新和发展，均需科学的能耗及碳排放数据作为建筑节能事业的基础支撑。

一、全国建筑能耗（2000—2017年）

（一）中国建筑能耗总体状况

2017年，中国建筑能源消费总量为9.47亿吨标准煤，占全国能源消费总量的21.10%，其中公共建筑能耗3.63亿吨标准煤，占建筑能耗总量的38.37%；城镇居住建筑能耗3.61亿吨标准煤，占比38.09%；农村居住建筑能耗2.23亿吨标准煤，占比23.55%。

2017年，全国建筑总面积达到642.47亿平方米，其中公共建筑面积约119.59亿平方米，占比18.61%；城镇居住建筑面积304.52亿平方米，占比47.40%；农村居住建筑218.37亿平方米，占比33.99%。

从单位面积能耗强度来看，公共建筑能耗强度是四类建筑用能中强度最高的，且近年来一直保持增长的趋势。2017年公共建筑单位面积能耗为30.35kgcu/m^2，分别是城镇居住建筑的2倍（11.85kgcu/m^2）和农村居住建筑的2.4倍（10.21kgcu/m^2），这里三种类型建筑的单位面积能耗强度均为发电煤耗法口径。2017年公共建筑单位面积电耗为61.94kWh/m^2，分别是城镇居住建筑的3.8倍（16.29kWh/m^2）和农村居住建筑的3.3倍（18.82kWh/m^2）。

（二）全国建筑能耗时间序列变化特点分析

1. 建筑能源消费变化特点分析

（1）建筑能耗总量呈现持续增长趋势，但年均增速在“十一五”和“十二五”期间明显放缓。2000—2017年，全国建筑能源消费总量呈现持续增长趋势，从2000年的2.88亿吨标准煤，增长到2017年的9.47亿吨标准煤，增长了约3.2倍，年均增长7.25%。

从分时间段看，相比“十五”期间，“十一五”和“十二五”期间建筑能耗增长速度显著下降。“十五”建筑能耗年均增长约12%，而此后的两个五年计划增速均为5%左右，增速下降超过50%。这从一定程度上反映了“十一五”以来，中国大力推进建筑节能工作，减缓了建筑能耗的增长速度。

从分类建筑能耗看，公共建筑、城镇居住建筑和农村居住建筑三者增长速度相当，这使得三者比例持续成一个比较稳定的状态。2000—2017年，公共建筑能耗（含采暖能耗）占全部建筑能耗的比重在34%～39%，城镇居住建筑（含采暖能耗）在38%～42%，农村建筑能耗则稳定在23%～24%。在生态文明战略的指引下，建筑领域制定了一系列标准制度以推动绿色发展，新建建筑、既有建筑、公共建筑、可再生能源、绿色建筑等建筑节能重点专项工作成效显著。“十二五”时期建筑节能标准稳步提升，执行比率达到100%，累计增加节能建筑面积70亿㎡，节能建筑比重超过城镇民用建筑面积的40%。北京、天津等地已经开始执行75%节能设计标准。绿色建筑实现了跨越式发展，北京、天津等地已经在城镇新建建筑中全面执行绿色建筑标准。截至2017年年底，全国累计有7235个项目获得绿色建筑标识，建筑面积超过5亿㎡。既有居住建筑节能改造工作全面推进，截至2015年年底，北方采暖地区共计完成既有居住建筑供热计量及节能改造面积9.9亿平方米，夏热冬冷地区完成既有居住建筑节能改造面积7090万平方米。推动政府办公建筑和大型公共建筑节能监管体系建设与高能耗公共建筑节能改造，实施了11个公共建筑节能改造重点城市示范；开展了46个可再生能源建筑应用示范城市和100个示范县的建设等。截至2015年年底，全国城镇太阳能光热应用面积超过30亿平方米，浅层地能应用面积超过5亿平方米，可再生能源替代民用建筑常规能源消耗比重超过4%。

（2）建筑能耗占全国能源消费总量的比重在17%～22%区间内波动，与GDP增速的波动呈现反向关系

2000—2017年，全国建筑能耗占能源消费总量的比重在17%～21%区间内波动。建筑能耗比重的波动与经济波动总体上呈现反向关系，经济发展越快GDP增速变大，建筑能耗比重则变小，反之亦然。2002—2007年，GDP增速逐年增大，达到2007年的顶峰14.23%，而建筑能耗比重则从2002年的最高峰20.15%，下降到2007年的最低谷17.68%；2007—2014年，GDP增速存在一定的波动，建筑能耗比重则相应发生反向波动。2010年后GDP增速逐年下降，建筑能耗比重则逐年上升。相反，工业能耗占全国能源消费的比重则与GDP增速呈现明显的同向波动，2001—2007年工业能耗比重随着GDP增速的放大而逐年变大，并于2007年同步达到峰值69%。此后年度工业能耗比重也随着GDP

增速的变化而同向变化。这一现象反映出了建筑能耗与工业能耗在属性上的差别。建筑能耗属于消费性能耗，与人们的生活需求关系密切；而工业能耗属于生产性能耗，跟经济活动具有更强的关系，对 GDP 增速更加敏感。因此，当经济发展加速时，工业能耗增加幅度大于建筑能耗，从而导致建筑能耗比重下降。

2. 建筑能耗强度变化特点分析

（1）公共建筑单位面积能耗阶段性变化特点明显："十五"期间逐年增长，"十一五"期间保持稳定，"十二五"期间出现下降趋势；公共建筑单位面积电耗保持增长趋势。

从单位面积能耗强度来看，公共建筑能耗强度是四类建筑用能强度最高的。公共建筑单位面积能耗变化可分为较为明显的三个阶段："十五"期间，公共建筑单位面积能耗逐年上升，从 2001 年的 21.54kgcu/m^2 上升到 2005 年的 27.91kgcu/m^2，年均增长 6.7%；"十一五"期间，公共建筑单位面积能耗总体上保持较为稳定；"十二五"以来，公共建筑单位面积能耗呈现逐年下降趋势，从 2011 年的 31.30kgcu/m^2 下降到 2015 年的 28.72kgcu/m^2，每平方米能耗下降了 2.58kgcu。实现公共建筑节能设计和运行是国家和各省市"十一五""十二五"期间建筑节能和绿色建筑工作重点领域，通过推进公共建筑节能监管体系建设，对重点用能建筑实行监测与约束，有效地推动了公共建筑单位面积能耗在"十五"呈增长势头后实现"十一五""十二五"期间的逐步下降。"十一五"期间，2005 年 4 月，国家颁布首部指导公共建筑节能设计、运行和管理的国家标准《公共建筑节能设计标准》。"十二五"期间，2015 年 5 月，新版《公共建筑节能设计标准》颁布，新建建筑能效提升 30%、相对节能率达 65% 的技术标准已全部实施。所有省市均开展了能耗统计、能源审计及能效公示工作，33 个省和计划单列市建设了公共建筑节能监测平台。256 所节约型高校节能监管体系建设示范，并结合 44 个节约型医院试点和 19 所节约型科研院所进行节能综合改造试点；确定上海、天津等 12 个公共建筑节能改造重点城市建设试点。北京、深圳等省市出台并实施公共建筑能耗限额或能耗定额等。从公共建筑单位面积电耗强度来看，一直保持增长的趋势，用电强度的增长是促使总的能耗强度增长的主要原因。公共建筑单位面积电耗从 2000 年的 26.42kWh/m^2 增长到 2017 年的 62.74kWh/m^2，增长了 2.4 倍。从电耗强度的发展趋势来看，公共建筑中办公设备、空调和通风等使用需求还有可能增加，这将促使其电耗强度进一步增大；但是另一方面，照明灯具、办公设备和动力系统等效率提高，有可能会降低电耗强度。综合这两方面来看，引导各项用能需求发展和推动合适的技术应用，将对公共建筑电耗强度变化起到重要的作用。

（2）城镇居住建筑能耗强度总体上保持稳定。

2000—2017 年，城镇居住建筑单位面积能耗趋势较平稳，2007 年后下降趋势较为明显，2017 年城镇居住建筑单位面积能耗为 11.84kgcu/m^2，比 2000 年高 0.54kgcu/m^2。随着城镇化发展和人民生活水平的提高，城镇居住建筑单位面积电耗呈现逐年增长的趋势，从 2000 年的 9.31kWh/m^2 增长到了 2017 年的 16.29kWh/m^2，增长了约 1.75 倍，电力在家庭用能中的比重越来越大。

技术因素的进步提高能效和使用与行为因素没有明显的增长趋势是造成家庭用电量增长的主要原因，但是总体上城镇居住建筑单位面积能耗强度的增幅得到了有效的控制。2005 年以来加大了新建建筑执行节能标准的监督检查力度，经过住房和城乡建设部和省级两级逐年建筑节能专项监督检查，我国新建建筑施工阶段节能标准执行率从 2005 年的 24% 大幅度提高到 95% 以上，截至 2015 年年底，全国城镇新建建筑节能标准执行率达到 100%，比 2010 年提高了 4.6%，累计增加节能建筑面积 70 亿㎡，节能建筑占城镇民用建筑面积比重超过 40%。2013 年 2 月，国务院以“国办发〔2013〕1 号”转发了国家发展改革委、住房和城乡建设部制定的《绿色建筑行动方案》，设定了推进绿色建筑发展进程的“十项制度”，绿色建筑评价标识制度、绿色建筑设计专项审查制度、节水器具和太阳能建筑一体化强制推广制度等，均得到了广泛执行且执行效果较好。住房和城乡建设部会同财政部持续按照“项目示范、区域示范、全面推广”的“三步走”战略，推进可再生能源在建筑领域的应用，开展了 97 个可再生能源建筑应用示范城市和 198 个示范县的建设。截至 2015 年年底，全国太阳能光热应用面积超过 30 亿㎡，浅层地能应用面积超过 5 亿㎡，光电建筑应用已建成及正在建设的装机容量达 1875 兆瓦。此外，我国家用电器能效标准在 2005 年以来也有大幅度提升。当然，城镇拥有多套住房的家庭数量增加、住房空置现象对城镇居住建筑单位面积能耗下降也产生了一定的影响。不过，根据测算，扣除该因素的影响，城镇居住建筑单位面积能耗仍然保持下降趋势。

（3）农村居住建筑单位面积能耗稳步上升，单位面积电耗上升速度较快。

2000—2017 年，农村居住建筑能耗强度逐年上升。单位面积能耗由 2000 年的 3.51kgcu/m^2 上升到 2017 年的 10.20kgcu/m^2，增长 2.9 倍，年均增长 6.47%；单位面积电耗增速速度较快，由 2000 年的 2.62kWh/m^2 上升到 2017 年的 18.82kgcu/m^2，增长 7.2 倍，年均增长 12.3%。电力逐渐成为农村家庭的主要用能。

农村居住建筑能耗强度变化主要影响因素有以下几个方面：

①农村居住条件显著改善，单位面积用能需求迅速增长

随着经济的发展，农民的生活条件显著改善，家用电器拥有量呈指数增长，农村居民家庭平均每百户空调机拥有量由 2000 年的 1.3 台，增长到 2016 年的 47.6 台，增长了 36.6 倍；电冰箱拥有量由 2000 年的 12.3 台，增长到 2016 年的 89.5 台，增长了 7.3 倍；彩色电视机拥有量由 2000 年的 48.7 台，增长到 2016 年的 118.8 台，增长了 2.4 倍。家电拥有量提升带来单位面积用能需求的增加，电力主要用于家电和照明。

如果说居民家庭的空调拥有量增加集中反映了随着生活水平提高人们对居住热舒适度要求的提升，那么单位面积空调保有量指标则更能体现生活水平提高对单位面积用能需求的增加。农村住宅单位面积能耗与单位面积空调保有量呈现对数关系，随时间的推移单位面积空调保有量对建筑能耗强度的影响程度在下降，按照曲线曲率的不同可以分为三个时间区间 2001—2004、2004—2008、2008—2012，各区间的曲率成等比数列下降，即每隔 4

年单位面积空调保有量对建筑能耗强度的影响程度下降 50%。这在一定程度上反映了空调能效标准提高，缓解了农村单位面积能耗的上升速度。

②农村非商品能源消费比例下降

传统农村主要使用生物质能炊事和取暖，非商品能源在农村占较大比重。根据农村农业部的一项调查，2004 年我国农村地区非商品能源消费占农村能源总量的 56%。随着农村经济的发展，农民生活条件的改善，越来越多的农民住上楼房，传统的生活方式正在发生改变，使用生物质的炊事方式的住户数下降明显，农村生活用能呈现了从非商品能源向商品能源转变的趋势。数据显示，我国农村生物质能消费总量在逐年下降，2001—2014 年非商品能源的消费比例下降 20%。越来越多的非商品能源被替代为商品能源，这在一定程度上促使农村建筑单位面积能耗上升。

③农村建筑节能工作滞后，没有明确的节能路径

相比城镇建筑，农村建筑节能工作还没有成为农村建设的重点内容。在政策层面，我国“十一五”期间组织农民新建抗震节能住宅 13851 户，实施既有住宅节能改造 342301 户，建成 600 余座农村太阳能集中浴室，实现节能每年 10 万吨标准煤以上。而《“十二五”建筑节能专项规划》指出，在“十二五”期间“大部分省市农村建筑节能工作尚未正式启动”，由此可见，我国农村建筑节能工作仍然处于探索阶段，还没有明确的节能路径。

（4）北方城镇集中供热单位面积能耗下降趋势显著

北方城镇集中供热能耗强度显著下降。从 2000 年的 32.99kgcu/m^2 下降到 2017 年的 15.12kgcu/m^2，下降了 54.17%，年均下降 4.47%。北方城镇集中供热单位面积能耗加快下降的另一个原因：本报告所指北方城镇供暖是指纳入城市（县城）统计报表范围之内的集中供热，属于较大规模的供热网，随着锅炉的升级，热源效率有了较大程度的提高。

北方地区城镇既有建筑中节能建筑与非节能建筑混杂，存在非节能建筑保温性能差、热损失大，即使供热企业通过大量增加供热成本来提高供热能力，非节能建筑仍然达不到理想的供暖效果的现象。同时经济和社会的发展使得居民对居住模式、建筑功能与布局的认知正在发生改变，对于建筑空间空气质量和舒适程度提出了更高的要求。“十一五”“十二五”期间我国北方供暖区建筑节能政策的大力推进，促使北方城镇集中供热能耗强度在建筑的室内外环境质量和基础设施服务水平的需求日益增长情况下显著下降。新建建筑能效提升 30%、相对节能率达 65% 的技术标准已全部实施。2010 年 7 月，修订后的《严寒和寒冷地区居住建筑节能设计标准》颁布；同年 8 月，《夏热冬冷地区居住建筑节能设计标准》颁布；2012 年 11 月，新版《夏热冬暖地区居住建筑节能设计标准》颁布；同时，北方城镇实施既有居住建筑供热计量及节能改造，国务院《“十二五”节能减排综合性工作方案》明确了 4 亿平方米的改造任务目标，截至 2015 年年底，北方供暖地区共完成既有居住建筑供热计量及节能改造 11.7 亿平方米，超额完成了国家改造任务。

二、分省建筑能耗（2017）

（一）城镇民用建筑能耗总体状况

从城镇民用建筑能耗总量来看，2017年各省市城镇民用建筑能耗总量、城镇民用建筑能耗强度、北方采暖能耗强度相差悬殊。排名前三位的省市分别为山东6504万吨标准煤、广东5810万吨标准煤、河北4600万吨标准煤，排名后三位的省市分别为海南417万吨标准煤、青海523万吨标准煤、宁夏555万吨标准煤，其中山东省的城镇民用建筑能耗总量约是海南省的15.6倍。造成各省市城镇民用建筑能耗总量差异巨大的主要影响因素分别为城镇人口数、地区生产总值以及所处气候区，城镇人口数量越多、地区生产总值越大、采暖需求越强的省市，城镇民用建筑能耗总量就越高。

从城镇民用建筑能耗强度来看，受冬季采暖影响，北方地区民用建筑能耗强度普遍比南方地区高。总排名前6位的省市分别为北京、青海、新疆、黑龙江、天津、辽宁；除北方集中采暖以外的地区，上海市的城镇民用建筑能耗强度最高；在南方区域中，广东省能耗强度值位居首位。在上述省份中，北京、上海、广东、天津的经济发展程度较高，青海、新疆、黑龙江、辽宁地处严寒地区，采暖需求较强，这是造成其能耗强度值偏高的重要原因。

从北方城镇采暖能耗强度来看，黑龙江、新疆、青海采暖能耗强度排名前三位，采暖能耗强度为18 ~ 21kgcu/m^2；河南、山东采暖能耗强度最低，约为10.5kgcu/m^2；北京、天津采暖能耗强度约为13.5kgcu/m^{2}左右。

2017年，各省市城镇人均建筑能耗与人均GDP关系有以下三个特点：其一，各省市人均建筑能耗与建筑气候区关系密切，北方采暖地区省市的城镇人均建筑能耗平均值是1.2吨标准煤，是非采暖区域平均值（0.67吨标准煤）的1.8倍；其二，不同区域中各省市人均建筑能耗随人均GDP变化趋势明显，总体来讲，人均GDP每增加1万元，城镇人均建筑能耗增加75千克标准煤；其三，北京、天津、上海3个直辖市的人均GDP位列前3位，其相应的人均建筑能耗值也偏高，其中北京和上海的人均建筑能耗值分列北方采暖区和夏热冬冷地区的首位。此外，从全球角度来看，人均建筑能耗与人均GDP也存在着明显的变化趋势。

2017年各省市城镇建筑能耗比重与第三产业比重受产业结构关系、气候区影响较大。总体上看，北方采暖区城镇建筑能耗比重高于非采暖地区；北京民用建筑能耗比重最高，达到48%，甘肃、陕西比重约20%。北京建筑能耗比重高的原因在于第三产业比重全国遥遥领先，2017年北京第三产业比重为80.56%，比排名第二的上海高11.5个百分点，伴随着大量高耗能产业迁出，北京建筑能耗比重超过工业。此外，城镇化率对城镇建筑能耗比重也存在一定的影响，但影响程度较小。

（二）公共建筑能耗

2017年，各省市公共建筑电耗与第三产业增加值关系密切，区域经济发展水平和第三产业的繁荣程度将直接影响公共建筑使用过程中的能耗，第三产业越繁荣，公共建筑能耗就越高。

随着第三产业的快速发展，公共建筑的电力消费也必然会增加。因此，增强公众的节能意识，尤其是经济发达地区的公众节能意识，将对建筑节能发挥极其重要的作用。

（三）城镇居住建筑能耗

2017 年，各省市城镇居住建筑总能耗和城镇居住建筑电耗与城镇人口呈现出显著的线性关系，其中城镇人口每增加 1000 万人，城镇居住建筑电力消费增加 57.9 亿 kWh。由于 GDP 的增长能反映出经济的快速发展，也能侧面体现出人民生活水平的提高，从而促进各类家用电器的消费，进而带动电力消费的不断增长。

三、居住建筑的能耗构成

广义的建筑能耗分物化阶段能耗（包括建筑原材料、设备和能源的生产输送等）、建设阶段能耗（包括项目论证、设计、审核和施工等）、使用阶段能耗（包括使用和维护）、拆除阶段能耗（包括拆除及无害化处理）。近十几年来，房地产业的非理性发展，是导致我国钢铁和水泥等高污染、高能耗产业迅猛发展，并出现产能过剩的主因。一方面，我国建筑用钢量超过了我国钢材产量的 40%；另一方面，建筑用钢占到物化阶段碳排放的 30%~50%。有研究表明：我国“广义建筑能耗占全国总能耗的比例约为 45.5%”，其中“运行能耗、建材能耗与间接能耗约占全国总能耗的 20%、15% 和 10.5%”。随着建筑高度越来越高、装饰要求越来越好、围护结构的保温与隔热投入越来越多等原因，建筑物化阶段的能耗将会持续增加。于是，广义建筑能耗从大到小可以排列为：上游行业能耗>建筑运行能耗>建设过程能耗>拆除处理能耗。

在上述能源消耗中，有的属于正常的能源消费，有的则是能源浪费。能源消费是指为了满足生产和生活的需要而必须正常地消耗能源，如夏天利用空调制冷就必然要消耗电能。而且，由于现有技术和经济条件的限制，电能不可能全部转化为冷量，于是能源消费也就包含了利用与损耗两部分。利用的是正常的能量转换部分，是必需的；损耗的是能量在转换过程中的消耗，是难免的，也是正常的，两者都属于能源消费。

能源浪费是指用能不当，或者没有节制地消耗能源。居住建筑的能源浪费主要表现为三种形式：一是生活方式上浪费，没有节能意识，没有节制地消耗能源；二是技术措施上浪费，是没有采取有关国家及地方规定的技术标准，没有采取必要的技术与措施，甚至采用了“反节能”措施，而造成能源消耗；三是政策决策上浪费，是由于政策决策的不科学、不合理而造成的能源消耗。

四、能源消费及其发展趋势

狭义的建筑能耗是指建筑运行能耗。根据《民用建筑节能条例》，建筑节能是“在保证民用建筑使用功能和室内热环境质量的前提下，降低其使用过程中的能源消耗活动”。因此，建筑能耗可分为环境能耗和功能能耗。

按《建筑能耗数据分类及表示办法》，建筑能耗分“供暖、供冷、生活热水、炊事、照明、家用 / 办公设备、电梯、信息机房、建筑服务设备和其他专用设备的用能”。建筑是功能载体而不是功能本身，是不需要能源也不会使用能源的。能源消费都是人们为了实现某种需要和目的，通过一定的行为而直接或间接地消耗能源。因此，上述供暖、炊事、电梯等能耗分类可归纳为三类，即户内环境能耗、居住行为能耗和公用设施能耗。前两者都是个体家庭的户内能耗，可分户计量、收费与管理；后者是公用住户的公摊能耗，指住户公用的电梯、机房等公用设备，以及电路线损等能耗。

（一）户内环境能耗

户内环境能耗包括户内的光环境、热环境和气环境的能源消耗，属于上述环境能耗的范畴。这些能耗不仅与用能设备密切相关，还取决于建筑的外部气候、空间构成、建筑体型和围护结构等因素。其中，气候因素是最主要的。我国采暖地区的平均单位建筑面积能耗约为其他地区的 2 倍，其中采暖能耗占居住建筑能耗的 50% 以上；南方地区空调制冷能耗大，有的地方达到 30% 以上。近几年来，我国南方省份单位建筑面积能耗的增长率明显高于北方地区。“在未来气候条件下，中国建筑节能的重要方向是减少空调能耗”，这就要求建筑应结合气候设计。目前，大量建设的大进深、小户型的集合住宅，不利于户内采光、通风、换气、散热，也不利于健康与宜居，更不利于降低户内的环境能耗。随着生活水平的提高，人们对户内环境的要求也就越来越高，户内环境能耗将在一定程度上持续增加。

（二）居住行为能耗

居住行为能耗包括饮食加工储藏能耗、居家工作能耗和其他居住行为能耗。有研究表明，上海市年户均用电量为 2016kW·h，年均单位建筑面积用电量为 $28.2kW \cdot h/m^2$，煤气为 $8.3m^3/m^2$，煤电的耗量比例为 3 ∶ 7，空调电耗占家庭全年总用电的 31%。无论是从煤电消耗比，还是从煤气消耗量上都可以看出，上海地区居民饮食加工储藏能耗占家庭能耗的 30% 以上。由于这部分能耗主要与能源使用种类、设备能效、居民饮食习惯和生活方式等因素有关，而且饮食加工储藏是居民基本的生存需要，其能源消费理应得到保障。随着人们对饮食的要求越来越高、厨房电器越来越多，这类能耗还将进一步增加。

居家工作是指人直接在家里而不必去单位工作，在美国称为“远程办公”，在日本称为“在家上班”。2013 年，日本政府推出的 IT 战略方案的核心内容就是，“到 2020 年，把引入在家办公制度的企业数增加至 3 倍”。居家工作、购物和学习，对缓解城市交通压力、节省社会公共资源、提高居民时间利用效率、改善人们生活等方面都是十分有利的，也将是我国今后部分行业、部分岗位的一个发展趋势。这种方式能节省工作单位能源消耗与其他公共资源，但也会在一定程度上增加居住建筑的能耗。因为居家工作不仅需要增加户内光、热等环境能耗，还因使用电脑、饮水机等设备而产生居家工作能耗。

其他居住行为，包括居家休息、学习、网上购物、游戏、交往、娱乐等，随着生产、生活方式的改变将会越来越多，不仅户内环境能耗增加，还会因使用电脑、手机等设备而增加其他居住行为能耗。而且，随着社会的发展，丰富多样、层出不穷的电器不断进入千家万户，在改善人们生活、提高劳动效率的同时，也必然会增加户内行为能耗，这是社会发展的必然趋势。

（三）公用设施能耗

公用设施能耗包括住宅中公用电梯、门禁系统、消防设施、给排水水泵，以及公共部分的照明、采暖、变压器损耗、室外照明和小区景观用能等能耗。这些能耗一般以物业费、电梯使用费、按户分摊等形式，由住户支付费用。现在住宅多为高层建筑，由于土地资源日益紧张，住宅的平均层数将会进一步增加，小区景观也越来越讲究，新建住宅的公用设施的能耗也会有所增加。

基于上述，居住建筑的能源消费表现为户内环境能耗、居住行为能耗和公用设施能耗，这三方面的能源消费都会随着社会的发展而在一定程度上持续增加。这是我国居住建筑能耗不降反升的重要内因。

五、能源浪费与节能措施

能源消费一旦超过了正常的需要就属于能源浪费。居住建筑的节能应是减少能源浪费，而不是降低正常的能源消费。基于上述能量利用、能量损耗和能源浪费的三种形式。

（一）技术措施上的能源浪费

建筑节能的技术措施主要包括：采用合理的用能方式、优化采暖供热与制冷系统、采用节能型设备和提高围护结构的热工性能。如果这些节能技术和措施达不到当地社会平均水平，或达不到国家与地方的有关规范要求，或存在技术缺陷，从而造成的能源消耗就属于能源浪费。因此，遵守有关规范，优化项目设计，提高施工质量，避免“阴阳图纸”和“反节能”技术，发展新型保温材料和节能型用能设备，采用合理的用能方式，进而减少居住建筑能耗，是建筑节能技术措施的主要发展方向之一。

虽然建筑节能在我国已强制推行了很久，但整体的节能效果是有限的，单位建筑面积的实际能耗还在持续增加，这就需要重新认识当前的节能策略。一方面，建筑能耗本是用能设备的能耗，采用节能型设备才是建筑节能的关键之一，这需要相关行业的发展与技术支持；另一方面，当前的建筑节能主要强调围护结构的保温与隔热，但有的保温、隔热构造并不科学，有的没有结合气候设计，以及“反节能”技术、“阴阳图纸”等现象大大降低了实际的节能效果。

针对目前我国外墙开裂、脱落等建筑通病，可以采用装配化、一体化、系列化、系统化和轻质化的技术方案。其中，一体化是指将饰面层、保温层、受力层（主要承受水平荷载、自重荷载等），甚至太阳能利用组件等集成在一起，构成免饰面、自保温、自承重的一体化的墙板体系；系统化是在充分认识外墙的荷载、气候等因素的作用机理上，运用系统论、建筑物理、结构力学等有关理论，通过材料、构造等手段，解决外墙改造中的生产、运输、安装、经济、环保等问题，满足建筑外墙的节能、安全、美观的需要，提高外墙的使用寿命和质量，避免建筑通病的发生，避免坏了修、修了坏的恶性循环，实现外墙与建筑同寿命。

此外，优化建筑能源供给、选择用能方式合理的设备、利用适宜的可再生能源等技术措施，也应是建筑节能的重点。我国北方采暖地区的城市住宅基本实现了集中供暖，通过提高锅炉的热效率而节能。但供热管网的热损失，以及由于管理不善而导致的能源浪费也十分巨大。在能够部分空间、部分时间采暖的地区与场所，发展高效的家庭燃气锅炉，以及小区地热、太阳能供暖等，应是今后的发展方向。火电的能效很低，不仅在生产中能量损耗巨大，污染严重，而且在输送分配、终端使用中仍有不同程度的损耗，是很不经济环保的二次能源。若不考虑热电联产的能量利用，终端实际利用的能量一般仅为电煤能量的30%左右。家庭利用电力取暖、加热的总能源转换效率远远不及燃煤和燃气。太阳能热水器曾受到广大低多层住宅用户的喜爱，但在越来越高的高层住宅中，它已失去了用武之地。

因此，结合气候进行设计，采用科学的建筑构造、改进能源利用方式、优化暖通空调系统、采用适宜的可再生能源，以及开发选用节能型设备、加强项目生产和使用阶段的管理，不仅能节约能源、减少排放，而且任重道远、潜力巨大。

（二）生活方式上的能源浪费

基于上述建筑能耗主要在物化阶段与使用阶段，居住建筑节能减排的主战场其实并不在于建筑建造，而在于居民的日常生活。人的环境适应性有很大的弹性，冬冷夏热本是人类早已适应了的自然现象，冬季适当调低室温，夏季适当调高室温，对舒适度的影响并不大，但节能效果却十分显著。例如，一台1.5匹的空调，如果温度设置提高1℃，连续运行24小时，平均用电量能降低4.5度左右。此外，早睡早起不仅有利于身体健康，也能减少照明及其他设备的能耗。良好的节能意识、节能习惯和节能行为等组成的绿色生活方式，对居住建筑节能的意义十分重大。这方面的研究成果已十分丰富，但推行、推广的力度不够。

（三）政策决策上的能源浪费

建筑活动中因政策、决策和管理等方面的不科学、不合理，而造成的能源浪费问题更是无法估量的。这其中，以巨量空置住房所造成的能源虚耗最为严重。2012年，我国的空置房屋约为50亿㎡，大约消耗了钢材3亿t和水泥10亿t，这些钢材与水泥大约消耗了6.8亿t标准煤，排放了25亿tCO_2。而且，空置房多的住宅会影响入住业主的能耗与宜居，这是因为建筑室内的围护结构，如楼板、隔墙等都是没有保温隔热措施的，其导热系数大（λ=1.74W/m·K）、蓄热系数高，入住业主户内的热量与冷量会通过这些围护结构传导至楼上楼下，以及左右邻居的户内虚耗了。此外，短命建筑、奢华建筑也是我国当前建筑节能的盲区。要降低居住建筑能耗，就必须减少空置房屋，提高建筑使用寿命，建设适应个体家庭长期宜居的住房。

在宏观层面上，项目的选点、定位和节能目标的确定十分重要。地球只有一个，节能减排要从我国整体环境与资源的角度去认识。例如，目前吉林省单位建筑面积标准煤的平均能耗为45.8kg/（m·a），约是云南省的4倍，同样的项目选址在云南显然具有能耗优势。由此可见，适度控制严寒地区的人口总量，科学决策重大项目的选点，对于我国宏观的能源消耗具有深远的意义。

在中观层面上，应合理确定项目选址、建设规模、规划布局、建筑方案和用能方式等，同时这些也是影响建筑能耗的重要环节。建筑不是温室里的花朵，而是时刻要接受气候的洗礼。这就要求项目的选址、布局和单体设计，要结合气候和环境进行设计。在规划阶段，要合理确定单体建筑规模、建筑体型、建筑朝向、日照间距、场地风路等，在单体建筑设计中认真推敲空间构成、建筑立面、外墙门窗等，这些方面的既有研究已十分丰富，但落到实处的却不多见。例如，我国从南到北的玻璃幕墙就没有很好地结合气候条件。甚至，依据《关于加强固定资产投资项目节能评估和审查工作的通知》对立项阶段的项目进行节能评估，在很多省份至今没有执行。

在微观层面上，选用高效、长命的保温材料，采用科学的构造方案和节能设备，认真进行施工图设计，严格按图施工，杜绝“阴阳图纸”和“反节能”现象，是实现节能目标的保证。施工图审查在我国各地都早已执行，随着《绿色建筑评价标准》的严格执行，微观层面的节能工作相对容易落实。

六、建筑节能策略

（一）制定建筑能耗总量控制目标体系

我国碳减排工作已迈入总量控制战略阶段，分行业、分区域的总量控制目标分解势在必行。在城镇化、生活水平提高等因素的推动下，建筑能耗增长的压力巨大，如果得不到合理控制，将对我国碳减排目标产生严重影响。加快制定国家建筑能耗总量控制中长期目标，力争到2030年左右建筑能源消费总量达到峰值，为完成国家碳减排目标做出贡献；将国家建筑能耗总量控制目标进行区域分解，根据各地建筑规模与经济发展水平，制定差别化的省级建筑能耗总量控制目标，对直辖市及东部经济发达地区提出更高的要求，并依此作为建筑节能工作的考核目标；将建筑能耗总量控制目标落实到建筑节能各专项工作之中，制定重点用能建筑总量控制目标，并将目标落实到具体建筑业主。

（二）加快推进建筑能效提升工程

提升建筑能效水平是实现建筑能耗总量控制的重要途径。国务院总理李克强在2014年的《政府工作报告》中指出，要实施建筑能效提升工程，应加快制定出台中国建筑能效提升路线图，根据建筑的使用功能、结构及用能特征的差异性，建立能效提升的梯度目标及主要参数指标，引导建筑能效标准不断更新升级。

（三）基于数据驱动建筑节能市场机制的建立

市场机制是推动建筑节能发展的长效机制。当前我国建筑节能工作主要依赖行政力量，尚未形成良好的市场运行机制。建筑能耗数据是建筑碳交易、合同能源管理等市场机制运行不可或缺的支撑条件，建筑碳交易体系中碳排放总量目标的确定、摊配额的分配需要数据支撑、合同能源管理模式中建筑能耗基线、节能量核算也需要数据支撑。将更多的建筑能耗数据向社会公布，让信息数据在市场中流动起来，可以更好地激活建筑节能市场。

能耗公示与排名可以有效地促进建筑业主节能改造动力，并产生一批专门做建筑能耗数据分析与诊断的公司，为建筑业主和能源服务公司提供最佳的节能方案。我国应高度重视基础数据对建筑节能市场机制发展的作用，强化数据收集与共享，利用数据驱动并支撑建筑碳交易、合同能源管理等市场机制有效运行。

综上所述，我国建筑能耗问题比较严重，相关部门必须马上采取有效措施来降低建筑能耗，使得资源得到有效的利用。政府应该建立一整套经济激励制度和相关鼓励政策，从而唤起全国人民的节能意识，使大家都能积极踊跃地投入建设节约型社会的活动中来。只有在不断的实践中才能发现问题，解决问题，确保降低建筑能耗工作能够有效稳定地进行。

第二节 我国建筑节能的现状与发展

近年来，伴随着我国经济水平的不断提升，能源浪费问题成为社会发展的主要矛盾。其中，以建筑能耗为主的消耗形式成为资源浪费最为严重的途径。在建筑物数量、规模、要求的不断提升中，建筑能耗呈现出急剧上升的趋势，并逐渐成为当前社会发展的最大阻碍物。而将节能理念融入建筑建设之中，不仅可以促进建筑行业朝着节能的方向发展，促使各类新技术出现，并且能够进一步缓解能源紧张的现象，解决环境问题、生态问题。此外，在国民经济提高之余，舒适的建筑环境成为广大人民的共同需求，而建筑节能以及新技术的应用则能够满足这一现象，从根本上实现我国建筑行业的创新发展。

一、建筑节能的内涵分析

所谓的建筑节能主要是在建筑过程中（房屋施工、建筑材料生产）对资源进行合理且有效的使用，以满足在社会发展的需要中降低能源消耗，提高建筑水平与舒适度的基本目标。一般而言，建筑节能的内容包括建筑采暖、空调、照明以及热水的供应等。从整体角度分析，建筑节能所涉及的范围非常广，其内容上具有广阔性，工作面上同样具有广阔性，是一项极其复杂且系统的重要工程。从建筑技术的角度分析，建筑节能涵盖了众多新技术，如比较常见的围护结构保温隔热技术、建筑遮阳技术、照明技术、新型供冷供热技术等。从建设程序角度分析，建筑节能不管与建筑规划、建筑设计，还是建筑施工均存在着相互依存、相互依赖的密切关系。从建筑材料角度分析，建筑节能则将节能局限于材料方面，比如建筑工程中所采用的节能玻璃、节能墙体材料等。

二、建筑节能的重要作用分析

在认识到资源的消耗量不断增加、资源储量越来越少的现实后，我国提出建设资源节约型社会的战略目标。我国的建筑面积巨大，建筑耗材种类繁多，同时建筑建设所占用的资源冗杂，难以管理，影响建筑耗能的因素众多。

基于我国建筑市场的现状，设计人员应掌握节能技术，在设计方面不仅要保持建筑坚固、经济、适用、美观的基本要求，还要设计能耗少的建筑，我们应该从能源的利用水平、节能建筑所减少的投资来考虑建筑设计。加大节能建筑建设对我国的能源保护、经济发展、能源再利用等有重要影响。

三、现阶段我国建筑节能的主要发展现状

（一）建筑节能政策方面

从 20 世纪末端开始我国建筑节能得到开发，虽然起步比较晚，但是在近 30 年的努力学习与改进中，我国建筑节能得到了良好的发展与进步。国家为从根本上增强对建筑节能的管理，相继制定与颁布了一系列建筑节能技术规范与要求，如《节约能源法》《可再生能源法》等，虽然说我国建筑节能依托法律条文作为依据，但是从本质上而言，法律条文并无法对建筑节能现状以及建设进行详细的规定，并且没有明确建筑节能中的主要法律地位。除此之外，由于我国建筑节能行业的范围比较广泛，需建立行政审批责任制，对不按照国家要求开工与验收的单位进行追究，从而保证我国建筑节能能够在完整的监督管理中落到实处。

（二）建筑节能设计方面

建筑节能设计是建筑节能成功实施的关键，虽然说我国建筑节能设计与发达国家相比存在着一定的差距，但是其发展的步伐并未停止。目前，我国大部分地区所采用的维护结构的热功能与发达国家相比相差太多，其外墙的传热导数是发达国家的 5 倍，屋顶则是 4.5 倍，外窗为 2 倍，门窗的透气性为 4 倍。根据相关资料分析，发达国家每年因取暖所消耗的标准煤数量相当于每平方米 7.6kg，而我国则为 13.5kg，是发达国家的 2 倍。

因此，有上分析可知，我国大多数建筑的保温性能比较差，需进一步实施建筑节能设计。此外，为从根本上将建筑节能设计工作落到实处，推动建筑节能工作的有效开展，国务院已经颁布了《民用建筑节能条例》《公共建筑节能设计标准》等，但是，由于缺乏相

关部门的监督，其建筑节能设计推广现状不容乐观。综上所述，我国建筑节能的发展现状令人担忧，如果想从根本上改善这一现象，则需针对性地采取有效的措施，积极开发新技术，创新建筑节能发展。

四、建筑节能主要技术

（一）建筑节能的解决途径

建筑节能的解决途径只有两种：一种是通过开发利用可再生能源及节能建材等途径降低建筑能耗的需求；另一种是要提高能耗系统的效率，从而降低终端能源使用量。

通过对我国建筑能耗的分析可知，技术手段的推广和合理利用是建筑节能的关键。建筑节能的关键不仅在于以后新建的商业建筑，而且在于通过一些投资小、见效快的技术手段对现有建筑进行改造，提高运行管理水平，提升能源利用效率，这是商业建筑节能的重点所在。目前，建筑节能的主要方案和技术有：采用合理的能效管理方法、风机水泵的变频技术、供配电设备节能、中央空调的智能控制和照明节能、分布式能源的利用、建筑的规划及保温建材的应用，具体为基于模拟分析的建筑节能优化设计、新型建筑围护结构材料与制品、通风装置与排风热回收装置、热泵技术、降低输配系统能源消耗的技术、中央空调的温度湿度独立控制技术、建筑自动化系统的节能优化控制、楼宇式燃气驱动的热电冷三联供技术、燃煤燃气联合供热和末端调峰技术以及节能灯、节能灯具与控制等。其中节能效果最明显的要数空调节能、照明节能、分布式能源的利用和门窗幕墙的保温。

（二）建筑围护结构节能技术

墙体节能技术。通常情况下，墙体节能技术主要包括两种形式：一是保温隔热材料。建筑保温隔热材料在选择中往往选取价格合理、导热系数小、密度轻的材料，不论是聚乙烯泡沫材料还是聚苯乙烯泡沫材料，还是岩棉板、玻璃棉，均是当前外墙保温以及屋面节能技术中最为常用的保温材料。二是墙体保温隔热的性质。一般而言，墙体保温主要分为外保温、内保温、自保温等。首先，外保温不仅在施工中比较方便，并且对墙体外墙的垂直度要求不高，能够加快施工周期；其次，内保温则能够将温度变形的概率降到最低，能够延长架构墙体的寿命；最后，自保温不仅工序简单、施工方便，并且具备良好的安全性能，是当前建筑节能工程发展的主要趋势之一。

（三）空调节能

中央空调是办公大楼的耗电大户，正常供暖或供冷季节每年的电费中空调耗电占40%~60%，因此，中央空调的节能改造尤为重要。中央空调系统按最大负荷设计，并且留 10%~20% 的设计余量，而实际上绝大部分时间里空调非满负荷运行，存在较大的冗余，节能潜力巨大。另外，冷冻水泵和冷却水泵不能随负载变化调节数量和运行速度，只能靠门和旁通来调节系统的流量与压差，存在较大的截流损失和大流量、高压力、低温差的现象，从而致使大量电能浪费（冷冻水泵额外负载增多间接造成冷水机组负荷变大）和中央空调最末端达不到合理效果。

中央空调节能的解决方案主要有智能变频控制和冷却塔供冷控制。智能中央空调节能控制系统不仅全面控制中央空调冷冻水系统、冷却水系统、冷却塔风机等环节，而且采用系统集成技术将各个控制子系统在物理、逻辑和功能上互连，实现信息综合和资源共享，在一个计算机平台（模糊控制器）上进行集中控制和统一管理，实现中央空调全系统的综合性能优化和整体协调运行。把中央空调系统相关设备运行状态反馈信号、介质温度、压力、流量信号接入中心监控计算机，中心监控计算机实时监测并计算中央空调各用户端所需能耗，综合调节中央空调冷冻水、冷却水的流量、温度和制冷主机压缩机的运行负荷比例，使制冷或制热主机按最佳能效比运行曲线工作，使用户制冷或制热需求量之和与中央空调供给能量相平衡。

其次，空调节能技术手段还有冰蓄冷技术、冷热电三联供技术、热泵技术和太阳能吸附空调等，在合适的条件下均能取得很好的经济效益。

（四）新能源节能新技术

（1）太阳能。太阳能的运用原理是将太阳的光能转化为其他能量，像电能、热能。现在我国很多地方积极大力开发太阳能，并实现了太阳能采暖、太阳能供热、太阳能发电。此外，利用太阳能能够为建筑物提供热水，因此，在建筑节能中积极推进太阳能技能，是实现建筑节能的关键内容。（2）储能材料。储能材料充分利用了建筑结构的热熔特性，在存储大量能量之余不会给建筑物的建筑结构造成影响。一般在建筑设计中将储能材料放置于地板与天花板，只能提供显热显冷量，所以仍需进一步开发与研究。

（五）屋面节能的施工技巧和技术措施

针对屋面上部临空接近外部空气，同时又要承担部分荷载的特点，要有针对性地采取相应的技术措施，如在屋顶楼板和防水层之间铺设密实的保温隔热层，该保温隔热层应该保证材料具有吸水率低、散热系数低、强度适中等特点。在保温层上下都铺有防水层以达到更好的防水效果。

屋面的施工技巧和技术措施应该从以下几方面着手：在选择屋顶隔热保温材料时，一定要严格按照材料的安装使用说明来进行操作，相关人员应该根据当地的气候条件，确定所用隔热保温材料的种类、铺设顺序、铺设方法；负责屋面隔热的保温隔热材料铺设的技术人员应该关注天气变化，在天气状况适宜的情况下进行屋面施工，避免温度引起材料热胀冷缩；并关注天气的湿度情况，避免材料受潮变形；完成屋面施工后注意屋面材料的保养。在经过日晒雨淋的侵蚀后屋面材料容易遭受破坏，要经常观察屋面材料的受损情况，发现受损及时进行修补。避免发生破坏后雨水浸润产生屋顶漏水的现象。屋面的施工应该受到负责建筑后期养护工作的专业人员的重视，避免由于人员失误而造成的建筑损坏。

五、我国建筑节能所存在的问题

虽然近几年我国在建筑节能工作方面取得了一定成绩，但建筑节能在实施过程中仍存在一些问题，主要表现为以下几点：

（一）建筑节能意识薄弱

因为缺乏对建筑节能基本知识的了解，因此人们并未认识到建筑节能在创建和谐社会中的重要作用。人们在选购房屋时，往往更注重建筑物的外观和内部构造，而忽视了建筑节能对于房屋舒适度和人性化的设计要求。因此，开发商抓住消费者的心理，把更多的精力投入对外观和结构的追求上，而本应放到降低建筑能耗的投入往往被守法意识薄弱的开发商压缩下来。房地产企业的利润无形中增大，而社会责任却缺失。只有强化消费者对建筑节能的需求，增强政府部门对建筑节能的监督管理力度，加大建筑行业对建筑节能的知识普及，建筑节能工作才能够稳步推进，人们才能强化建筑节能意识，也才会真正享受到建筑节能带给人们的成果。

（二）可再生能源的利用率低

我国绝大部分建筑的能源系统都依赖于不可再生的一次能源，而对于可再生能源的利用还相当落后。目前，中国以水电、风能利用、太阳能利用、生物质能利用等为代表的可再生能源利用量还不够大，这主要是因为太阳能、风能受天气影响大，并网技术问题还没有完全解决,生产成本比较高,而生物质能的最大障碍则是资源缺乏,大规模发展不太现实。

（三）建筑节能技术落后，服务支持体系尚不完善

我国在建筑围护结构、建筑设备关键节能技术以及建筑热环境控制技术方面的研究，与国外还有很大差距。既有建筑的节能改造，缺乏专业性的技术和服务支持机构，合同能源管理市场服务基础研究尚待深入。建筑物性能评价和能耗评价标准还不够完善，一定程度上阻碍了建筑节能工作的开展。

（四）法律、法规和政策措施有待进一步加强

建筑节能是一个系统工程，涉及设计标准、建筑材料、建筑、结构、水、暖、电等多个专业和自然科学、应用科学等。涉及的政府管理机构也包括建设、经济与信息化等多个职能部门。因此，与建筑节能配套的法律、法规和政策措施仍需进一步修整完善，建立行之有效的节能法律法规和行政监督体系，确保各环节工作有法可依，有章可循。建筑节能工作实施过程中，各部门应加大协调和监督力度，使建筑节能工作落到实处。

六、建筑节能控制的方法

如何控制建筑节能设计中的施工质量，施工单位需要采取什么样的措施和方法呢？笔者结合自己的工作实践经验，总结了以下几点。

（一）熟悉并掌握国家关于建筑节能的文件法规和相关标准

建筑节能方面的相关标准和文件法规是建筑节能施工顺利进行的重要保证，技术人员在施工时，加强对文件法规的理解和学习，严格按照施工设计图纸以及国家和地方的建设标准和相关文件进行施工。

（二）强化建筑节能设计文件的重要性

在建筑节能施工中，施工人员要认真分析建筑节能设计文件中的内容，从而为施工提供重要依据；分析设计文件中建筑节能施工的范围、节能材料的选择以及建筑节能的施工工艺和各项节能指标等；分析查看设计文件中的施工工艺、节能材料和节能施工计划书是否一致，根据现场实际，查看施工文件中的施工范围是否合理，节能设计的工艺能否适用，建筑主体结构和节能设备安装是否配套，设计是否科学合理，施工是否困难。

（三）根据节能工程实际，制订节能实施细则和施工方案

施工单位应当结合节能设计文件要求和建筑节能工程的实际情况编制建筑节能实施细则和施工方案，对节能工程进行分项，确定节能施工的范围和内容，并对施工中重点部位的施工以及常见的质量问题做好防范措施，指导节能施工的顺利展开。

（四）加强节能材料的质量控制

在建筑节能施工材料选用时，首先要考虑其节能环保性能，然后再考虑成本控制，以保证节能材料无论是在施工工艺上，还是在质量和性能上都能够满足建筑工程的节能施工要求和节能设计。对于一些电气节能材料和控制系统还要经过多方面的论证，以保证其使用科学合理。材料进场前，建设单位要对选用的材料按照国家标准和施工要求进行质量检测，对于检测不合格的产品绝对不允许使用，并要求材料和系统供应商提供产品检验报告和节能备案证明。组织监理单位审查产品检验报告的各项指标，看材料和系统的各项性能是否符合行业标准或者国家标准。

（五）做好节能施工中的质量控制

建筑施工方案审查通过后，在建筑节能施工中要严格按照施工方案和节能设计文件进行施工。在施工前，采用相同工艺和同质材料制作样板件和样板间，经验收合格后再进行施工。对于完成施工的分项工程，施工单位要组织专人和机构进行复查，监理人员要严格按照施工规范和设计文件进行监理，对于每项工序质量验收合格后，方可进行下一施工工序，从而保证整个施工质量达到节能设计要求和验收标准。

七、推进我国建筑节能工作的措施

（一）建立建筑节能监管体系，切实履行责任

建立完整的建筑节能监管体系，是保证建筑节能落到实处的重要措施。工程建设项目

各方责任主体单位，如建设、设计、施工、监理等单位要严格执行规定，从工程建设的全过程抓好建筑节能工作。建设单位要遵守国家节约能源和保护环境的有关法律法规，按照相应的建筑节能设计标准和技术要求委托工程项目的规划设计、开工建设、组织竣工验收，并应将节能工程竣工验收报告报建筑节能管理机构备案。设计单位要遵循建筑节能法规、节能设计标准和有关节能要求，严格按照节能设计标准和节能要求进行节能设计。施工单位要按照审查合格的设计文件和节能施工技术标准的要求进行施工，确保工程施工符合节能标准和设计质量要求。监理单位应对施工质量承担监理责任。完善的监管体系应包括对建筑节能设计标准的监管，直至延伸到施工、监理、竣工验收、房屋销售等环节。

（二）积极推广和使用新型建筑节能材料

对气密性、水密性、保温性、抗风性、抗变形性、环保、隔音、防污、保温、隔热的特殊建筑节能材料要大力推广使用。积极推广应用“四新”技术和产品，经常开展建筑节能材料展示推广会，使建筑节能材料通用化、配套化、系统化。

（三）培养和引进建筑节能技术人才

我国开展建设节能住宅的时间相对较短，相关技术人才短缺。为此，对口高校可以此为契机，增设相关专业，为社会培养专业人才；此外，国外发达国家节能方面着手较早，节能理论和技术成熟，可以从这些国家高薪引进技术人才，来支持国内节能工作。

（四）加强设计深度，提高施工技术水平

建筑节能是一项综合性的工作，需要贯穿建筑的全过程，节能措施应该从方案规划设计阶段就介入，一旦进入施工图设计阶段就迟了。比如建筑布局、朝向以及周边建筑的日照影响。在建筑的全生命周期里，最重要的是把设计、建材与设备、运行三者相互协调，使建筑用能源使用效率最优化。而广义的建筑节能设计包括建筑前期设计、建筑材料及设备选择，以及后期的建筑设备节能运行设计。建筑的整体节能规划设计涉及多个专业，而建筑设计是整个节能设计的基础。一线的建筑设计人员要进行建筑节能相关法规和标准及节能技术再培训，形成节能的理念，在设计的全过程要始终把节能与建筑的观赏性、功能性综合考虑，逐步形成一套完整有序的节能设计流程。综合各个专业的技术优势，整个流程应包括建筑节能规划设计、建筑采光计算、建筑单体设计、围护结构节能设计、建筑材料热工设计计算、供热与制冷节能运行设计，并延伸到建筑电气节能设计。

（五）建立健全建筑节能保障机制

制定和实施强化节能的激励机制，增加经济扶持政策，加大对建筑节能资金的投入，建立健全建筑节能的保障机制。要创新投资体制，想方法筹措开发建筑节能的资金，要制定经济扶持政策，建立和完善建筑节能的经济激励政策。例如可减少土地出让金收益，或减少营业税等，不断研究探索建筑节能的发展基金，采取多元化筹措建筑节能资金的办法，加大对建筑节能资金的投入，为加快促进建筑节能提供资金保障。

总之，建筑节能是我国节能工作的一个重要领域，是一项复杂的系统工程，涉及规划设计、建设施工、建筑节能产品等多个环节，甚至延伸到整个建筑的全周期。建筑节能是社会经济发展的需要，还是减轻大气污染的需要。建筑节能还可以改善热环境的质量，随着现代化建设的发展和人民生活水平的提高，舒适的建筑热环境日益成为人们生活的需要。

第三节　被动式超低能耗绿色建筑

随着人们绿色环保意识的增强，可持续发展作为当今社会发展的主旋律而日渐深入人心，中国城市发展离不开基础设施建设，新建筑作为主角之一占据了大量的城市资源，因此倡导绿色建筑对节约环境资源、促进生态可持续发展有重要作用。绿色建筑的广义含义应当是：经过特殊处理的建筑与普通建筑相比可以达到节水、节能、节地、节材等作用。被动式超低能耗绿色建筑则是通过对建筑自身构造的深入设计达到节约资源目的的建筑。目前绿色建筑的现状是使用者和设计者对绿色建筑科技的过度依赖而忽视了建筑被动节能技术的探索，以至于大多绿色建筑成为绿色建筑技术的堆砌。随着国家的重视与推广，被动式绿色建筑技术逐渐兴起。

一、被动式超低能耗建筑概述

（一）被动式建筑技术概念解析

一般而言，被动式超低能耗绿色建筑（以下简称“超低能耗建筑”）是指建成建筑满足当地气候特征和自然条件需求，对建筑的围护结构进行高强度的保温、隔热性能和气密性的设计建造，并采用高效暖风回收系统和新风系统来降低建筑对能源的需求，能源消耗充分利用可再生能源，用最少的能源消耗提供稳定的室内舒适环境并能满足绿色建筑其他基本要求的建筑。广义而言的被动式设计策略主要是指在空调系统等主动措施出现之前，建筑通过调整合适的朝向、蓄热材料、遮阳设计、自然通风等措施达到维持室内环境稳定的设计类型。超低能耗建筑技术的特征为：与传统建筑相比需要设计建造更高的保温隔热性能的外墙和窗户，减少建筑的热桥的能量散失，并充分利用可再生能源，如使用当地材料以减少生产流程与运输过程产生的能源消耗。

被动式建筑依靠各种被动式技术的合理集成，是针对某一气候特征地区形成的系统建造方案。被动式建筑强调的是利用光能、风能、地形地貌等自然因素，通过对场地的优化和建筑构造的精细化设计来达到减少建筑对传统化石能源及机械设备的依赖，并提供高质量的室内物理环境的做法。这种绿色建筑被动式技术性能化设计方法可以按照实际情况对绿色建筑进行操作，并提供系统的节能绿色解决方案，增加设计的独特性和价值。

《民用建筑设计通则》中将不同地理气候条件因素影响的地区分为七大气候分区和

二十个子气候区，各个气候区的环境气候特点差异较大，如每年东北地区冬季十分寒冷，气温可达零下 40℃，而同一时间的海南省气温常年在 15℃以上，温差可达 50 多℃。因此对于不同气候特点的气候区的被动式技术需要分区针对当地特点进行设计建造。

（二）传统建筑中被动式技术的应用

中国幅员辽阔，各个地域因文化、地域、气候等条件的差异而形成不同的传统建筑风格，而这些传统建筑对被动式绿色建筑措施的利用正是对建筑与环境和谐关系的最好表达。我们可以发现几千年来中国传统建筑的主要智慧在于充分利用地域气候以及建筑周边环境等特点来作为维持室内稳定舒适环境的重要资源，如干栏式建筑底部架空、皖南民居充分考虑建筑基地的地理方位是否亲水以及水的走势等因素来布局建筑。

传统被动式建筑尽管不能完全、准确地为室内提供稳定舒适的环境，在其时代背景下通过这种方式并动态探索所形成具有地域性特征的处理方式却也成为现代被动式建筑设计的灵感来源，在技术不能达到的地区也未尝不是建筑环境改善的补偿措施。

传统被动式建筑的选址及构造做法均形成与多年的环境影响与积累，且中国传统建筑往往采用木材、竹子等可再生材料。材料低成本、舒适节能、可复制，技术使用综合地域、气候特点，是值得现代建筑设计提炼借鉴的做法。

（三）超低能耗建筑的特点

超低能耗建筑是通过建筑自身的空间、构造设计达到减少普通建筑通常维护室内环境如建筑照明、建筑采暖、机械通风等需求对机械设备的依赖，从而达到节约能源的作用。其特点为低技术、低成本、地域性，因此超低能建筑具备可推广、绿色环保等特点。

被动式超低能耗建筑的优势体现在以下几个方面：

一是温度恒定。传统住宅中夏季炎热冬季寒冷，即便设置有暖通空调系统，在室内不同区域同样会产生温度和湿度的差异，影响体感舒适性。与之相比，被动式超低能耗建筑借助被动式设计，能够将建筑室内空间的温度始终维持在 20℃ ~ 26℃的区间内，而且室内所有空间的温度基本一致，不存在明显的温度梯度。

二是清洁卫生。被动式超低能耗建筑的门窗具备较高的隔热性和气密性。在避免门窗表面结露流水问题的同时，也可以防止热桥现象。良好的保温隔热性能可以有效地避免内表面冷敷设备给人们带来的不适感，能够规避结露发霉的问题，可以为人们提供一个清洁卫生、健康宜居的环境。

三是安静舒适。相比较普通门窗，被动式超低能耗建筑采用的高气密性门窗有着更加优越的隔音降噪效果，即便室外十分嘈杂，室内也可以保持安静，而且在室内没有空调内机的存在，避免了设备噪声的产生。相关统计数据显示，被动式超低能耗建筑夜间室内噪声一般不会超过 30dB，白天室内噪声不会超过 40dB，能够为业主提供安静舒适的休息环境。

四是空气洁净。被动式超低能耗建筑本身的高气密性避免了室外污浊空气的进入，而新风设备中设置的净化装置可以保证新风的洁净卫生，将室内空气维持在优良状态。

五是运行成本低廉。被动式超低能耗建筑的维护结构具备良好的保温隔热性能，配合防热桥措施和热回收技术等，被动式超低能耗建筑的节能性可以达到90%以上，能耗仅为普通建筑的1／3左右，能够极大减少运行成本。以120m^{2}的住宅建筑为例，每年的空调采暖运行费用可以节约3000元左右。

二、被动式超低能耗建筑设计基础

（一）气候环境分析

在被动式超低能耗建筑设计中，环境气候因素是需要最先考虑的基础性因素。我国幅员辽阔，不同地区有着非常明显的气候差异。尤其是地处热带的海南等地，夏季气温高，对于冷气的需求量极大；而黑龙江等北方省市冬季气温寒冷，需要大量的暖气供应。在这种情况下，被动式超低能耗建筑设计需要对建筑所处区域的气候大环境进行分析，强调因地制宜，选择恰当的设计技术，依照环境条件来对建筑设计方案进行优化调整。

（二）环境特征分析

被动式超低能耗建筑设计不仅需要考虑气候大环境，还必须做好精准的室内室外环境特征分析，对照当地的气候数据，对一些比较典型的气候要素进行提取，就日照、风速、辐射以及温度、湿度等数据信息进行分析，对照建筑的功能需求和最佳体感舒适度，在充分保证建筑设计合理性和科学性的同时，降低建筑能耗。以长野冬奥会速滑馆的设计为例，其采用了双层可调节式呼吸外墙，设置了空气夹层通道，在冬季和夏季通过开合调控的方式，形成良好的保温隔热效果。在错落起伏的屋面上，设置了用于采光的天窗，自然光在经过折射后可以进入室内，保证良好照度的同时，也不会形成眩光，避免了对于运动员的负面影响。

（三）推广价值分析

被动式超低能耗建筑的设计应该突出本土特征，深入地域自然和社会现实中，选择恰当的节能降耗措施，这样才能保证良好的节能效果。同时，被动式超低能耗建筑具备一定的推广价值，能够很好地适应可持续发展的要求。以绿色建筑中的“绿屋”为例，其主要是借助温室来培养具备较强生命力的绿色植物，然后通过对绿色植物的合理布设，实现对室内温度的调节。不过这种建筑的建设成本偏高，并不具备实用性，也难以进行市场推广。与之相比，被动式超低能耗建筑具备良好的推广价值。事实上，我国古代很多建筑采用的设计都可以被使用到被动式超低能耗建筑设计中。例如，古代住宅如果进深较大，往往会设置简单的庭院或者天井，以解决采光、通风、景观等问题。而在现代建筑设计中，对于一些人流量大、发热量大的区域，可以设置中庭空间或门厅，提供采光、通风场地，在提高过渡季节室内空间舒适性的同时，也具备良好的节能效果。

三、被动式超低能耗建筑设计的应用

（一）体型朝向设计

在被动式超低能耗建筑设计中，建筑的朝向应尽量采用南北朝向，这样能有效地实现自然通风和采光。为了避免主要功能用房西晒的情况，可以在建筑西侧外墙设置相应的景观廊架，搭配垂直绿化来阻挡夏季西侧强烈的太阳照射，提升室内环境的舒适度。在对建筑体型朝向进行确定时，应从其功能方面进行考虑，不能为了追求立面的变化而一味地采用复杂化的设计，导致能耗增加。同时，在对建筑群体进行布置，或者对建筑单体形态进行设计的过程中，需要避免建筑大面积处于风场涡流区的情况，可以通过对风速、风量的合理调节，实现建筑自然通风。

（二）自然能源利用

以自然能源代替常规能源是被动式超低能耗建筑设计的一个重要体现，通过对太阳能、风能、地热能等的合理利用，能够有效地减少建筑使用环节对传统能源的消耗，促进节能降耗目标的顺利实现。以太阳能技术为例，太阳能是一种绿色、清洁、可再生的能源，具备持续再生以及零污染的特性，其在被动式超低能耗建筑设计中得到了广泛应用，一般是通过在建筑顶部设置太阳能热水器或者太阳能电池板的方式，为建筑提供热水和电能，满足建筑的使用需求。

（三）保温系统设计

在保温系统设计中，需要重点关注以下三个方面的问题。

1. 保温材料

从被动式超低能耗建筑设计的角度，在对保温材料进行选择的过程中，应充分考虑建筑本身的功能需求，保证材料的性能、规格合理，如果条件允许，应优先选择绿色环保节能材料。而在对建筑保温隔热系统进行设计的过程中，应重视新型保温材料的合理应用，如无机保温砂浆、保温装饰一体化板、纳米隔热板、EPS 泡沫板以及泡沫玻璃等，确保其在发挥良好保温隔热效果的同时，满足绿色环保的要求。

2. 外墙保温

对于被动式超低能耗建筑，外墙保温系统设计是一个非常重要的内容，也是实现被动式超低能耗建筑节能的关键环节，可采用保温设计和隔热、散热设计相结合的方式，同时，将区域气候条件考虑在内。在我国的不同地区，外墙隔热设计采用的技术存在一定的差异性，例如，在南方地区，夏季气候炎热，冬季相对温和，外墙保温系统一般会选择无机保温材料，或者墙面垂直绿化、淋水被动蒸发以及比较独特的通风墙、干挂通风幕墙等；在北方地区，夏季气候炎热，冬季寒冷干燥，建筑外墙保温设计的目的是防止室内热量散失，一般会利用苯板复合材料设置相应的墙体保温夹层，或者在墙体外部设置保温隔热层，相比混凝土材料和砖瓦材料，复合材料有更好的保温隔热效果网。

3. 屋面保温

屋面保温与外墙保温类似，大多采用绝热挤塑聚苯板、泡沫玻璃等保温材料，设置通风隔热屋面，也可以设置附带通风空气层的金属夹层隔热屋面，相比外墙保温，屋面空间的可利用性大，屋面保温的形式更加多样化，还可以设置蓄水屋面、种植屋面等。以种植屋面为例，可以在屋面设置一定厚度的土层用于种植绿色植被，不需要另外设置保温层，就可以起到良好的保温隔热效果，还可发挥降尘、减噪、提高空气质量的效果，也能够营造出更加丰富的城市空中景观。不仅如此，种植屋面能够在一定程度上对雨水进行截流，有效地缓解城市排水系统的压力。地板保温设计是北方房屋保温系统的一个重要组成部分，一般采用保温板和保温砂浆，通过在保温材料上设置配筋细石混凝土保护层的方式提高其保温效果。

（四）门窗系统设计

在对建筑门窗进行设计的过程中，应将建筑所处区域的气候、主导风向、温度、湿度等因素全部考虑在内。例如，在南方地区，应在南北朝向设置大窗，为通风和采光提供便利，东西朝向则应适当缩小窗体面积；同时，对窗体的位置和数量进行准确计算，确保室内空气能够形成对流。还应确定进风口和出风口的尺寸，以实现对室内气流速度和气流流场的有效控制，也可以通过设置挑檐、遮阳等具备一定导风功能的构件，对窗口的正负压进行区分，进一步增强空气流动性。在东西侧外窗需要设置相应的遮阳措施，在考虑天然采光效果的情况下，可以采用两种不同的遮阳方式：固定式遮阳和可调式遮阳。在保证采光的同时，避免眩光的影响。相比较而言，推拉窗比平开窗有更好的气密性。另外，应控制好门窗和建筑整体的比例，因为其会直接影响建筑的整体保温隔热效果。对于东向和北向建筑，门窗比应在 20% 以下；对于西向建筑，门窗比应在 30% 以下；对于南向建筑，门窗比不能超过 35%，这样才能切实保证门窗系统的节能降耗效果。

四、被动式超低能耗建筑施工技术要点及常见问题

被动式超低能耗建筑在显著提高室内环境舒适性的同时，可大幅减少建筑使用能耗，降低对主动式机械采暖和制冷系统的依赖。被动式超低能耗建筑并不是某种高新建筑技术，而是在充分利用被动式得热的基础上，尽可能地利用可再生能源，挖掘并利用自然环境的有利条件，从而在很少采用甚至不采用主动式能源的条件下，实现舒适的室内环境。被动式超低能耗建筑是一种追求细节的建筑，它对保温性和气密性的要求不仅是宏观的保温厚度和换气次数，还要求保温层及气密层的完整和连续，因此在所有会破坏保温连续性及气密性的关键节点（如外挑结构、穿墙管线等），都要有合理完善的细部节点处理方法，这些处理不仅需要更加细化的施工图设计，还需要更加精细化的施工才能实现。被动式超低能耗建筑建成后能否满足标准要求，精细化施工程度、施工质量起着至关重要的作用。

（一）施工现场常见的问题

1. 门窗洞口尺寸偏差大

门窗洞口尺寸是否精准直接关系着被动窗的安装及安装后的效果，若洞口尺寸偏差过大会增加粘贴防水隔汽膜及防水透气膜时的操作难度，易造成空鼓、不平整甚至损坏等情况，因此对洞口尺寸必须提出更高的精准度要求。

2. 保温层未覆盖窗台板翻边

窗侧口保温层需完全覆盖金属窗台板两侧的翻边，使金属窗台板两端嵌入保温材料，以有效地避免雨水沿缝隙渗入保温层。

3. 工序错乱

被动式超低能耗建筑的关键节点处理中有多道隐蔽工序（如隔热垫块、气密性材料等），且有很多需设置保温或气密层抹灰的部位，因此需特别注意各道工序的先后顺序，避免因工序错乱而导致个别关键工序无法实施。

4. 保温层覆盖窗框尺寸不足

被动式超低能耗建筑外墙外保温建筑的窗侧口及上口处第二层保温材料须覆盖一部分窗框，因窗框传热系数较高，是整窗保温的薄弱环节，一般要求窗框净裸露宽度为15 ~ 20mm，但很多项目中考虑施工难易或外观等原因，保温层覆盖窗框的尺寸都达不到要求。

（二）施工措施

1. 主体结构施工

在被动式超低能耗建筑施工中，主体结构的质量是至关重要的因素，墙体、门窗洞口的平整度、二次结构的砌筑质量等都会直接影响后续工序的顺利进行。

（1）平整度要求

剪力墙、梁、柱、板及砌筑墙体均应严格控制垂直度和平整度，避免发生跑模胀模。墙体是粘贴保温层的基础，为减小热桥，被动式超低能耗建筑粘贴外墙外保温层时一般要求板缝宽度不大于2mm，因此墙体平整是保证保温板平整、粘贴紧实的基础。平整的主体结构也能为防水透气膜的粘贴提供有利的基础。

门窗洞口及周圈至少200mm范围内必须压光抹平。安装被动窗时在里外均需粘贴气密性材料，若窗洞及洞口周圈凹凸不平，在主体结构上粘贴气密性材料时易出现空鼓，留有影响气密性的隐患。

（2）气密性要求

被动式超低能耗建筑除需对穿透墙体的构件进行气密性处理外，也需注意墙体本身的气密性。影响剪力墙气密性的主要是对拉螺栓孔，所有孔洞须按要求封堵密实。在二次结构中，砌筑时要保证灰缝的砂浆饱满度不低于90%，必要时应进行勾缝处理；剪力墙及二次结构的接缝处应进行防开裂加强处理；室内一侧的抹灰层至少15mm厚，并有防开裂措施，抹灰层必须上至顶板、下至底板。

2. 外保温施工

被动式超低能耗建筑的外保温系统是根据不同地区的气候条件、建筑朝向、体型系数等进行能耗模拟计算后确定的，外围护结构的保温隔热系统包括外墙、屋面、地面等。

（1）外保温必须在外窗及金属支架、穿墙管线等墙面构件完成预埋之后进场施工，为减小热桥，被动式超低能耗建筑一般要求外墙保温覆盖住窗框的一部分，且在固定时必须采取隔热措施进行断热桥处理；穿墙管线也需完成洞口断热桥及气密封堵工作，这些隐蔽工程必须在保温进场之前全部完成，才能进行保温层粘贴。

（2）为避免出现通缝，保温层应分两层错层粘贴，且板缝宽度不得大于 2mm，如有较宽板缝，应裁切保温材料进行堵塞或用聚氨酯发泡胶填充密实。工艺流程为：墙面处理→使用点框法粘贴第一层保温板（若为岩棉则满粘）→使用满粘法粘贴第二层保温板→固定断热桥锚栓→抹面胶浆内置耐碱网格布→饰面层。若外保温材料采用岩棉，需设置两层耐碱网格布，断热桥锚栓应压住第一层网格布。

（3）被动式超低能耗建筑的屋面采用干法作业，保温层分层错缝铺装，保温板间应挤紧，板的间隙不得大于 2mm，板间高差不得大于 1.5mm。屋面保温层应被其下的一层防水隔汽卷材及其上的两层防水卷材完全包裹。防水卷材直接粘贴在保温板上，固定方式为聚氨酯胶干铺粘贴。在隔汽卷材及防水卷材之间不得湿法作业，以保证保温材料干燥，以延长其耐久性。保温层施工当日应铺设一道自粘卷材，以防水汽渗入保温层。侧墙 2h 后可铺设自粘卷材，平屋面保温层完工 1h 后即可铺设自粘卷材。施工期间须关注天气变化，进行分区域防水。降雨时及时停止保温层施工，防止雨水渗入保温层；雨停后，烘干隔气层表面，方可继续施工。

在接触土壤的地面做法中很多常规建筑做法对细石垫层（及其找平层）和保温层之间没有防潮要求，但由于被动式超低能耗建筑对保温体系的要求较高，一般应在细石垫层（及其找平层）和保温之间设置防潮层，以阻隔土壤中的水蒸气进入保温材料，影响保温层的耐久性。

3. 外门窗施工

被动式超低能耗建筑外窗多采用铝包木被动窗，并采用三玻两中空 Low-E 玻璃，玻璃之间用暖边间隔条密封。整窗的传热系数可以降至 1.0W /（m^2·K）以下，既能吸收太阳能，还可选择性地让不同波长的光线透过。

（1）粘贴气密膜

为保证气密性，被动式门窗安装时需在室内一侧设置防水隔汽膜，在室外一侧设置防水透气膜。防水隔汽膜应在窗套上墙前以褶皱状覆盖在墙体和门窗套上，其端头搭接宽度不小于 15mm。防水透气膜粘贴时，应完全覆盖角钢及防腐木垫块，在基层墙上的粘贴宽度应不小于 15mm。

（2）安装角钢固定件

角钢固定件与墙体之间采用配套的断热桥隔热垫层进行隔断，角钢及防腐木采用膨胀螺栓固定，膨胀螺栓入墙深度一般不小于 80mm。固定后应逐个检查牢固程度，混凝土结构是否开裂，窗套是否破损。须待墙面找平层完成后方可安装角钢固定件，否则会因砂浆找平层覆盖隔热垫层而使断热桥失去效果。

（3）安装金属窗台板

被动式超低能耗建筑保温层较厚，为保护窗下口保温免受雨水侵蚀，一般在窗下口设置金属窗台板。金属窗台板与基层应黏结牢固，密封性良好；窗台板两端与墙体保温层衔接处的缝隙用聚氨酯发泡剂填充；窗台板与窗框间的缝隙采用结构密封胶密封。需注意窗侧保温层应盖住窗台板两侧的翻边，使金属窗台板扣在保温材料里，以阻挡雨水沿缝隙渗入保温层。

4. 断热桥处理

在建筑围护结构中，热桥区域的传热系数高热流相对密集，会造成热量流失。被动式超低能耗建筑围护结构的整体隔热性能提高后，热桥对围护结构保温效果的影响更加凸显，故被动式超低能耗建筑更应尽量避免热桥的存在。“热桥”可分为两大类：一种是结构热桥，如设备平台、室外连廊、悬挑梁等外挑结构，这些部位均属于非被动区，保温应连续包裹进行断热桥处理；另一种是非结构性热桥，这种热桥主要由一些穿透墙体或穿透保温层的固定在墙体上的构件产生，如通风管道、电线套管等管线穿外墙的部位。对比开洞时应留出足够的保温间隙，穿外墙保温部位的金属构件（如太阳能板支架、雨水管支架等），为保证保温系统的完整延续，金属构件应避免直接与墙体连接，而应先在与墙体之间垫装隔热垫块，再将金属件完全包裹在保温层内。

5. 气密性处理

在被动式超低能耗建筑中所有可能破坏建筑气密性的薄弱部位都应进行气密性加强处理。外门窗与结构墙间的缝隙应采用耐久性良好的防水隔汽膜（室内侧）和防水透气膜（室外侧）密封。构件管线、套管、通风管道、电线套管等穿透建筑气密层时须进行密封处理，在构件与结构交接的缝隙采用耐久性良好的防水隔汽膜（室内侧）和防水透气膜（室外侧）密封。位于有气密性要求的填充墙上的开关、插座线盒、配电箱等须进行密封处理，处理方法为先用石膏灰浆封堵孔位，再将线盒底座嵌入孔位使其密封，穿线完毕后，再用密封胶将管口封堵。

6. 照明系统施工

在照明系统方面，照明系统的主要施工措施在于两个方面：一方面是充分应用自然光进行照明，在施工中应保持自然光的充足照射，促使室内的人工照明与自然照明相结合，从而降低照明设备的建设量，降低能源消耗。另一方面是在节能灯具方面进行针对施工，采用高效率的节能型电感镇流器、电子触发器以及电子变压器等作为公共的照明设备，充分应用无功补偿照明设备，从而降低能源的消耗。在具体施工中，还需要注重光源的合理施工，采用适当的照明施工方案。因为大多数的城市建筑当中都需要配备大型的电气设备，虽然这一些设备可以给人们的生活与工作提供许多的帮助，但是也在很大程度上形成了用电压力问题，导致不同领域以及人们日常生活中对于电能的形式需求发生了明显变化。对此，在照明施工期间，需要综合分析照明的实际情况以及经济效益问题，对于部分有空调设备的房间内采用电气照明施工时需要做好组合性处理，并提升电能的综合利用效率。按照我国的建筑照明施工相关标准，针对不同用途的房间，需要做好相应参考值的优化，这也就要求施工人员在施工期间需要综合分析并考察建筑的施工状况，并选择最佳的照明度，从而规避电能浪费等问题的发生。

7. 配电系统施工

按照电气系统的负荷容量、分布以及供电距离等特征，做好供配电系统以及线路的优化施工，从而达到节能的目的。供配电系统的施工思路应当尽可能地简单、可靠，对于同一电压的供电系统变配电级数应当控制在 2 级以内。按照经济电流密度做好导线截面的施工，一般情况下是基于年综合运行费用最小原则明确单位面积的经济电流密度。因为一般工程的干线以及支线整体长度会达到 1 万米以上，线路的整体功耗相对较高。在该项目中对于导线长度进行了严格的控制，考虑重点负荷区域尽可能地缩短供电线路的供电距离并减少线路损耗，低压线路的供电半径应当控制在 200 米以内，在建筑物煤层面积方面在 10000 平方米以上时应当配备至少两个变配电所，减少线路长度。

8. 中水回用施工技术

中水主要是相对于上水与下水的一种定义，其是以低于饮用水标准但是可用于市政、环境以及生活中的杂用非饮用水，中水回用技术的核心是将居民生活废水借助集中处理、消毒与净化之后，达到相应标准并应用于马桶冲洗、车辆道路冲洗以及植物灌溉等方面的处理技术。目前来看，在绿色建筑当中合理应用中水回用技术，可以在满足用户用水需求的同时减少资源中能源的消耗问题，可以有效地降低废水和废物的排放量。另外，中水回用施工技术还可以尽可能减少排放污染重的磷、氮等污染物含量，不仅可以实现对地质环境的优化，还可以一定程度控制水污染问题。在处理工艺中，主要涉及物理化学过滤、微生物吸附与膜过滤等方式，物理化学过滤法主要是应用气浮结合过滤技术进行处理，微生物过滤方式可以借助好氧微生物实现氧化吸附，同时对废水当中的有机物达到一个理想的降解效果。

综上所述，对比主动式节能建筑，被动式超低能耗建筑不仅节能效果更好，还具备绿色环保的特点，在建筑工程领域得到了广泛应用。在新的发展环境下，有关部门应加大对被动式超低能耗建筑的研究，明确其设计基础和应用策略，确保被动式超低能耗建筑能更好地符合我国的环境特征，实现良好的节能降耗效果，以此来推动我国建筑行的业稳定健康发展。

第二章　民用建筑节能设计

第一节　民用建筑节能设计概述

中国建筑能耗约占全国总能耗的30%，建筑物保温隔热性能很差，再加上供能系统的低效率，致使建筑物要达到规定的舒适度，单位面积所需的能耗比同纬度发达国家高出3～5倍。因此，对建筑进行节能设计具有十分重要的意义。据统计，我国冬季采暖煤每年排放二氧化碳、二氧化硫、烟尘，造成严重的大气环境污染，这些对人类的身体健康所造成的危害是触目惊心的。因此，建筑能耗的降低，建筑节能的实施是改善大气环境的重要途径。所以，实施建筑节能是保护环境，也是建设环境友好型社会的必然要求。

一、节能设计的内容

建筑节能是一个系统工程，从建筑材料和制品的选择与生产、建筑规划与设计、建筑施工技术与管理、建筑设备设计与选型，到建筑物在使用过程中自然能源的开发与利用、采暖、空调、照明等设备的能耗节省，各个环节要相互协调和紧密联系。节能设计的原则是在整个建设活动中，通过综合衡量生态建筑的各个方面，在不破坏原有环境的条件下，尽可能地减少自然资源耗费，将环境、气候等综合因素转化为高品质的空间、高舒适的环境和完美的建筑形式。

二、民用建筑节能的技术原理

建筑物的能耗是由其围护结构的冷风渗透和热传导两方面造成的。民用建筑的围护结构主要指墙体、屋面、窗户（含玻璃幕墙、外遮阳设施）等。建筑物围护结构的作用是防热御寒，使室内受到遮护，形成温暖、舒适的环境，以不受室外气候变化的影响。房屋内外的热流方向在冬季和夏季截然不同，但都要求外围护结构具有绝热的性能，使流出或流入的热量减少。为了降低建筑能耗，在减少建筑物冬季空气渗透耗热量和夏季空气渗透得热量的前提下，尽量利用太阳辐射得热和建筑物内部得热。建筑的围护结构直接影响着民用建筑的能耗，据调查，围护结构的耗热量占建筑采暖热耗的1/3以上。因此，对于民用建筑物来说，节能的主要途径是：从墙、门、窗、顶等围护结构着手，通过逐步优化围护结构设计，尽量减少其能量散失，更好地满足保温、隔热、透光、通风等各种需求，达到最佳的节能效果。

三、我国建筑节能当前存在的问题

（一）未能在规划及前期方案中进行建筑节能的设计

建筑室外热环境和自然通风环境对建筑节能是很重要的。有了好的室外环境，建筑可以在多数时间内满足热舒适，从而不需要开空调。但是，由于目前建筑节能只是在施工图审查中才受到重视，而规划报建中并未进行建筑节能方面的审查和评审，所以，已经确定的建筑方案有可能造成建筑的不节能，提高建筑后期的实施成本。

在建筑前期设计过程中，多数建筑只重视建筑形式，不重视建筑的性能，没有把建筑节能作为建筑的一个固有的、内在的品质进行考虑，把建筑节能的要求撇在一边，到了要实施阶段，才根据建筑节能设计规范进行草草的计算和设计调整。此时由于受建筑方案的制约，只能在材料和设备选型等方面进行调整，效果往往不理想，而且造价高昂，实现起来很困难。

（二）不重视低成本节能技术和传统措施的应用

在目前的节能设计中，传统的、有效的节能措施如自然通风、建筑遮阳等未被广泛采用，取而代之的是片面强调节能的高科技，不重视低成本的节能技术应用，造成节能昂贵的印象。而且，昂贵的设计在将来的施工中很可能被改变，使得建筑达不到建筑节能设计标准，同时也造成了社会资源的浪费。

只要在建筑设计中注意低成本节能措施的应用，在空调设备设计和电气设计方面进行精心设计，就算节能建筑稍微提高了成本，却节约了能耗，获得了良好的舒适性，必将取得良好的经济效益和社会效果。

四、我国建筑节能设计的具体措施

（一）科学选址

在建筑设计中外部环境极大地影响着建筑的设计，建筑设计由于要综合考虑水文、风向、环境等因素来进行合理布局、科学规划，这也是建筑节能设计的开始环节，是一个项目的重要基石，所以合理科学选择地址是建筑设计的前提环节，是实现节能建筑的重要基础。

（二）对建筑的外形和空间进行合理设计

建筑的外形不仅是建筑形象的体现，更是与外部环境接触的重要媒介。通常用建筑的体积系数来表达建筑与外部环境能量传导的关系，这个系数越小表示建筑的节能效果越好，也表示有很好的保温效果，所以在对建筑的外形和空间进行设计时要进行合理的空间、科学的外形设计，这也是建筑节能化设计的重要环节。

（三）总平面规划节能设计

建筑总平面规划布局和设计，应充分考虑日照因素、主导风向、自然通风、建筑物朝向等多方面的因素，优化建筑的规划设计。比如夏季要有良好的自然通风并防止太阳辐射，冬季应更多地利用日照并避开主导风向。这样在冬季利用日照可以多获得热量，避开主导风向可以减少建筑物外表面的热损失；而夏季则减少获得热量，并利用自然通风等措施来降低建筑物外表面温度，达到节能的目的。在进行总平面规划设计时还要综合考虑规划布局的科学性、建筑朝向的合理性，建筑的朝向决定了对自然能量的获取程度，一个好的建筑朝向不仅能给用户良好的视野，也在节约能量上提供了很大的帮助。

（四）建筑体型节能设计

1. 控制体型系数，体型系数对建筑能耗有直接的影响。体型系数越大，建筑所分担的热散失面积越大，能耗就越多。因此，从节能降耗的角度出发，可以采用一些方法将体型系数控制在较小的范畴。比如增加建筑层数，加大建筑进深，减少建筑面宽；加大建筑物的长度或增加组合，减少建筑体型变化，立面造型尽量简练等。

2. 控制表面面积系数，为了获取更多的日照辐射，降低能源消耗，表面面积系数应越小越好。因此，设计为长轴朝向东西的长方形体型最好，正方形次之，而建筑体型是长轴朝向南北方向的长方形时节能效果最差。

（五）建筑构造节能设计

建筑构造设计除了满足建筑功能要求之外，还应对屋面、墙体等进行节能设计。

1. 屋面设计在整个建筑围护结构中，屋面占比虽低于外墙，但对顶层却是比例最大的外围护结构，所以屋面保温隔热性能一样重要。屋面保温措施应经技术经济比较后确定，选用蓄热系数大而导热系数小的轻质高效的节能材料。注意不宜选用吸水率较高的绝热材料，以防湿作业时保温隔热层大量吸水造成热工性能降低。如果要设计中庭或屋顶玻璃部分，其面积不应大于总面积的 20%，并在屋顶其他保温构造上采取加强措施。比如在中庭上部的侧面设置排风机，在玻璃屋顶四周设置通风百叶等。

2. 墙体节能设计

（1）外墙。节能设计在这一环节需要得到充分重视，因为外墙体在外围护结构中占的比例最大，传热造成热损失占比也很大。在确定外墙的传热系数 K 时，应考虑围护结构中钢筋砼梁、柱、剪力墙等热桥部位的不利影响。外保温材料的选用需注意整个系统的安全可靠性，防止开裂坠落事故的发生。同时建议加强自保温砌块及装饰保温一体化系统等与建筑同寿命的保温体系的研发和推广，应有很大的发展潜力和应用市场。

（2）内墙。不采暖房间与采暖房间的隔墙，两面温差大，存在一定的热损失，应采取保温措施。不采暖楼梯间内隔墙、住户分户墙均应采取保温措施。

（3）门窗及遮阳系统。建筑外门窗应满足节能设计标准、规范中各项材料性能要求。建筑内不同朝向的建筑窗墙面积比应进行有效控制。寒冷地区设计的外门，适合设置门斗等形式，其他地区则采取保温隔热的方式。窗可选择具有提高辐射、热量吸收反射性能的Low-E镀膜玻璃窗等。遮阳系统节能设计考虑地域差异而采取因地制宜的原则；

（4）楼板。底部接触室外空气的架空层或外挑楼板，已起到外围护结构的作用，应采取保温措施。在夏热冬冷地区，在地面和地下室外墙设计保温层，除了增加热阻减少温差，还有利于防止地面和墙面返潮。

（六）可再生能源设计

在建筑节能设计中，选择可再生能源并与建筑一体化设计，是当前的发展趋势和推广要求。目前来说，太阳能光热技术、太阳能光伏发电技术、热泵应用技术、变风量空调技术、生物能利用技术、中水处理及雨水回收系统等一系列新的技术应用，都将提高建筑物节能效率，让人们在享受新能源的同时，取得切实的收益。

总之，在当前社会中我国经济体制正处于不断优化的过程中，这就对建筑提出了更高的要求，在建筑中一定要实现节能设计理念，节能设计理念的应用可以最大限度地减少建筑能耗，显著地提升我国建筑企业建筑设计的整体水平和质量。那么在以后的建筑中相关管理人员和施工人员一定要了解建筑中实现节能设计价值和作用，合理地选择建筑的地址以及积极地选用节能的材料，实现我国建筑行业的稳定发展。始终坚持绿色节能发展理念，杜绝建筑能源浪费现象的发生，进而推进绿色低碳循环发展及低碳城市建设，实现能源消耗总量和强度“双控”的战略目标。

第二节 节能建筑与建筑节能材料

随着社会经济的不断发展，人们生活生产水平在不断地获得提升，环境问题和资源问题已经严重阻碍了发展的步伐，人们对此类问题更加关注，也逐渐对建筑节能材料提出了更高的要求。在建筑行业的不断发展中，各种形式的节能材料在建筑中得到应用。而环保型建筑节能材料的应用能够减少能源的消耗，从而更好地促进我国建筑行业的可持续发展。

一、建筑节能材料的种类和使用的分析

在社会经济的不断发展中，人们在提高生活和生产水平的同时，对环境的保护意识更加强烈。现阶段，许多大型企业已经开始发展环保型的建筑节能材料，利用低能耗的生产工艺，使得新型环保节能材料的发展速度逐渐加快，而且种类更加繁多。其中主要有新型墙体材料、新型防水密封材料、新型保温隔热材料等等。同传统的建筑材料相对比来讲，新型环保型节能材料具有以下几个特点：一是能够满足建筑物力学性能、实现经济适用性，

保证其外观的美感，具有一定的耐久性等；二是在实际的使用中不会产生出污染环境和破坏生态的有毒有害物质，能够实现能耗的降低，降低污染，更加具有亲和力，能够秉承可持续发展的观念，实现非再生资源的循环利用；三是能够为人们创建一个舒适、健康的生活环境，在此基础上也能够达到人们在审美方面的需求。

（一）新型墙体材料

现阶段，新型墙体材料的种类繁多，其中主要有砖、块、板，如黏土空心砖、非黏土砖、建筑砌块、轻质板材等等，因为数量比较小，在墙体材料中的占比也比较小。所以说，只有强化各种新型材料的因地制宜才能够实现长远的发展，才能够对材料不合理的现象进行整改，从而实现节能的效果，促进建筑的持续发展。

（二）保温隔热材料

我国的保温性能隔热材料，从原有的单一化逐渐发展成为多样化的形式，质量也得到了大幅度的改善，现阶段矿物棉、玻璃棉、泡沫塑料、耐火纤维等产品已经得到了广泛的应用，种类也比较齐全，无论是在技术方面，还是生产装备方面都有了明显的提升。但是因为我国保温隔热性能材料的起步比较晚，仍处于发展阶段，其技术水平和装备水平同发达国家相比仍然有较大的差距。所以，其技术在应用方面需要进一步的提高。

（三）防水密封材料

防水材料不只是建筑行业需要的一种功能性材料，在其他领域的建设和生产中也同样需要，是建筑材料工业中的一项重要组成部分。我国经济水平的不断发展，不但对工业建筑和民用建筑材料提出了更高的要求，在道路、桥梁、军防和交通领域中也同样需要高品质的防水密封材料。现阶段，主要的防水密封材料有沥青油毡、合成的高分子防水卷材、建筑防水涂材等等。

二、利用环保型建筑节能材料的必要性分析

（一）具有清洁生产的作用

目前利用环保型建筑节能材料已经成为发展的主流趋势。所以，我国许多建筑材料产业都发生了一定的变化，对产业进行不断的更新，使得其自身生产的建筑材料能够具有环保的功效。因此，在进行环保型建筑节能材料的实际利用时，要对其具有的清洁生产作用进行详细的了解。

（二）能够满足节能减排的政策

现阶段，我国制定了节能减排的相关政策，重点就是要呼吁社会来创造低碳环保的生活。在环保理念不断加深的情况下，环保型建筑节能材料的应用越来越广泛。根据我国的国策来看，节能减排是一项基本国策，也在促进各个行业的发展模式发生转变。所以说，

在建筑工程中利用环保型建筑节能材料能够满足我国政策的要求。

三、新型节能型建筑材料在建筑工程中的应用

（一）节能墙体

节能墙体的原理是提高外墙保温性能，这种保温系统被广泛应用于民用和商用建筑中，一般所采用的是保温外墙和墙外饰面。节能墙体常用的是聚氨酯或者聚苯乙烯等，这类材料均是具有良好保温节能性能的抑菌性材料。再加上复合型材料更加保温，有机与无机材料双重使用还可以使墙体具有很好的隔声消声效果，同时还具有一定的承载性能。不过，节能墙体在使用过程中须注意墙壁裂缝问题，如果墙体的防护层和保温层出现开裂的情况，节能墙体的保温性能就会受到严峻的挑战，必须采用抹面砂浆等手段来提升防护层结构的拉伸力度，同时产生一定的抗裂痕作用。

（二）隔热水泥外墙模板

隔热水泥外墙模板常用于浇筑混凝土墙结构，是一种绝缘模板系统，由水泥类的胶凝材料和可以循环多次利用的聚苯乙烯泡沫塑料制作而成。建筑过程中建成墙体后，这种新型材料就会作为永久墙体的一部分，从而形成在建筑墙体内外部均能绝热保温、节能的混凝土墙体结构。这样的绝热混凝土墙面模板新型材料可以满足建筑体外墙所需的很多要求，如保温绝热、隔声消声、预防火灾等。

（三）超薄绝热板

超薄绝热板这种新型保温材料是利用抽真空密封技术将具有高阻气性能的复合薄膜和无机纤维芯材一起进行加工制作而成的，具有很好的绝热保温性能，从而达到节能环保。其中的主要材料无机纤维芯材的作用有：一是具有高阻气密性能，能够热阻；二是良好的保温效果；三是可以作为骨架起到一定的支撑作用。无机纤维芯的质量好坏直接影响着超薄绝热板的使用寿命。此外，真空隔热板的芯材表面有很多分布均匀的小孔，质量可靠，这样的结构特征对抽真空这个工艺过程是有很多好处的，可保证材料内部具有较高的真空度，因而被广泛使用。

（四）节能门窗

门窗耗能主要与本身材质的密封性、热工性能、玻璃与边框的接缝，还有与框扇搭接缝的严密程度等有关系，而空气渗透是能源散失的主要因素，只有保证各部分结构的衔接处足够严密，才能最大限度地减少空气渗透，减少散热，有效保证节约能源。节能门窗在安装的时候，除了需要满足一般门窗的相关要求以外，还需要注意：节能门窗的安装方法必须采用预留洞口，不可以一边安装一边打洞口或者是先安装了再进行打孔；节能门窗的型号规格一定要符合相关规定，按照材料的安装方法、形状进行密封条的安装，尽量保证其良好的密封性能等。

（五）地面保温技术

地面保温技术是针对软土地基深基础的施工过程中支护材料消耗量较大、生产成本高和不利于环保等问题而探究开发的新技术。软土地基施工新技术是为了形成钢支撑标准化，在钢支撑内部加入预应力的膨胀节来有效控制钢支撑变形，从而形成深基础施工钢混联合支撑体系技术。此项技术的优点有：通用性强，可多次周转使用，施工便利，节约成本，环保效果较好。

四、新型墙体建筑节能材料的应用与发展

作为建筑物的重要组成部分，墙体材料对于建筑工程起着重要作用。随着人类生活水平的提高与人们对自然环境与居住环境的品位不断提高，人们对于建筑物的节能环保性能要求越来越高，而在建筑物质量的提高中，墙体材料的发展也是重要一环。现在中国的新增建筑量非常大，因此新型墙体材料市场广阔，伴随着人们消费水平与节能环保意识的不断提高，新型节能墙体材料的发展空间会越来越广阔，会在构建节约型社会当中起到重要作用。

（一）新型墙体材料与建筑节能

在中国几千年的历史中，实心黏土砖、瓦是中国传统建筑材料的代名词。由于传统墙体材料生产工艺落后、劳动量大且对土地资源造成破坏，因此开发新的建筑材料势在必行。

新型墙体材料具有轻质、节能、保温与装饰性等诸多优点，从发展趋势看，建筑材料的装饰装修材料装饰性越来越强，满足人们对审美的要求，在功能上保温隔热材料不断出现。采用新型材料建造的房屋建筑各方面性能得到了大大改善，使现代建筑满足人们的审美要求，又减轻了建筑物自重，为新型建筑结构的推广创造了条件，对于建筑施工技术具有重要的推动作用。

（二）建筑节能材料中墙体材料的革新与应用

现在人们越来越注重环境保护，节约利用土地资源、节约能源、提升建筑物功能性已成为建筑企业的追逐目标。现在的建筑节能材料花样繁多，新型墙体材料主要有页岩砖、粉煤灰砖、石膏砌块等。与传统建筑材料相比，新型墙体材料具有良好的保温、隔热性能且质量更轻。现在国家不断推广新型建筑材料，希望通过不断开发新型墙体材料来达到节能环保的目的。建筑节能中墙体材料的革新必须要采取有效措施才能达到良好效果，需做好以下工作：建立健全建筑节能管理制度并加强相关工作，对于建筑节能墙体材料的验收工作要严格进行，避免不合格问题的发生。应做好节能建筑的规划设计工作，各项工作要严格依据《墙体材料革新与建筑节能规划纲要》等相关法律法规来开展。建筑材料的节能设计环节对于新型建筑材料的更新换代至关重要，在具体工作中，要做好新设备、新技术的引进与研究，在科学化管理中将各项工作做到最好，创造出更加节能环保的新型建筑

材料。

（三）推动新型墙体材料与建筑节能发展的对策

1. 提高对新型墙体材料节能重要性的认识

从中国国情来看，中国土地资源严重不足，土地资源污染与破坏比较严重，这就使得中国的发展战略越来越倾向于节能环保，而新型墙体材料正好符合中国的发展需求，因此积极推广新型墙体材料与建筑节能是中国发展集约型社会的需要。要充分对新型墙体材料与建筑节能提高认识，加大对新型建筑材料的宣传力度，提高建筑节能知识的普及，提升全民环保节能意识。

2. 系统推进新型墙体材料与建筑节能工作

在新型墙体材料与节能工作中要采用系统工程的方法，将新型墙体材料与加强土地管理、废料利用、改善建筑功能及加强新型墙体材料的惠民政策与限制传统墙体材料生产等多环节有机结合起来，实现新型墙体材料与建筑节能工作的快速发展。在内容上优化建筑体系，创造主导产品，加快企业技术改造，制定与完善一系列规章制度，不断使新型建筑材料发展与市场需求达到供求平衡。在措施上，要坚持多部门、多地域合作，充分发挥优惠政策对设计生产的积极作用。运用系统工程手段，确保新型墙体材料与节能工作在横向与纵向上的联动合作，形成新型建筑材料发展的综合推动力。

3. 推动建筑节能方面的制度创新

目前的招投标工作主要是以低价中标为基本导向，这就给新材料、新技术、新产品的推广造成了一定的困难，因此如何改变招投标由原本的单纯商务决标向技术与商务并重决标的机制过度，成为推动建筑节能的重要问题。在进行建筑节能方面的制度创新工作中要做到以下几方面：建立新的建筑市场准入机制；建立健全建筑能效评价标识制度；加快完善政府办公建筑与大型公共建筑的节能监督制度；建立公共建筑温控制度；建立与完善建筑节能目标管理审核制度等。只有通过一系列节能制度的建立，才能加强节能建筑的比例，加快建筑节能材料的更新，从而促进新型墙体材料行业的发展。

4. 加快技术进步的步伐

（1）应建立和完善新型墙体材料建筑应用的技术标准体系。这个方面还存在障碍和问题，产品应用方面沟通协调还不够，今后要加强。

（2）应建立标准体系，不仅是产品标准，更重要的是建筑应用的标准、图集、工法手册。新颁布的《中华人民共和国节约能源法》规定地方可制定优于国家标准的标准，各地应根据实际先行一步，尤其要在应用环节上下功夫。

（3）注重体系创新。从体系创新而不是从产品、技术创新开始，解决一系列应用障碍，这不仅是建设部还应是各个部门共同研究的问题。

5. 采取经济激励措施

要想实现新型建筑节能材料的发展，政策扶植非常重要，各级可政府通过一系列经济激励措施，加强市场需求。根据以前的经验，提出以下建议：（1）在制定低能耗环保绿色建筑经济的激励政策时，研究好激励措施的方式及环节，确保激励措施的时效性；（2）要做好传统建筑材料的管理，减少传统墙体材料市场份额，为新型墙体材料发展腾出市场，加大新型墙体材料市场需求，保证新型建筑材料的良好发展。

6. 加大对于建筑材料市场的监督力度

任何行业都需进行市场监督，建筑材料市场也一样。在进行市场监督时：

（1）要充分发挥行政许可作用。在建筑工程应用中要认真落实规划许可、设计许可、施工许可及工程竣工验收备案。充分做好行政许可，通过建立法律法规的方式增加建筑材料的许可条件。现阶段新型墙体材料应用的主要障碍是缺乏许可条件，不能运用现有监督条件进行实际有效的行政监督管理，这是现阶段的一个法律障碍，只有通过进一步对《建筑法》进行修改、制定新型墙体材料应用条例等立法工作加以解决。

（2）充分发挥现有建筑节能机构的作用。关键是建立综合性评价墙体材料的指标体系，解决新型墙体材料在发展和应用中存在的问题。在建筑节能考核评价过程中，把新型墙体材料应用比例作为一个强制性考核条例，国家相关部门需将一些标准细化，用计分进行考核，通过目标管理方式来检验工作成果，加大力度推进新型墙材和节能建筑的应用。

五、新型节能型建筑材料在应用中出现的质量问题与解决办法

（一）墙体保温层结构裂缝及防治措施

墙体保温层结构出现裂缝的主要原因是：把水泥砂浆直接用在防裂防护层中，致使强度过大，柔韧性较差；防裂层透气性不符合规定；所制作的防裂砂浆厚度太大、柔韧性差等。墙体裂缝有外墙裂缝和内墙裂缝之分，常常出现在窗角、窗口周围、板缝或者各板之间的结合处。

防治措施主要有：做好防裂防腐层结构的抗裂性能，防裂砂浆要符合规定，增强其柔韧性，使用科学合理，把适量的纤维与聚合物加入防裂砂浆当中会有良好的防裂效果。

对于墙体结构所使用的材料，不仅仅要考虑它们的抗裂性能，还需要协调保温层和透气层的结构，一般装修层为了达到这个效果，所使用的原材料多数都是具有良好的弹性和柔软性的外墙涂料。

（二）内墙表面长霉的原因及解决办法

内墙表面容易长霉的原因是湿度过大、保温构造设计不合理、室内环境污染等。一般都是出现在门窗口、湿度大的墙面及墙角，长期处于严重发霉的环境当中会对人体健康造成不良影响。保温材料的设计不科学合理还有通风条件太差都是最主要的影响因素，保温材料如果保存或者使用不当受潮、受损或者湿度过高都会引起发霉。内墙表面长霉的解决办法是保持良好的室内通风条件，尽量采用外墙保温系统，加强对屋内死角温度和湿度的改善与调节。

（三）火灾隐患问题及有效处理

建筑材料中使用有机保温材料一般具有一定的可燃性，这不仅会提高建筑发生火灾的概率，而且一旦发生火灾，它们的燃烧速度将会极快。不仅如此，有机保温材料在燃烧过程中会产生大量的有毒有害气体，甚者会造成事故现场人员窒息或中毒死亡。为了防止这种情况的发生，诸多建筑工程在施工中常采用阻燃板，这虽然会有一定的阻燃效果，但是在具体操作时也存在很多问题。因此，最好的解决办法还是在施工中采用无机保温材料。无机温材料更加节能、耐火，最主要的是耐高温，是一种安全高质量的不燃材料。

六、建筑节能材料检测

在城市化建设速度加快的同时，环境保护工作也变得越来越重要，为达到国家提出的绿色施工需求，施工企业应采用不同形态的节能材料，在检测节能材料期间，企业内部衍生出了各类问题，企业管理人员需在保障建筑质量的同时，提升此类材料的检测水平。

（一）建筑节能材料检测中的常见问题

1. 导热性能的检测力度较弱

通常来讲，建筑节能材料包含加气混凝土与空心混凝土等，在检测此类材料时要借助适宜的设备，若设备测试不准确将影响施工人员对该材料性能的判断。在生产建筑工件的过程中，其质量会受到多重要素影响，如应力、温度等；若其内部性能发生变化，极易使检测结果出现偏差，降低材料的检测水准，给工程质量带去些许隐患。在测试导热性能期间，当该材料内部的导热性能不佳时，若将其运用到工程项目中不仅会影响施工进度，降低项目质量，其内部材料也难以达到节能标准，无形中给企业增加了额外成本。因此，在检测建筑节能材料的过程中，项目管理者需派遣专业的监管人员，通过适宜的监管手段来提升其检测水平，增加各项检测数据的精准性。

2. 检测标准不同

由于建筑工程项目建设带有明显的区域性特征，受各地区的差异化影响，针对建筑节能材料中的检测标准也有所区分。当前我国不同区域带有对应的检测标准与检测方式，其设备也会有不同的检测效果，在检测标准不统一的情况下，建筑节能材料的购置与使用难以达到理想效果。在加强建筑工程项目质量的过程中，针对材料的使用、购置等环节，国家应设立一套统一的标准，即统一目前数据信息的统计与采集方式，提升数据信息的测试标准，保证其内部数据的精准度，继而提升检测质量。此外，针对节能材料的检测，我国检测人员更加注重施工过程中的测试，较为忽视其他环节的检测质量。

3. 操作水平较低

在应用建筑节能材料的过程中，施工人员需合理调配混凝土的内部成分，使其各项要素的比例达到均衡状态。比如，借助干密度来保证力学性能、保温性能等。在开展实际工作时，由于施工人员的操作水平参差不齐，直接影响了材料性能的测试结果，若其质量不佳，不但会增加额外的施工时间，也会给工程项目带来较大的安全隐患。项目管理人员应采用良好的信息检测平台，借助统一、完整的检测标准来调配混凝土的内部比例，降低其干密度过大、压得过实等不良现象，提高工作人员的操作标准与整体水平。

（二）优化建筑节能材料检测中常见问题的改进措施

1. 确认各项监督责任

在开展建筑节能材料检测的过程中，项目管理人员要适时开展监管工作，确认各方的监督职责，彻底执行工程项目的质量管控。具体来说，为有效解决建筑节能材料中的各项问题，企业管理者需制定出各项材料的质量管控规范，切实提升当前的建筑材料质量。企业在对其内部材料加强监管的同时，还要加大与部分监管单位沟通交流的力度，确认监管单位的义务与权利，促使其认真履行自身职责，提高材料检测的监管水准。比如，项目管理者在完成材料检测工作后，监管单位仍需对其开展抽查工作，严格监督施工现场的材料使用状况，提升验收工程的规范性。与此同时，施工人员在运用建筑节能材料的过程中，要充分了解该材料的基本性能与使用功能，将不同的建筑节能材料应用到正确的施工环节中，提升各环节的准确性、有序性，使所有的节能材料都会被合理使用，且处在良好的监督下，逐渐降低建筑节能材料出现质量问题的概率。此外，针对监管机构而言，其内部检测人员可将工程项目划分成多个部分，严格开展每个项目的质量验收工作，增强建筑监督工作的规范性，提升质量监督的执行率与覆盖率，只有全面提升建筑节能材料的检验与监督水平，才能最大化保证工程项目质量，防止出现各类工程问题。

2. 提升材料管控水平

其一，保证建筑质量的根本为建筑节能材料的正确使用，在检测建筑节能材料的过程中，为提升各项检测的可行性、有效性，企业内部需严格规范各个环节的施工质量，最为关键的环节是合理管控材料来源。一般来讲，若想开展工程项目建设，施工企业要拥有一定的从业资质，其内部无论是管理人员、技术设计人员还是施工人员都要拥有较高的施工水准，了解工程项目中的各项环节，确保工程项目施工的准确性，严格开展项目中各类材料的检测，从而提升建筑工程的整体质量。在考察施工项目资质时要严格查处非法转包、资质挂靠等不良行为，加大此后施工项目的执行力度。

其二，项目管理者在采购建筑节能材料的过程中要紧密关注其来源，针对材料来源来加大管控力度，从材料的使用、销售与生产等多个环节来查找材料的来源范围，不仅要适时扩张监管范围，还要增强材料来源的监管力度，只有达到项目检测标准的材料才能用在项目建设中，若该建筑节能材料的质量不达标，则不能将其放置在施工现场。

其三，针对当前建筑市场而言，项目管理人员应及时提高准入门槛，适时提升建筑材料的质量监管水平与施工技术。若企业的质量监管不到位，建筑市场可吊销其从业资质，待其各项能力补充完全后，才能开展项目施工。此方式将在根源上管控建筑节能材料，提升材料检测的整体质量，保证工程项目的整体质量。比如，为改进材料检测质量，工作人员运用当前先进的信息技术来进行材料检测，借助放射性检测来了解材料内部的各项性能，继而掌握其给工程质量带来的影响。

3. 提升操作水准

在检测建筑节能材料期间，国家或政府部门也要架构出更适宜的检测标准，确认建筑节能材料中的判定指标与检测参数，针对当前的检测过程设置出详细的规则。同时，各个建筑施工企业都要在内部详细普及检测知识与技巧，让检测人员与施工人员都了解当前最先进的检测标准，借助专业的技能培训来提升工作人员的操作能力，使其高效融合实践操作与理论知识，在提升其检测水准的基础上，适时总结与检测工作有关的经验。与材料检测关系较密切的为检测设备、检测仪器，建筑企业管理人员需购置先进的设备与仪器，利用信息技术等手段改造当前设备，并设置专属的材料检测平台。具体来说，检测人员要将当前的建筑节能材料的数据信息录入信息系统中，借用其内部的整合与分析，找出该材料内部各性能数据，将其与材料性能标准进行详细比对后，确认该材料性能、功能的检测结果，确保其拥有适宜的节能功能。此外，建筑市场还需设置多项建筑检测组织或协会，确认各类建筑材料的节能标准，在提升检测质量标准的同时，全面优化建筑工程项目的质量。

总之，新型节能型建筑材料在建筑中的使用，对我国能源缺口逐步扩大的现状是有巨大意义的，目前在建筑中的墙体、地面、门窗等领域都有新材料的应用。对于新型节能型建筑材料，我们还需要继续探究，全面了解它们的性能，采取措施扬长避短，实现节能最大化。

第三节　建筑保温设计

建筑保温设计是建筑设计的一个重要组成部分，其目的是为了保证室内有足够的热环境质量，同时能够尽可能节约采暖能耗。在同样的供热条件下，如果建筑本身的保温性能良好，就能维持所需的室内热环境。

一、建筑保温设计的基本原则

（一）充分利用太阳能

太阳能是一种洁净、可再生的能源，将其引入建筑中作为采暖热源，有利于节约常规能源，保护自然生态环境。

（二）防止冷风的不利影响

风对室内热环境的影响主要有两方面：一是通过门窗口或其他缝隙进入室内，形成冷风渗透；二是作用在维护结构表面上，使对流换热系数变大，增加外表面的散热量。在保温设计时，应争取不使大面积外表面朝向冬季主导风向。当受条件限制而不可避开主导风向时，应在迎风面上尽量少开门窗或其他孔洞，在严寒地区还应设门斗，以减少冷风的不利影响。

（三）选择合理的建筑体型与平面形式

建筑体型与平面形式，对保温质量和采暖费用有很大影响。建筑外表面积越大，损失越多，不规则的外维护结构，往往是保温的薄弱环节。因此，必须正确处理体型、平面形式与保温的关系，否则不仅增加采暖费用，浪费能源，而且必然会影响维护结构的热工质量。对同样体积的建筑物，在各面外维护结构的传热情况均相同时，外维护结构的面积越小则传出的热量越少。

（四）使房间具有良好的热特性与合理的供热系统

房间的热特性应适合其使用性质，全天使用过的房间应有较大的热稳定性，以防室外温度下降或间断供热时，室温波动太大。对于只是白天使用或只有一段时间使用的房间，要求在开始供热后，室温能较快地上升到所需的标准。当室外气温昼夜波动时，为使室内热环境能维持所需的标准，除了房间的维护结构应有一定的热稳定性之外，在供热方式上也必须互相配合。即供热的间歇时间不宜过长，以防夜间室温达不到基本的热舒适标准。

二、外维护结构的保温设计

（一）外墙和屋顶的保温设计

外墙和屋顶是建筑外维护结构的主体部分，应能保证建筑内表面不结露、热损失应尽量小、要有一定的热稳定性，对于大量的民用建筑，还需满足一定的热舒适条件，限制内表面温度，以免产生强的冷辐射。在建筑设计中，外墙和屋顶的设计应选择合理的保温方案。其主要有：

1. 单设保温层。这种做法是保温构造的普通方式，是用导热系数很小的材料做保温层，起主要保温作用。由于不要求保温层承重，所以选择的灵活性比较大，不论是板块状、纤维状以至松散颗粒材料，均可应用。

2. 封闭空气间层保温。封闭的空气层有良好的绝热作用。维护结构中的空气层厚度，一般以 4~5 厘米为宜。为提高空气间层的保温能力，间层表面应采用强反射材料，如在间层壁面上涂贴铝板。

3. 保温与承重相结合。空心板、多孔砖、空心砌块、轻质实心砌块等，既能承重，又能保温。只要材料导热系数比较小，机械强度满足承重要求，又有足够的耐久性，那么采用保温与承重相结合的方案，在构造上比较简单，施工亦较方便。

4. 混合型构造。当单独采用某一种方式不能满足保温要求，或为达到保温要求而造成技术经济上的不合理时，往往采用混合型保温构造。混合型的构造比较复杂，但绝热性能好，在恒温室等热工要求较高的房间，是经常采用的。

（二）外窗、外门和地面的保温设计

对一栋建筑物来说，外窗、外门和地面在外维护结构总面积中占有相当的比例，一般在 30%~60% 之间。从对冬季人体热舒适的影响来说，由于外窗、外门的内表面温度要低于外墙、屋顶及地面的内表面温度；从热工设计方法来说，由于它们的传热过程不同，因而应采用不同的保温措施。

1. 窗户的保温设计。玻璃窗不仅传热量大，而且由于其热阻远小于其他维护结构，造成冬季窗户表面温度过低，对靠近窗口的人体冷辐射，形成“辐射吹风感”，严重影响室内热环境的舒适。就建筑设计而言，窗户的保温设计主要从控制窗墙面积比、提高气密性、减少冷风渗透、提高窗户保温能力、合理选择窗户类型来考虑。

2. 外门的保温设计。外门包括户门、单元门、阳台门下部以及与室外空气直接接触的其他各式各样的门。门的热阻一般比窗户的热阻大，比外墙和屋顶的热阻小，也是建筑外维护结构的薄弱环节。且外门的空气渗透耗热量特别大，门的开启频率比窗户要高得多，使得门缝的空气渗透程度要比窗户缝大很多。在建筑设计中，应当尽可能选择保温性能好的保温门。

3. 地板的保温设计。采暖房屋地板的热工性能对室内热环境的质量，对人体的热舒适有重要影响。对于底层地板，和屋顶、外墙一样，也应有必要的保温能力，以保证地面温度不致太低。在进行地板保温设计时，应选热渗透系数小的面层材料，且往往需要沿外墙内侧周边做局部保温处理。这是因为越靠近外墙，地板表面温度越低，单位面积的热损失越多。

（三）特殊部位的保温设计

建筑外围护结构除了主体部分外，还有不少传热较为特殊的构件和部位，如结构转角或交角、结构内部热桥等。对这些热工性能薄弱的环节，必须采取相应的保温措施，才能保证结构的正常热工状况和整个房间的正常室内热环境。

1. 维护结构交角处的保温设计。维护结构的交角，包括外墙转角、内外墙交角、楼板或屋顶与外墙的交角等。在这些部位，散热面积大于吸热面积、气流不畅，从而与主体部分相比，就单位面积而言，吸收的热量少，而散失的热量多，容易结露或结霜。为了改善这种状况，在热工设计中可采用局部保温措施；在采暖设计中，应尽可能将采暖系统的立管（或横管）布置在交角处，以提高该处的温度。

2. 热桥保温。维护结构中，一般都有保温性能远低于主体部分的嵌入构件，如外墙体中的钢或钢筋混凝土骨架、圈梁，楼板、墙板中的肋条等。热桥的保温处理，理论上就是用某种导热系数小的保温材料，附加到热桥的适当部位。对于贯通式热桥，最好是以硬质泡沫塑料，结合墙壁内粉刷综合处理。对于非贯通式热桥，应尽可能布置在靠室外一侧，然后在室内一侧，按照贯通式热桥的处理方法保温设计。

三、建筑外墙保温技术

（一）实施外墙保温技术的必要性

目前，外墙保温技术的形式主要有三种：外墙外保温、外墙内保温和外墙夹心保温技术。实施外墙保温技术的必要性主要体现在以下几个方面：

（1）实施墙体保温技术是现代化城市的建设需要。近年来，随着建筑行业的不断发展与社会经济的不断进步，墙体保温技术也日趋成熟与完善。在吸收融合国外墙体保温先进技术的基础上，我国施工单位通过努力学习，墙体保温技术的施工质量更上一层楼。根据现代社会的发展需要，我们已经可以全面推广外墙保温技术了。但是，单一的技术是不能够全面满足市场的需求的，还要根据地区的实际情况，对外墙保温技术进行优化和改进，使其能够符合地区的实际情况。

（2）实施外墙保温技术是我国广阔市场以及复杂的自然环境的需要。我国幅员辽阔，不同地区之间的气候环境差异较大。因此，建筑的节能设计要视所在地区的气候情况而定，在北方，建筑只有采用外墙保温才能够减少能源消耗并满足人们的生活需要。此外，外墙采用外保温或内保温以及自保温后，其砼梁柱可以不用采取保温隔热措施。对于依靠空调来取暖的地区，采用自保温或者外保温后，可以有效地减少因空调取暖造成的能源消耗，而且其施工时间短、对墙体的损害程度小、工程造价低。因此，根据情况的不同采取相应的外保温技术，可以满足各个地区居民的生活要求。

（二）外墙保温技术

建筑外墙保温技术是针对建筑物的外墙实施的一项保温措施，通过一些处理方法把保温和隔热效果显著的建筑材料固定在建筑物外墙上，建筑物能够和材料结合发挥出保温隔热的功能。外墙保温技术一般分为附加保温层和墙体自保温两种，附加保温层又分为外墙外保温技术和外墙内保温技术，外墙外保温系统由外墙本身、保温层及外墙装饰三部分组成，外墙内保温系统主要通过在外墙内部附加保温层的方法来达到保温的目的，目前的发展现状是新建建筑多用外墙外保温技术，外墙内保温技术由于其自身的一些局限性多用于改造工程，这和外墙内保温技术的弊端有着直接关系。

房屋建筑外墙保温设计有着重要的现实意义，对建筑物保温隔热有着重要的影响。建筑物外墙保温设计基本消除了热桥，根据相关研究论证，房屋建筑底层房间的热桥负荷占到了建筑物整体结构热能总负荷的23.7%，顶层占24.3%，中层站21.7%，这个数据比例说明热桥对房屋建筑影响很大，房屋建筑外墙保温施工技术能够有效地避免热桥影响，同时还能够消除热桥带来的热损失，提高建筑结构物的保温性能。

房屋建筑外墙保温设计还能够保护主体结构，延长房屋的使用效率。保温层设计在整座建筑物的围护结构外侧，能够保护整座建筑物，保温层能够缓冲外部温度变化造成的结构变形应力，提高建筑物的稳定性，还能够避免暴雨、降雪、霜冻、干旱等恶劣天气对建筑物结构造成的破坏。在施工中需要按照施工设计要求进行，选择保温材料合理的厚度，还要考虑经济效益。同时还要选择合理的墙体和隔热保温材料，保证能够消除顶层横墙容易出现的斜裂缝和八字裂缝，从这种角度分析，外保温结构能够对建筑物起到整体性的物理保护，同时还能够提高建筑物的耐久度和稳定性。

（三）优化设计时外墙保温材料的选择

1. 各种材料的导热系数比较

就现在建筑行业的情况来看，其主要用于保温的材料有以下几种：聚苯板、挤密苯板和聚苯颗粒。挤密苯板具有导热系数较小、密度大等优点。挤密苯板的导热系数为 0.029W/（m·K），与抗裂砂浆的导热系数 [其导热系数为 0.93W/（m·K）] 相差 32 倍，聚苯板的导热系数为 0.042W/（m·K），与抗裂砂浆的导热系数相差 22 倍。聚苯板的抗裂能力要优于挤密苯板。以聚苯颗粒为主要原料的保温材料主要是由胶粉聚苯颗粒以及胶粉科做成的，这类材料的导热系数为 0.06W/（m·K），与抗裂砂浆相差 16 倍。

2. 关于保护层的材料选择

在建筑的外墙建设中，因为水泥砂浆具有很大的收缩性，且强度较高，柔韧性变形不够，所以使用在保温层外面，会很容易造成开裂。因此，为了能够有效地解决这一难题，有必要采用抗裂砂浆与增强网。如果外饰面是面砖，那么可以在抗裂砂浆中加入钢丝网，其孔距不应过小也不应过大，面砖的短边应最少覆盖在两个网孔上，且采用的钢丝网应该具有很好的防腐蚀性。

3. 关于玻纤网格布的选择问题

在外墙保温技术中，抗裂保护层主要采用的是玻纤网格布。因为玻纤网格布可以有效地增加保护层拉伸的强度，分散应力，可以将产生的裂缝分散成许多更加细小的裂缝，提高外墙的抗裂缝能力。同时，其还具有很强的抗碱性。这些优点能够有效地提高外墙的保温技术，为其广泛应用打下坚实的基础。

（四）房屋建筑外墙保温设计应该注意的问题

1. 挑选适宜的保温方案

在对房屋建筑外墙保温设计的时候，需要从保温效果、造价、施工难度还有房屋暖通系统的具体情况出发，整体对相关因素的影响加以考虑。比如，按照不同的供暖方式去对保温类型进行选择，假如房间使用的是 24 小时不间断形式的供暖，就需要优先进行外墙外保温方案的选择，一方面能够防止产生“冷桥”的问题，另一方面外保温层还能够当成建筑外墙的保护层，能够很好地对建筑外墙的应用寿命加以延长。假如房间使用间断式供暖，就需要房间在短时间内符合升温的要求，这个时候如果选择外墙的外保温，就会因为墙体本身会吸收热量，使得其在要求的时间内无法完成设定的升温要求。因此，应该优先选择外墙内保温方案，为了预防出现“冷桥”问题，需要使用内保温方案的时候，要沿着和外墙垂直建立的隔墙，或者是横梁朝着屋内的方向循序渐进地完成保温层的设置。

2. 确保结构的稳定性

对于房屋建筑外墙保温设计工作来说，还应该从稳定性方面进行关注，这就需要从整个外墙保温体系入手进行分析，切实提升最终的稳定效果。从外墙保温体系的后续应用中来看，应重点考虑其承受的重力和风压等外界荷载的干扰，切实保障外墙保温体系能够较好地抵消这些外力干扰，保障其自身具备较好的抗压强度，避免出现脱落或者开裂等问题。基于这一点，恰当地运用无空腔构造是比较有效的一种方式和手段，这种无空腔结构的应用确实能够有效地提升最终的稳定性效果，因为其黏结面积比较大，进而也就不会很容易遭到损坏和影响。

3. 考虑后续养护问题

房屋建筑外墙保温技术的设计应用不仅仅需要关注构建施工本身，还需要从后续养护管理方面进行充分的思考，确保其能够更好地服务于房屋建筑，提升其保温应用效果。这种养护方面的思考主要就是为了促使相关设计结果更有助于养护工作的开展，切实保障养护工作的执行，能够较好地避免房屋建筑外墙保温结构中出现一些裂缝问题，延长其应用年限。

（五）针对施工中经常出现的质量问题进行优化设计

通过实践我们可以发现，在外墙保温的施工过程中常常会出现很多问题，这些问题不但会影响施工进度，严重时还会影响工程的质量，造成不必要的经济损失。因此，在进行优化设计时，也要对这些问题进行考虑，并找到行之有效的解决方案，保证施工的进度，减少不必要的经济损失，同时确保外墙的保温效果。下面就对施工中几个经常出现的问题和其对应的解决办法进行介绍，继而阐述外墙保温设计是如何针对施工操作中出现的问题进行优化设计的。

（1）外保温系统的脱落。造成外保温系统脱落的原因有很多，其主要原因有以下几种：胶黏剂不达标；其在进行机械固定时，锚固件的埋设深度和数量均未达到要求；基层表面有妨碍黏结的物质存在；采用材料的抗拉强度过低，不能够达到保温系统的自用要求，致使苯板中部出现拉损。

针对这一问题进行优化设计时，要根据实际情况，选用符合实际情况要求的黏结剂，要按照要求对锚固件深度与数量进行设计，基层表面平整度的误差要符合要求。

（2）抹灰层空鼓开裂。造成这一问题主要是因为所用的胶黏剂的柔性指标不够、脆性较硬、胶浆的抗变形能力较差。此外，所选用的胶浆的有机成分含量超标，抗老化能力较差，致使使用几年后就出现大面积的开裂现象。此外，在设计时不能很好地掌握水泥的比例，造成实际施工时水泥比例过大，致使胶浆的强度标号严重超标，收缩速度过快从而引起开裂现象。

针对这一问题，我们在设计时就要全面考虑施工的实际情况，选用合适的胶黏剂，对胶浆的有机成分含量进行控制，使用合格的胶黏剂与胶浆，确保在施工时或者施工完成后不会出现开裂的现象，保证建筑外墙的保温效果。

总之，建筑保温设计是建筑设计的一个重要组成部分，作为建筑师，更应从自身做起，从不同角度，依据建筑规范对节能进行优化设计，充分利用我国现有的自然条件，充分挖掘节能潜力，从而实现节约能源，减少能源消耗的目标。

第四节 太阳能住宅建筑一体化设计

建造和使用太阳能住宅在冬季可减少部分采暖用煤，因而节省了燃料，减轻了对大气的污染。根据实际使用的结果推算，在中国北方地区，太阳能住宅建筑平均可节约燃煤量 30kg/（m^2·年）。因此，充分利用取之不尽的太阳能，对改善建筑的居住条件、提高室内温度、节约常规能源、改善生态环境有着十分重要的意义。可以将太阳能被动式应用与主动式应用结合起来使用，与建筑进行一体化设计，这个系统将达到较好的节能和使用效果。

一、太阳能建筑一体化的基本概念

所谓建筑与太阳能技术一体化不是简单的“相加”，而是要通过“相加”整合出一个崭新的答案。也就是说建筑应该从设计开始的时候，就将太阳能系统包含的所有内容作为建筑不可或缺的设计元素加以考虑，巧妙地将太阳能系统的各个部件融入建筑之中，使太阳能系统成为建筑不可分割的一部分，而不是让太阳能系统成为建筑的附加构件。真正的太阳能技术与建筑一体化是指太阳能产品及构件在建筑上的应用，并做到与建筑设计进行有机的结合。经过一体化设计的利用太阳能的建筑方案，具有以下优点：第一，由于经过综合考虑，建筑构件和设备全面协同，所以构造更为合理，有利于保证整体质量；第二，综合使用材料，从而降低了总造价，并减轻了建筑荷载；第三，建筑的使用功能与太阳能的利用有机地结合在一起，形成多功能的建筑构件，巧妙高效地利用了空间；第四，同步施工、一次安装到位，避免后期施工对用户生活造成的不便以及对建筑已有结构的损害；第五，如果采用集中使用安装，还有利于平衡负荷和提高设备的利用效率；第六，经过一体化设计和统一安装的太阳能装置，在外观上可达到和谐的统一，特别是在集合住宅这类多用户使用的建筑中，改变了个体使用者各自为政的局面，易于形成良好的建筑视觉形象。

二、太阳能建筑一体化的设计原则

在满足原有功能的前提下注重生态设计。光伏产品与建筑相结合，不仅通过利用太阳能有效地节约了建筑能耗，还能收到一定的装饰效果。光伏建筑一体化设计应以不损害和影响建筑效果、结构安全、功能和使用寿命为基本原则，并要满足光伏系统设计和安装的技术要求。太阳能光伏建筑一体化并非在建筑设计完成后将太阳能作为辅助措施，而是将太阳能光伏发电作为建筑的一种体系进入建筑领域，纳入工程的基本建设程序，在设计之初就考虑太阳能系统的融入，同步设计、同步施工、同步验收，与建设工程同时投入使用，同步进行后期管理，使其成为建筑的有机组成部分。除了一体化设计外，还要包括一体化制造、一体化安装，而其辅助技术则包括了低能耗、低成本、优质、生态建筑材料的技术。

三、太阳能住宅建筑一体化设计

（一）太阳能的利用纳入环境的总体设计

任何建筑设计都必须立足于对周围气候及地理环境特征的分析和理解之上。太阳能建筑设计必须根据当地的不同气候条件做出不同的应对策略。同时太阳能技术的应用也应结合地势高差、周围植被生长、环境状况等自然地理特征，合理确定建筑的日照间距，为充分利用太阳能创造条件。

建筑南北向带状布置有利于太阳能的利用，而庭院式布局由于部分住宅为东西走向不利于太阳能采集器的布置，而且围合式或半围合式的布局也不利于当地夏季闷热天气时的住宅通风。为了保护原有环境植被和在冬季减少能耗，场地设计中保留大部分北部树木，尽量减少冬季寒风对建筑北立面的侵扰，同时根据当地日照情况确立太阳能集热器沿主体建筑南面布置，并在南面安装阳台是太阳房的思路。

（二）太阳能技术的集成优化

技术方案的确定应充分考虑当地的自然条件、工程使用性质、经济条件等，调动多种技术手段，选择不同层次的新技术，加以集成、配套和优化，没必要一味追求最新、最先进的技术。太阳能热水系统按媒质循环方式分为自然循环和强制循环，根据建设项目的规模和使用性质，本项目采用了运行费用低的自然循环式，自然循环是靠集热器和储水箱之间冷热水密度不同而形成水流循环，不需要外部动力。自然循环对储热水箱的位置高度有一定要求，在设计中，因势利导，利用楼梯间的平面位置和竖向高度，把储热水箱设在楼梯间顶部，经用量计算确定储热水箱容量。太阳能热水系统受天气影响较大，供热不稳定，于是在水箱中安装电加热辅助加热系统，管路连接系统采用 EPS 聚苯乙烯泡沫塑料保温，内部供热水为集中供水。为减少供水管道过长引起的水资源浪费，热水供水用循环管道，循环管道上设置循环泵，当管道内水温下降时，水泵自动开启，保证热水管道保持一定的水温。在每一个住户位置从循环管道上设配水点，使用户能够在最短距离用到热水。

（三）使太阳能技术与建筑空间美学相结合

太阳能建筑一体化设计中太阳能设备构件作为建筑的一部分与其他建筑构件共同形成建筑的整体造型，在初始设计时应充分考虑到太阳能系统对建筑外观的影响，尽量取得太阳能与建筑在功能和美学上的协调。太阳能系统有严格的技术要求，比如采集器的面积、朝向角度、储热水箱的位置、管线的布置和保温等等。这就使建筑在外形设计上受到很大制约，增加了设计难度。从一些试点项目上可以看到，几乎都是采用楼顶部直接排列采集器的形式，单一而刻板，缺乏变化。这种片面强调技术而不顾建筑作为文化和美学载体的复杂性，在建筑外观设计完成之后再把太阳能系统强加上去的做法，虽然起到了节能的作用，但破坏了建筑与太阳能的一体化，影响建筑的空间美学形态，最终会影响太阳能建筑的推广发展。

四、被动式太阳热能一体化设计

被动式太阳能建筑系统设计主要是依靠建筑物本身（房间的位置、建筑空间的合理布局、利用建筑结构和建筑材料的吸热性能等）来完成太阳能的集热、储热和散热功能。其设计基本思想就是将各方面的积极因素调动起来，使日光、空气、热量仅在有益时进入建筑。其目的是通过控制阳光和空气在恰当的时间进入建筑并合理储存和分配热空气和冷空气，从而使能源得到有效的利用，并且增加人们的舒适度。

（一）被动式太阳能采暖系统

被动式太阳房集蓄热构件与建筑构件为一体，一次性投资少、运行费用低，但这种集热方式受昼夜温度波动影响较大。太阳能集、蓄热构件设计是被动式太阳能设计的核心，它包括直接得热系统和间接得热系统。直接得热系统的工作原理是，冬季让太阳辐射热直接从南面窗射入房间内部，用楼板层、墙及家具设备等作为吸热和储热体，当室温低于这些储热体表面温度时，这些物体就会像一个大的低温辐射器那样向室内供暖；间接得热系统有集热、蓄热墙和毗连日光间等形式，这种装置的主要工作原理是利用设在墙体本身的集热、蓄热材料，集蓄太阳热能，使太阳能辐射热通过传导、辐射和对流，把热量送到室内。集热、蓄热墙又按其热量的传导、辐射和对流的不同，形成了多种形式，如实体式集热蓄热墙、快速集热墙、花格式集热墙、相变材料集热蓄热墙等。夏季则通过构造措施隔绝太阳能辐射热进入室内。按照太阳能在建筑中的获取方式，可以将被动式太阳能系统分为两种基本类型：直接得热式和间接得热式。

1. 直接受益式太阳能采暖系统

直接受益式指阳光直接透过南向窗户进入房间，室内构件（墙壁、地板、家具等）作为吸热和储热体将这些热量吸收，当室温低于这些构件表面温度时，这些构件就会像一个大的低温辐射器向室内的空气辐射热量，从而达到采暖的目的。在这个过程中，房间本身就是一个能量收集、储存和分配的系统。

2. 集热蓄热墙式太阳能采暖系统

集热蓄热墙式的基本形式有特朗伯集热墙、水墙、附加阳光间和贮热屋顶式。

（1）特朗伯墙式

特朗伯墙由透光玻璃、集热板、集热墙体（砖墙）组成。在集热墙体上、下部适当位置设置风口。其工作原理是：阳光透过玻璃照射到集热板上，集热板被加热，并有一部分热量蓄积在集热墙体内。当上下风口打开时，房间的冷空气由下风口进入集热板和墙体间的空腔，在空腔中受热上升，再由上风口回到房间。这种周而复始的热循环过程使室内温度得以提高。天热时，可以通过控制风口闸门启闭，来调节室内温度，使室内温度不致过高。而房屋的两侧面、背面及屋顶和底层地板则按照保温节能要求进行设计。

特朗伯墙式主要是通过建筑外维护结构的蓄热性进行采暖的方式，其工作原理是将集热墙向阳的一面涂以深色的选择性涂层加强吸热并减少辐射散热，在离集热墙外表面10cm左右装上玻璃或者透明塑料薄片，使该墙体成为集热和储热器，在夜间又成为放热体。储热墙通常为混凝土墙或实心砖墙，这些重质量的墙体热容大、惰性大，因此储热多、放热慢，墙体的温度波动相对室外的温度波动有较长时间的延迟，有利于减缓夜间室内温度下降。储热墙的厚度因用途而异。

（2）水墙式集热蓄热墙

水墙式集热蓄热墙简称水墙。作为蓄热材料的水通常置于屋内的一面墙中，称为“水墙”，水墙应该建在房间里一天中大部分时间阳光能够直接照射到的地方。用来建造这种“水墙”容器的材料一般为塑料或金属。水墙具有较好的蓄热能力，可保持一定时间的热稳定性，造价低，很受欢迎，但主要问题是运行管理比较麻烦。

（3）附加阳光间式

附加阳光间被动式太阳房是集热蓄热墙系统的一种发展，将玻璃与墙之间的空气夹层加宽，形成一个可以使用的空间——附加阳光间。这种系统其前部阳光间的工作原理和直接受益式系统相同，后部房间的采暖方式则雷同于集热蓄热墙式。附加阳光间式太阳房的工作原理是将作为集热部分的阳光间附加在建筑南向房间的外面，阳光间靠室外一侧全部设置玻璃，利用阳光间和房间之间的集热墙作为集热构件，冬季阳光进入附加阳光间后，集热墙将热量吸收并对阳光间内的冷空气进行低温辐射，温度升高后，空气因密度减小而上升并由集热墙上部的开口进入室内，同时阳光间的底部形成了负压，室内的冷空气被吸入阳光间进行加热，这样阳光间内的空气和室内的空气因为对流而达到房间采暖的目的。

（4）贮热屋顶式

贮热屋顶式太阳房兼有冬季采暖和夏季降温两种功能，适合冬季不属寒冷，而夏季较热的地区。用装满水的密封塑料袋作为储热体，置于屋顶顶棚之上，其上设置可水平推拉开闭的保温盖板。冬季白天晴天时，将保温板敞开，让水袋充分吸收太阳辐射热，水袋所储热量，通过辐射和对流传至下面房间。夜间则关闭保温板，阻止向外的热损失。

（二）被动式太阳能降温系统

相对于被动式采暖而言，被动式降温的策略相对多样和复杂。其主要是利用热的对流、辐射和传导的原理，有效组织、利用和防止热。其设计思路可以归纳为提高建筑的散热、将进入室内的热能降到最低。它包括：利用对流组织自然通风，利用遮阳防止热辐射以及利用双层皮等特殊设计防止热传导。

提高建筑的散热最简单有效的应用就是自然通风。通风加速热量的散失和水蒸气蒸发，在同样温度下能给人凉爽之感，增加人的舒适度。本策略的前提是室外的温度低于室内的温度，否则室内会更热，所以在夏季炎热地区，有的甚至应该防止通风。而优秀的通风设计则能在自然风的基础上利用和加大风压，促进室内气流流动，从而将热空气排出建筑。

五、主动式太阳能集热装置与建筑的一体化设计

主动式太阳能在住宅中的应用主要是通过高效集热装置来收集获取太阳能，然后由风机或者盘管将热量送入住宅内用以采暖或是用以加热家庭需要的热水，同时住宅中设有一定的蓄热装置，用以保存太阳热能以备后用。一套完整的主动式太阳能系统是由太阳能集热器、储热装置、循环管路和一些辅助装置组成的。

（一）太阳能采暖系统

利用太阳能加热的系统，既可以为用户提供生活热水，又可以为住宅供暖。在低温建筑中冬季需要采暖，太阳能采暖系统是太阳能热水系统的进一步发展。实际上，太阳能采暖系统通常可以跟太阳能热水系统联合使用。在此情况下，一方面要适当增加太阳集热器的采光面积；另一方面由于采暖是在寒冷季节才需要，因而要使用防冻或抗冻的真空管集热器。

（二）太阳能空调系统

太阳能制冷，首先是将太阳能转换成热能（或机械能），再利用热能（或机械能）使系统达到并维持所需的低温。在建筑中应用的太阳能空调属于太阳能制冷的一种实例，太阳能空调就是不断地从建筑物内的空间取出热量，并转移到自然环境中，使建筑物内的温度低于周围环境的温度并维持这个低温。

（三）太阳能光伏系统

太阳能光伏技术通过太阳电池将光能直接转变为电能。太阳能电池可以联结成大功率的组件，组件又可以组成太阳能发电装置，可以供不同功率的应用。太阳能光伏系统一般包括电池组、储能、逆变和控制部分。建筑中的应用可分为独立光伏系统和并网光伏系统。太阳能电池的应用，为建筑物提供照明等用电，如果太阳能完全能满足建筑物的能源需求，则可称为“零能房屋”。

六、太阳能集热装置与住宅的一体化

（一）太阳能集热装置与住宅屋顶的一体化

与坡屋顶组成一体的太阳能集热器，其主要特点是在做好防水处理的屋面上，铺设屋面与集热器共用的防渗漏的隔热保温层，在隔热保温层上放置太阳能集热部件，这种屋面

由于综合使用材料，不但降低了成本，单位面积上的太阳能转换设施的价格也可以大大降低，有效地利用了屋面的复合功能。

（二）太阳能集热装置与住宅墙面的一体化

对于集合住宅而言，外墙是与太阳光接触面积最大的外表面。单从太阳能利用角度而言，太阳能集热器可以结合集热墙设计，让整个墙体都成为集热器；或者作为附属构件依附于外墙表面。考虑到住宅立面，一般采用后一种方式与墙面结合。

墙体型太阳能集热器的基本结构，其实质是平板集热器的一种变形。本集热器由外到内分别由透光保温涂层、光热转化层、外墙支撑及导热层、集热管、发泡保温层、内墙支撑层、内墙涂抹层等部分组成。墙体集热器的工作原理为，阳光沿其一角度入射墙面，按有效投影截面获取的有效光能透过透光保温涂层，入射至光热转化层，在光热转化层内完全或选择性地转化为热。

（三）太阳能光电装置与建筑的一体化设计

由设在建筑物屋面的太阳能光电池板组成的“太阳能屋顶”提供建筑所需要的部分或全部能量，且与电网并网。当阳光充足时，太阳能电池除满足全部能量需求外，多余的电能可输送给电网；当阴雨天气时，则由电网供电。这种光电转换装置在欧美一些发达国家已有了较大的发展。但目前太阳能电池价格较高、效率较低，因此我国的太阳能光电建筑还处于研究试点阶段。

七、太阳能与建筑一体化实施方案要点与施工工艺

（一）实施方案要点

太阳能与建筑一体化在设计时即充分考虑到与立面的结合，根据楼层立面效果和实际安装条件，量身定做集热器，实现集热器与阳台的完美结合。在设计上，首先根据当地日照特点，从日光采集效果出发，选取最佳位置设置集热板；其次进行整体考虑，将太阳能集热器、水箱等与建筑本体融为一体，不影响建筑立面效果及住宅使用功能。对于穿墙所需洞口及管线做到预留预埋，并对水箱、集热器悬挂的背墙做加固处理；在施工上，先做样板间，采集信息（包括日照时间、水温效果等）；对安装工序严格要求，在地暖管敷设前，即完成冷热水管的敷设，做到不同工种紧密配合。

（二）太阳能生活热水系统安装方案

为了保持外墙立面的统一和美观效果，同时提高集热器的使用效率，统一将壁挂式集热器在阳台栏板的预留位置处与背板立面成6°～7°的倾斜夹角壁挂安装，以便能更多角度、更大限度地接受太阳能辐射；水箱安装在阳台内靠近集热器循环管一侧的墙面上；水箱和集热器之间通过循环进出水管道连接，连接室内的冷热水管采用埋地敷设形式，循环管及热水管均做保温处理，以防止冬季冻胀，减少热量损失。

（三）水箱的安装

根据水箱挂架的挂孔尺寸，在墙面上打四个直径 16mm、深度 150mm（不含保温板的厚度）的孔，上面两个上专用膨胀挂钩，下面两个上膨胀螺栓，把水箱悬挂在上面并固定。同时电源线穿过墙面和屋内插座插接。

（四）集热器的安装

集热器循环水管预留穿墙洞的直径为 80mm 以上，位置与水箱悬挂的位置一致：水箱在阳台左侧时预留洞即在背板左侧，水箱在阳台右侧时预留洞即在背板右侧。先用膨胀螺栓将集热器支架固定在背板上，安装时再将集热器直接固定在支架上。水箱和集热器固定后，把循环进出水管和水箱的循环进出水口连接。同时用厚度 30mm 的橡塑保温管保温，外部用纯铝铝箔胶带包扎。

（五）冷热水管道的铺设和连接

冷热水管道采用国标优质 De16 的 PP–R 管，采用埋地敷设的形式，将冷热水管道在结构地面上敷设在地暖绝热层之间，热水管还须进行保温处理，敷设完毕后在隐蔽前做气压试验，并在地暖保护层的施工中保持试验压力。冷热水管均从离阳台最近的厨房或卫生间连接到阳台水箱处。

（六）安装要点及注意事项

1. 设计安装水箱的墙面必须为混凝土或其他实心承重墙体，以便于水箱箱体受力。

2. 因集热器背板面有 100mm 的外墙保温，因此必须选用加长膨胀螺栓来固定集热器。

3. 水箱至集热器穿墙预留洞应尽量靠近相邻墙面，并保持在 10cm 以内。

总之，太阳能与建筑一体化技术体系的推广运用，属于太阳能利用技术的重大革新，从技术和实践来看，是完全可行的。它代替了传统的屋面太阳能技术，并能够与建筑完美结合，同时可以达到可观的节能减排效果。在国家大力推广绿色建筑、大力提倡和扶持太阳能产业的良好形势下，华源集团将继续坚持不懈地持续营造绿色建筑工程，并高效利用产业和研发基地，加大对太阳能与建筑一体化技术体系的研究、产品开发、应用，力争在全国做到规模化运营，从而起到推动其产业化发展的社会效益，降低社会的总能耗。

第五节　电气照明系统节能

在建筑电气的照明系统中，如果能够充分考虑优化设计，则可以对设计方案做到真正有价值的提升，使建筑电气照明系统在展开节能设计时得到内容的丰富。因此，在针对建筑电气照明系统进行节能设计工作时，应关注优化设计，使设计要点得到相应的明确，对设计方案的形成过程做到严格把控，进而有效提高建筑电气照明实施节能设计后的效果，使电能达到高效利用的目标。同时，应正确认识电气照明节能开展优化设计工作的必要性，防止对其设计方案产生应用效果的影响。

一、目前存在的不足之处

（一）系统在运行中存在较低的功率因数

感性负荷是一款在实际运转中不仅对有功功率有所消耗，而且对无功功率也有所消耗的建筑设备。在选择照明灯具时，其中如荧光灯和金属卤化物灯等多种灯具都是感性负荷类别的，然而，这些灯具对照明系统会造成功率因数整体降低现象的发生。将这些灯具在建筑照明系统的正常运转中进行运用，将使系统出现功率因数的降低，直至保持在0.5上下，使系统线路增加损耗量。在实际设计中，设计人员为了使这一状况得到较好的解决，在系统中往往会增添无功补偿方面的装置，进而防止因为较低的功率因数而造成供电线路大量损耗现象的发生。但是，这种处理方式很显然增加了建筑照明系统的实际建设成本。

（二）电压波动导致的电能损耗

在实际运行中，荧光灯对供配电系统中的电压波动有着较强的敏感性，电源电压的不断变化对其有着较大的影响。电源电压出现 ±5% 波动，不仅使供电线路出现电能损耗的增加，而且会使灯具出现光效以及使用寿命的降低。在电源电压从 220V 朝着额定电压 ±5% 进行波动时，照明系统将会出现电能损耗上升至额定电压正常运行时的 1.07 倍现象，同时导致照明灯具出现使用寿命下降至额定电压实际运行过程中的 0.94 倍。经过详细分析，采用自动调压型节能灯具，不仅能够实现较好的节能潜力，而且能够使灯具的综合使用寿命提高。

二、建筑电气照明系统能耗的影响因素

从总体上看，建筑电气照明系统的能源消耗受许多因素的影响，应从多个角度出发综合思考。

1. 在现代化建筑中，电气照明系统的光源是最主要的耗能部件，不同类型的光源，其额定功率、综合能耗、光效、色温等指标存在很大差别。在实际运用的过程中，建筑空间会因功能的不同而呈现差异化的指标设计需求，光源及空间照明需求的适配性会在很大程度上对能源利用率产生影响。

2. 现阶段，相关技术已取得了较大的进步，电气照明系统的控制途径越来越多样化。不同场景应用不同的控制方法。科学的控制方法能尽可能缩短无效照明时长，继而达到降低消耗的目的。

3. 当光源条件一致时，照明系统的布局设计也会对具体的照度造成影响。墙面反射及室形指数等多种客观条件，也会或多或少地影响实际照度。由此可见，必须挑选恰当的光

源，使用合理的控制方法，并在此基础上充分利用环境条件，妥善布置光源，在减少能耗的前提下实现同样的照度，并节约成本。

总而言之，开展建筑电气照明系统设计，应全面考量实际环境条件和照明需要，再据此挑选适当的光源硬件及控制方法，凭借科学的运算分析，在确保满足运用需求的前提下完成节能降耗的系统设计。具体而言，可以从改善照明方案、缩减照明系统运作时间、采用节能光源、提升灯具能源转换率、维持高效的照度、利用局部照明等方面入手。需要注意的是，上述方法都应在保障照度与照明质量的基础上实行，逐步加强照明系统的能源转换成效，这对系统的节能至关重要。

三、建筑电气照明系统的节能设计原则

根据数据分析选择合适的节能设备和材料质地，可以避免成本增加，同时还能确保成本及时收回，节约成本。电气设备的安装和使用需要斟酌经济效益，并且符合实际国情，不应盲目追求节能、过度投资。

（一）经济性原则

随着科学技术的发展、社会经济的发展，市面上的照明设备越来越多，因为存在照明效果、节能效果和美观等方面的差异，因此价格有高有低。在选择照明设备的时候，需要在满足人们需求的前提下，遵守经济性原则，提高经济效益与节能效益。在进行设计时，就需要相关的设计人员深入了解照明设备市场的具体情况，进行合理的设计与选择。在设计时，还可以通过合理规划照明设备的数量与具体位置，提高照明效果，减少能源浪费。

（二）环境保护原则

在建筑电气照明节能设计中，实行绿色照明是最关键的环节。绿色照明是指在保证居民日常工作和生活的照明需求这一前提下，实现最低的照明能耗。此外，还应该考虑经济投入，不应追求节能而盲目增加项目成本。设计师应该优化布线设计，减少电缆路径的长度寻找最近距离，以减少照明线的能量消耗。

（三）功能性需求原则

建筑电气照明的规范布局有助于减少能耗，正常来说可以将总能耗减少 4% 左右。为降低输电线路的电耗，可利用低电阻导线，调整布局线路的总长度。人们日常生活中频繁接触到的灯具开关，也会损耗相应的电能，可以从开关的节能设计来达到减少电能损耗的目的。

（四）适用性原则

过分追求绿色环保、经济性原则有可能导致供应的电气无法满足建筑施工的需求，会严重阻碍建筑的正常施工。照明的亮度、强度不够，还会影响人们的身体健康和心理健康，

影响人们的情绪。因此，在进行节能设计时，需要注意适用性原则，确保照明设备的设计能够帮助人们进行正常的生活和施工。

四、建筑电气照明系统的节能设计方法

要保证建筑电气照明系统设计达到节能目标，则应在设计过程中全面融入并展现节能降耗理念，提高能源的实际利用率，让能源转换为更大的经济效益。为此，相关人员必须采用科学的照明设计方法，使建筑照明在真正意义上满足节能需求，并改善建筑内部的空间环境。

（一）优化供配电系统

建筑的电气照明系统节能优化设计，应当注重对供配电系统的优化。在实际设计过程中，应当充分结合相关用电设备的距离、实际用电情况等，基于保证供配电系统稳定运行的基础上，对电路结构进行节能优化，实现更为便捷的操作和使用。同时在建筑供配电系统中，变压器是其重要的组成部分，在开展优化设计技术时，应当按照该建筑当地电力负荷的季节性和时间性等，选择适当的变压器规格和数量。另外，设计人员需要从减少线路传输损耗的角度出发，优化建筑供配电系统，实际可采用的优化技术措施有以下几点：

（1）对建筑电气照明系统和空调风机系统所使用的电能情况进行统计，科学合理地对供配电系统的季节性负荷进行调整，进而提高供电线路利用的有效性。

（2）充分结合供配电系统的具体情况，适当地增加供电线路的截面积，保障在系统良好的热可靠性和足够载流量的基础上，采用较粗的电线。

（3）对于建筑的线路铺设应当尽可能保障供配电系统的线路，维持直线状态，以此减少供电距离，有效降低线路损耗。

（4）对于建筑电气照明系统的优化设计，应当科学选择通电导线，在经济成本允许的情况下，应当选择材料电导相对较小的通电导线，以此实现线路电阻的降低。

（二）注重利用自然光源

对于建筑电气照明系统的节能优化设计，应当充分利用自然光源进行照明。所以设计人员需要认识到自然光对建筑照明的重要性，在制订电气照明系统设计方案时，需要结合建筑场所的实际情况，并加以有效利用。同时基于土建和结构等工程，完善建筑的采光方案，将电气照明和自然采光进行有机结合，实现免费光源替代电气光源，进而减少电能消耗。另外也可根据自然光的照度变化情况，实现分组、分片智能自动照明控制。并可适当增加照明控制开关点，确保开关控制的灯具数量具有合理性，以保障电气照明系统的维护管理具有实效性，并能够根据具体情况提高控制操作的灵活性，最大限度实现节能效果。

（三）选择适合的节能灯具

在甄选光源与节能灯具时，应结合具体的使用场地、条件及需求，挑选对应的高效灯具，这样不仅可以减少能源消耗，还能获得理想的光照效果。

1. 从如今的社会发展情况来看，应以更加新型的光源替代传统的普通白炽灯，如细管直管型三基色荧光灯、小功率的陶瓷金属卤化物灯等。节能荧光灯的平均寿命可达3000h，发光效率为 40 ~ 120lm/W，换言之，9W 的节能灯便可代替传统 40W 白炽灯泡。

2. 可将非光强气体放电灯用于室外道路或高大空间照明，如高压钠灯、高频大功率细管直管荧光灯、金属卤化物灯等。

3. 传统的电感镇流器具有耗能较大的特点，可以采用电子镇流器替代。也可将节能电感镇流器用于气体放电灯，需注意，电感性的荧光灯及气体放电灯均需要装置电存器，以达到补偿无功损耗的效果。

4. 节能照明灯具应采用高纯电化铝反射器，以更好地提升反射率、节约能耗。

5. 尽可能地使用波长大小一致、使用寿命长、发光均匀的节能型 LED 光源。

（四）选择高效的照明配件和装置

要充分体现照明节能功效，镇流器不可或缺。应挑选节能效果显著、品质有保障、安全性较强的镇流器，如今电子镇流器就是运用最广泛的产品。以 40W 的荧光灯为例，若采用常规的电感型镇流器，耗电量为 8W 左右，是荧光灯耗电量的 1/5；若采用新型低损耗或节能型镇流器，耗电量仅有 4W，是荧光灯耗电量的 1/10；若使用电子镇流器，耗电量能达到更低的程度。对荧光灯使用电感镇流器，若不加补偿电容，其功率因数仅为 0.5，但若加补偿电容，其功率因数就能超过 0.9。

综合以上分析可以看出，就单个数值而言，照明装置或配件设计并不能起到十分明显的照明节能作用，但在大批量的照明设计中，其便能发挥可观的节能功效。

（五）科学确定照度标准

照度标准的选择应根据实际场地空间的大小、构造及服务对象确定，以保障照明场所具备理想的视觉环境。在我国最新发布的《建筑照明设计标准》中，适当调整了部分场所（如住宅车库）的照明功率密度值，还完善了关于图书馆、科技馆、会展、博览及金融建筑等的照明功率密度限制。相关人员需要切实掌握新标准，与时俱进。另外还要注意的是，当建筑等级与功能方面要求较低或作业精度与速度重要性不强时，可适当降低作业面和参考面的照度。在设计特定建筑物的照明时，需要全面考量不同空间的照度需求。以医院建筑的照明为例，化验室需达 500lx，诊疗室需达 300lx，而病房在检查与阅读期间达 200lx 即可，由于病房可以改用局部照明满足需求，因此平时应控制在 100lx 左右。

（六）控制开关的使用

若场所或固定房间里有很多灯具同时存在，就要对其进行合理控制。在天然采光充足的情况下，远窗和近窗都应安装开关。因此，在设计室内照明的过程中，要全面考虑使用的人数，人数较少时只需要使用一小部分灯具，其他灯具保持关闭状态，在一定程度上可以减少资源浪费。在设计民用场所的客厅和过道照明时，需要采取统一的开关控制方法，还要适当考虑场所采光条件和使用要求，进行合理的分组控制。在设计影院的照明控制时，不仅需要统一管理和控制照明设备，还要根据影院内部标准和要求控制照光强度。就旅馆而言，所有房间都应该设置节能控制开关，可以使用天然采光的楼梯和走廊，并安装应急的照明灯具和节能控制开关，在采光充足的情况下，节能控制开关可以自动熄灭。

（七）提高照明电气的功率因数

在很多变压器中，会使用一些小的电感元器件，这些器件即使是在不使用的情况下也会产生一定的功率，无形中浪费了一些电能。对此，可以通过合理改变装置功率因数，降低产生的功率，进而减少资源的浪费。因此，在民用建筑电气的设计过程中，在压力较低一侧的变压器上，多数采用统一的补偿策略，不断降低变电站到用户高压线路上产生的无功功率，进而提高用户使用电气的功率系数，节约用电量。另外，在安装无功补偿设备时，应选择就地安装，实施就地补偿。

（八）应用新技术

当下，受我国科学技术快速发展的影响，在针对建筑电气进行节能设计时，为了使设计的最终效果能够对标准要求做到相应的满足，要求设计人员必须对现代化的新技术加大研究力度，对建筑电气进行节能设计的不断开发，并将其应用在实际设计中。例如，在针对建筑电气进行节能设计时，其中高低压类型的电气产品和智能化节能控制技术是对新型技术使用中最普遍的，这样能够充分发挥产品的重要作用，进而使能源实现节约设计的目的。在实际设计中，相关工作人员必须严格遵守节约经济的设计原则，通过对有效措施的采用，使能源得到利用效率的提高，以满足建筑行业的持续发展。

五、建筑电气照明系统的节能管理措施

对于建筑电气照明系统实施节能方面的管理，应综合考虑不同场所的具体环境条件和照明需要，确保符合相关的质量准则。在管理过程中，应尽可能做到灵活操作与稳定调控，以达到双重效果。具体而言，可从以下两个方面把握。

（一）采用新型电子节能镇流器

镇流器是节能灯具必备的，虽然传统的镇流器也能在一定程度上起到镇流作用，但是其实际效果不理想，并不能充分满足当前需求，耗能也较大。新型电子镇流器具备噪声小、频闪污染少、消耗的功率低等多种优势，同时还大幅度降低了线损率，提升了电网质量水平。因此，必须高度重视电子节能镇流器，并将其妥善运用于节能设计中，以达到良好的节能降耗效果。

（二）改善照明系统的节能管理模式

在实际操作中，应结合不同场所的具体照明需求及环境状况，优化和完善照明系统的节能管理模式，以确保控制方案的灵活性、便利性、稳定性与可操作性，进一步提升节能效果。

1. 对于小型的个人或集体用房，以及其他类似的照明场所，如普通住宅，可使用一灯一控的模式。若有较好的条件，还可考虑使用可变光节能控制。

2. 针对一些较大的建筑，可运用多灯一控模式，如果整个场所对照度有均匀性强的需求，那么可以使用隔一控一的方式，反之则可使用分区或分组控制模式。与此同时，还可设计一定数量的照明子系统，让其发挥辅助功能。

3. 针对一部分受天然采光条件影响的场所，要考虑其具体情况。如果是具备天然采光优势的场所，应充分利用其采光优势，切实带动建筑电气照明系统整体节能降耗水平的提升。有的照明场所离侧窗较远，无法获得充足的天然采光，对此就应设置带有光电智能控制功能的自动化光控器，弥补其天然采光的不足，也能降低能耗。如建筑走廊、过道之类的场所，可以利用定时开关达到照明控制的目的。

（三）采用高光效光源

不同的建筑物对功能的使用需求不同，使用的光源也不一样。在挑选合适的建筑物光源时，一定要满足其需要的功率需求，在这个基础上选择合适、高效的光源，以节约能源，减少资源浪费。在选择照明光源和附件时，要全面考虑多种影响因素，包括色温、价格和光源的使用时间等。

节能灯有很多使用优势，如发光效率高、显色好，比之前使用的白炽灯更能节约电量等，也因此逐渐在千家万户中普及。荧光灯就是一种典型的节能灯，其节能效果非常明显性价比高，在消耗同等电能的情况下可以产生更高效的照明效果，尤其是 T5 荧光灯，照明效果极其明显，可以显著降低电能消耗，达到节能的效果。

在一些对灯光有高要求的特殊场合，要求照射出来的灯光非常耀眼和醒目，不能使用柔和的灯光。此时，可以使用气体放电灯，这种灯具可以在消耗极少电能的情况下达到灯光醒目的效果。

另外，在人们的日常生活和现代化设计中，应用的 LED 灯比较多，其节能环保，并且有较强的艺术性，可以显著减少电能的消耗，经济适用性良好。

综上所述，随着当前建筑电气工程的不断发展，为满足人们的生活需求和节能要求，应当注重对照明系统的优化设计。结合具体工程实践，应当从优化供配电系统、注重利用自然光源、选用节能型灯具、引进数字化调节技术、改善电气照明系统控制方式等角度入手，充分掌握其技术要点，以此实现建筑电气照明系统的正常稳定运行，实现良好的节能效果。从而为用户营造一个健康、舒适、安全的照明环境，进一步降低照明系统对环境的影响，提高人们的生活质量，构建生态环保、可持续发展的绿色建筑体系。

第六节 建筑供配电系统节能

随着我国经济水平的不断提升，城市化进程加速，大量农村人口进入城市生活和发展，给城市运行带来了巨大的压力，为应对人口激增现象，满足城市居民使用建筑的需求，城市中建筑的数量越来越多，在促进城市经济发展的同时，也加大了对各项能源的消耗量。通过对建筑的供配电系统进行节能设计，能有效减少供配电系统在运行过程中产生的不必要的能源浪费，最大化提高供配电系统在建筑中的潜在应用价值，对提高社会总经济效益具有非常重要的意义。因此，设计人员应积极应用环保理念，对建筑供配电系统进行节能化设计，使其能在满足建筑用电需求的基础上，实现最佳节能效果。

一、建筑供配电系统节能设计的主要内容

建筑供配电系统大体上可以分为两个部分，即供电系统和配电系统，要想达到节能设计目的，就需要从这两方面入手进行考虑。供电系统又可以分为电源系统和输配电系统，由于其本身是建筑用电的源头，所以对供电系统节能是从根本上去实现建筑用电节能的目的。配电系统主要是指将电力系统中从低压或者高压配电变电站出口输送到用户端的系统，用电输送距离的远近不仅可以影响供电效果，还会影响电能损耗。

对于建筑来说，照明系统在整体用电比例中占据很大的比例，可供节能设计考虑的地方繁多，照明系统的节能可以包括照明设备本身、照明方式以及照明系统的设计等，从这些方面进行优化可以极大地降低建筑用电量的输送和浪费。另外是电梯，在建筑中，电梯对人们日常出行来说极为重要，但它同建筑照明设备 24h 工作不同，其根据客户的使用情况分为高峰期和低峰期，实施分时供电运转。因此在电梯供配电系统设计过程中，可以结合电梯使用情况、电路设计等方面进行节能设计，在不需要照明、没有人使用电梯或者电梯使用量不频繁时，降低供电强度，从而达到节能目的。对于建筑中的楼房来说，住户的用电设备也是耗电的一部分，虽然不能限制每户都使用节能电器，但是可以在电路设计时尽量降低损耗，分区供电，优化电路设计图，改进各类电器的耗能，比如使用变频空调、增加排水系统等。开发人员也应该大力开发新能源，利用风能、太阳能等逐渐取代电能，降低电能的使用率。对于酒店商场等高耗能建筑来说，可以采用一屋一卡的方式，在屋内没有人的情况下，切断电源，防止电能损耗。

二、影响建筑供配电系统节能设计效果的因素探讨

建筑建设虽然在不断发展，但我国建筑供配电系统的节能设计依旧处在初级阶段，节能效果并不理想。究其原因，主要是设计人员缺乏节能意识，在电路设计、电器应用装配

等过程中没有将节能作为首要设计原则，未重视节能设计，导致建筑供配电系统节能设计流于形式，始终跟不上建筑建设发展速度。另外，电路设计方面的问题，合理的建筑电路设计能够在满足建筑业主居住用电需求的同时，降低用电损耗，但建筑电路设计复杂，对设计人员的专业能力有着极高的要求。目前具备专业素质能力的供配电系统设计人员较少，人员的不足阻碍了建筑供配电系统节能设计目的的达成。节能的建筑供配电系统是能有效结合住户的用电具体情况实现分区供电的，并在必要的位置或耗电量大的位置做好电路保护，在保障正常用电的同时，节省电能。但目前大多数建筑所用的电器是老电器，这种电器是按空间来进行功率设置的，使用的功率都是额定的，只要开始使用，按额定电压功率开始工作，不会自动调节，可自我调节用电功率的变频电器还未得到大力推广，建筑供配电系统节能目的难以实现。

三、建筑供配电系统节能设计的主要原则

建筑供配电系统节能设计方案的制订，要求工作人员在相关原则的框架下，梳理供配电设计节能设计的要求，划定节能设计的框架，理顺建筑供配电系统节能设计流程，以确保各项节能设计方案的有效性。

（一）建筑供配电系统节能设计的实用性原则

建筑供电系统在进行节能设计的过程中，需要充分遵循实用性原则，切实满足建筑电气设备的运转要求。例如在实用性原则的指导下，设计人员需要实现对照明系统色温、照度、通风系统新风量等用电模块参数的细致调整，实现供配电系统的正常运转，满足基本的建筑使用需求，同时增强节能设计的可操作性，便于施工单位以及技术人员，能够根据设计方案，在较短的时间内，快速完成建筑供配电系统节能优化升级工作。

（二）建筑供配电系统节能设计的经济性原则

建筑供配电系统节能设计过程中，需要充分遵循经济性原则，设计人员有必要从长远角度出发，供配电系统各类模块组件、技术方案做好选型与优化等工作，以确保供配电系统的节能成本得到有效控制。例如，在进行变压器等相关供配电设备组件选型过程中，设计人员需要在分析变压器节能效果、维修费用以及投资成本等角度出发，进行变压器类型的最优化处理，实现建筑供配电系统节能设计总体成本的有效控制，为后续施工活动中成本管理控制提供便利。

四、建筑供配电系统节能设计要点分析

在进行建筑供配电系统节能设计工作的过程中，应明确相应的设计要点，确保这类系统在实践中的节能设计有效性。在此期间，相关的节能设计要点包括以下几个方面。

（一）总体规划方面的节能设计

1. 供配电方案的有效设计。通过对建筑供配电系统节能设计状况及要求的综合考虑，在实现总体规划方面的节能设计时，需要考虑配电方案的有效设计。具体表现为：通过对电源点、电力负荷容量、供电距离等要素的考虑，结合设计成本经济性要求，确定最佳的供配电方案，完成好相应的设计工作；基于供配电方案的有效设计，需要在选择变电所位置的过程中尽量靠近负荷中心，以便降低供电损耗，改善电能输送状况，满足建筑供配电系统节能设计要求；设计人员在对供配电方案进行有效设计中，应从技术可行性、成本经济性等方面入手，从而得到所需的供配电系统节能设计方案，提高相应系统运行中的节能效率。

2. 供配电系统网架的合理设计。若建筑供配电系统运行中的网架设计不合理，则会影响该系统的运行效果，引发其能耗方面的问题。因此，在对供配电系统进行总体规划方面的节能设计时，需要设计人员考虑其网架方面的合理设计，并从优化供配电系统内部的接线方式、确定有效的供电方案等方面入手，从而实现对系统网架方面的合理设计，降低建筑供配电系统应用中的能耗，丰富其节能设计内容。

（二）配电变压器方面的节能设计

作为建筑供配电系统的核心设备，配电变压器的节能效果是否显著，体现着供配电系统的节能设计水平。因此，在实现这类系统节能设计的过程中，应重视配电变压器方面的节能设计。具体表现为：（1）在选用配电变压器的过程中，设计人员应重视 S11、S13 等节能型配电变压器的应用，用卷铁心改变常规的叠片式铁心结构，从而减少空载电流，全面提高配电变压器运行中的电能转换效率，最终达到供配电系统节能降耗的目的；（2）设计人员在了解配电变压器功能特性及供配电系统节能设计要求的基础上，应在实践中针对性地开展这方面的设计工作，并将节能理念渗透在其中，从而提高配电变压器的节能设计效率及质量，发挥出其在建筑供配电系统方面的应用优势，给予其节能设计状况改善有效保障。

（三）其他方面的节能设计要点

1. 照明系统方面的节能设计。通过对照明设备与建筑协调性方面的考虑，结合《建筑照明设计标准》要求，选择好适宜型号的照明灯具并加以使用，促使照明系统应用中能够达到节能方面的标准要求。需要通过对智能照明系统的有效构建，完成好建筑照明系统方面的节能设计工作。同时，照明系统的节能设计工作还要与建筑的实际需求相符合，选用调控技术良好的灯具，控制好照明调控方案的形成过程，确保相应节能设计工作落实的有效性。

2. 电机拖动系统方面的节能设计。结合建筑的实际情况，在开展供配电系统节能设计工作的过程中，需要通过对电机功率、软启动控制方式等要素的考虑，有效开展电机拖动系统方面的节能设计工作，促使这类系统在运行中可保持良好的功能特性，为供配电系统节能设计方案的完善提供参考信息。

3. 在选用建筑供配电系统电线电缆的过程中，设计人员需要对其成本经济性、安全性等加以考虑，并根据实际情况，重视电线电缆截面的合理选择，减少供配电系统运行中的线路损耗量，从而达到节能设计的目的。同时，设计人员在供配电系统节能设计中也需要加强谐波治理，注重不同类型滤波器的科学使用，制订出切实可行的谐波治理方案并实施到位，从而减少谐波对建筑供配电系统运行的危害，逐步实现其节能设计，并延长供配电系统的使用寿命。

五、提升建筑供配电系统节能设计水平的措施

1. 通过对建筑可持续发展要求及供配电系统节能设计状况的分析，为了发挥出设计人员的专业优势，提升该系统的节能设计水平，需要开展好针对性强的专业培训活动，加大实际工作开展中的考核力度，且需要将责任机制、激励机制实施到位，予以应对，促使供配电系统在实践中的设计质量更加可靠。

2. 重视信息技术在供配电系统节能设计中的高效利用，将丰富的信息资源整合应用于其设计方案形成中，优化建筑供配电系统节能设计方式的同时增加其设计中的技术含量，并提升该系统节能设计方面的信息化水平，减少相应设计工作进行中的问题发生，确保供配电系统节能设计效率良好，提高其运行中的能源利用效率。

3. 在提升建筑供配电系统节能设计水平的过程中，也需要注重创新理念在其设计方案形成中的渗透，更新这类系统的节能设计理念，促使相应设计方案在实践中的应用价值的体现。同时，设计人员应重视供配电系统节能设计工作的针对性开展，健全这项工作进行中的控制机制，从而实现对供配电系统节能设计过程的严格把控，为其整体设计水平的提升提供可靠保障，避免影响这方面设计方案的应用效果。

综上所述，通过对这些不同设计要点的明确及措施的使用，可实现对建筑供配电系统节能方面的有效设计，健全与之相关的设计方案，为后续的节能施工作业的高效开展提供支持。因此，未来在提升建筑供配电系统应用水平、改善其能源利用状况的过程中，应关注节能设计，强化供配电系统应用中的节能意识，有针对性地进行节能设计工作，从而降低供配电系统在建筑应用中的运行成本，满足与时俱进的发展要求。

第七节　绿色建筑与建筑节能

建筑业作为一个高能耗行业，实现现代绿色建筑的节能环保，已成为必须面临的问题和挑战。对现代绿色建筑进行节能设计，不仅可以满足人们的生活、工作等各方面的需求，

还可以有效地节约能源、减少环境污染，顺应生态可持续发展理念。基于此，下面对我国现代绿色建筑发展现状进行分析，并通过总结现代绿色建筑节能设计的基本原则，提出现代绿色建筑的节能设计策略，促进我国建筑行业健康、可持续发展。

一、现代绿色建筑的发展现状

所谓绿色建筑，主要指在房屋建筑设计及建造过程中，发挥建筑物与自然环境的协调性，并充分利用光能、风能等自然能源，有效减少能源的消耗以及对生态环境的污染。绿色建筑设计通常涵盖了工程项目生命周期在内的一切生产活动，强调建筑过程中合理利用资源，以此才能有效节约使用物资、资源，降低环境污染，保证人们在体验建筑空间功能的基础上，实现资源耗能最小化，促进生态绿色经济与现代建筑能够协调发展，满足现代人民的物质、精神、绿色环保等需求。

我国的绿色建筑始于 20 世纪 90 年代，在能源短缺、环境压力增大的背景下，人们开始追求绿色、健康、舒适的生活方式，所以现代绿色建筑设计成为建筑行业的发展趋势，而且在政策、技术、推广等方面形成了较为完善的体系。然而，我国的现代绿色建筑尚处于起步阶段，其发展仍存在一些问题：一是地域分布不平衡。现代绿色建筑在中国的发展呈现中西部地区发展相对缓慢、东部沿海地区发展比较快的特征。二是缺乏人性化设计。现代绿色建筑设计与建造有时会与实际脱节，忽略了用户需求，导致人们的实际体验不佳。三是市场需求面尚未形成。现代绿色建筑设计理念在我国尚未普及，社会对绿色建筑内涵的理解不足。

二、现代绿色节能建筑的特点

（一）节能环保

相对于传统建筑来说，现代化的绿色节能建筑中对绿色节能技术进行了有效的使用，同时该技术也始终贯穿于该建筑项目施工过程中的各个施工环节。所以相比之下，绿色节能建筑的建设过程会更节能环保。

（二）促进业主消费心理的健康

当业主居住到绿色节能建筑中以后，其可以产生更为舒适的居住体验，同时整个居住环境相对来说也会更为绿色环保。这样一来人们会对绿色节能建筑产生更高程度的认可，同时业主的消费观念也会因此有所提升。但建设单位需要注意，在建设绿色节能建筑的过程中，要在满足人们居住要求的同时，使建筑质量得到有力保障。

（三）使用寿命长

较于以往较为传统的建筑来说，绿色节能建筑具备更长的使用寿命。建设单位在对工程进行规划的过程中，需要对整个建筑项目的设计以及各个施工阶段的施工工作等进行综合性的考虑，比如垃圾的处理以及材料的回收等，以便人与大自然之间可以实现更为和谐的相处，尽可能地降低施工工作对大自然所带来的损害程度。

三、现代绿色建筑节能设计的原则

（一）以人为本的原则

对于绿色建筑设计来说，其是基于现代人们对居住所提出的需求，对传统建筑设计进行了针对性的改善。绿色节能建筑不仅使建筑的室内空气质量得到了有效提升，同时还在一定程度上降低了电磁场辐射对居住业主所造成的影响。当下大部分绿色节能建筑在施工过程中，所使用的都是一些低毒甚至无毒的建筑材料，同时建设单位也会对人体的实际居住需求进行分析，对合适的湿度以及气流等进行选择，以便业主在居住过程中可以获得更为理想的居住感受。最后，部分绿色节能建筑还会对吸音材料进行使用，这种材料的存在可以向业主提供更为安静的室内居住环境。

（二）节能减排的原则

设计人员在对现代绿色建筑进行设计的过程中，需要严格遵守节约减排这一设计原则。在实际施工过程中，施工人员需要对各类有限的资源进行合理使用，比如尽可能使用可循环材料、对材料的运输路线进行优化等，这类途径都可以实现资源合理使用的目标。除此之外，设计人员还需要对绿色建筑的平面布局以及朝向等方面的设计进行优化，通过对墙体、门窗等部位的改善实现施工资源消耗的降低。最后，建设单位要尽可能地避免对资源的过度消耗，以此来使自然环境可以受到最低程度的破坏。

（三）环保节能的原则

建设单位在对建筑的实际建设位置进行选择的过程中，需要对施工环境进行全面考察，以此来避免有对人体健康造成威胁的因素存在。除此之外，工作人员在对建筑材料进行选购的过程中，要优先购买天然的木材以及石材等，并对其进行使用，尽可能地避免使用人工合成的建筑材料。

（四）利用自然优势的原则

在利益的驱使下，现在大部分开发商都会选择扩大建筑规模，虽然这样一来会使建设单位获得更多的经济效益，但这同时会对周边的自然环境造成一定程度的损害。所以施工人员要尽可能地使用自然优势，减小施工环节对环境造成的破坏，实现施工与自然环境之间的均衡。比如，利用好太阳采光不仅可以节省每天消耗的电量，同时还可以杀死室内的病菌，保证室内环境健康。此外在面对太阳辐射时，施工人员可以选择利用遮阳百叶遮挡太阳辐射，并安装低辐射镀膜的玻璃。这样一来不仅不会影响室内的采光，同时还会有效减少太阳光中的长波热辐。最后，自然通风对建筑内部的环境调节也是非常重要的，施工人员可以把低窗和高窗结合在一起，通过进出口的位置高度差将热空气排出室内。

四、绿色建筑节能设计的要求

绿色建筑节能设计的目的是为了实现设计理念与设计实践的充分融合，在传统设计理念进行创新，且要以低碳经济发展为设计原则，实现绿色建筑设计的使用需求。

（一）对节能设计的总平面图的要求

绿色建筑节能设计的总平面图中，需精确标明建筑物的主要朝向以及平面外轮廓线，并标明建筑物时所在地区的风向图。同时，节能初步设计总图还需说明建筑物的密度指标，并将建筑物场地中的硬质铺地、绿地、道路及水域的关系布置清楚。为实现节能的目标，充分利用自然通风以及天然采光模式进行建筑物布置设计，通过计算模拟得出精确的数据，并在总图纸中标明。

（二）节能初步设计中的要求

绿色建筑节能设计准备阶段，首先，要考虑建筑物的朝向，通常是南北向或接近于南北走向。对于建筑物间距，要根据日照条件，在符合日照标准的前提下设计最小间距，最大化节约土地资源，合理利用自然资源。其次，在自然通风方面，充分利用好主立面，开口要迎向夏季的主导风向，尽量避开冬季主导风向，实现自然通风的顺畅，有效减少空调等设备使用，实现节能的目标。

（三）节能施工图设计环节的要求

在节能施工图设计中，要考虑到各细节的节能设计。在建筑节能设计中，需计算建筑体形系数，看结果是否符合节能要求，并计算建筑物每个朝向的窗墙比，还需设计好建筑外墙的遮阳装置和措施，对建筑围护结构的每个部位所选用的材料和厚度、构造的层次都需标明详细的设计说明。在绿色建筑电气节能设计中，变电所需设置在负荷的中心，并合理确定变压器的能耗、台数及接线的方式，进而实现节能环保的最大化。为了节能，可设计定时开关、光电自动控制系统，进而最大化节约能源。

五、绿色建筑设计要点

（一）地基基础设计

设计人员在对地基基础进行设计的过程中，一定要先对建筑施工地点的具体情况以及建筑结构的实际特点进行全面的了解，然后再结合这些情况对地基基础展开合理的设计。在任何一个建筑施工工程中，地基基础在总成本中占据的比例相对来说还是比较高的，所以设计人员在设计地基基础的时候，还需要注意一定要先对多个设计方案进行分析，然后选择出对建筑材料的消耗程度最小的设计方案，以此来保证生态环境所受到的影响可以得到有效降低。

（二）结构体系、结构构件优化设计

设计人员在对建筑结构设计进行优化的过程中，一定要注意，只有在保证了整个建筑结构的安全性以及耐久性以后，才可以展开建筑结构设计的优化工作。与此同时，还需要注意以下三个方面：第一，设计人员在遇到一些不规则的建筑形体时，一定不能受其形体的影响，要严格按照建筑结构设计原则来展开具体工作。第二，设计人员还要对整个建筑的具体功能以及受力特点等进行全面的了解，然后再以相关的设计标准为基础对建筑结构的设计展开优化。同时设计人员还要站在材料消耗量的角度，对结构体系进行选择，一定要优先选择材料消耗量最少的结构体系。第三，对于一些高层建筑或者是跨度较大的建筑来说，设计人员一定要对钢结构体系以及钢筋混凝土结构体系等进行科学的使用。同时对于高层建筑的混凝土结构中的竖向构件来说，设计人员一定要有效优化截面设计，只有这样才可以使高层建筑混凝土结构强度存在的要求得到有效的满足。所以，设计人员在对高层混凝土结构进行设计的过程中，一定要对黏结预应力和无黏结预应力混凝土楼板等进行科学有效的使用，以便在满足大跨度混凝土结构强度的同时，也使绿色建筑设计的理念得到有效的落实。

六、现代绿色建筑节能设计的发展及运用

（一）有关屋顶设计的运用

设计人员在对建筑物的屋顶进行设计的过程中，不仅需要对能源消耗问题有所考虑，同时还要对能源的使用进行严格控制。基于此，设计人员便可在施工方案中增加隔热层以及保温层的使用。即在实际施工过程中，施工人员可以使用隔热层以及保温层将其合理铺设在屋顶。而对于通风层来说，施工人员需要结合具体的施工情况对其进行设立，同时还要注意对通风层进行架空处理。最后，施工人员也可以结合屋顶的实际空间，选择对阁楼进行建立，以便屋顶建设环节的能源消耗问题可以得到有效缓解。

（二）有关门窗设计的运用

设计人员在对门窗进行设计的过程中，不仅要考虑建设门窗所要使用的材质，同时还要让门窗的实用性以及美观性有所保障。当下，大部分设计人员为了使建筑物可以具备较为充足的采光性，会选择扩大门窗的实际面积。虽然该方法可以达到以上目的，但这样一来能源方面的消耗量就会有所增加。根据相关实验，如果建筑物的坐落方向是面朝北方，那么设计人员要尽可能地使门窗面积比例低于25%。而如果建筑物的坐落方向是面朝南方，那么门窗的面积比例要低于35%。除此之外，设计人员需要注意，门窗并不具备较为绝对的设计比例，所以设计人员需要结合施工地区的光照条件以及气候环境等完成门窗的设计工作。比如对于温差相对来说比较大的地区，设计人员就可以选择设计双层玻璃窗，以此来使建筑物的抗寒保暖功能有所提升。

（三）有关建筑朝向设计的运用

设计人员在开展建筑物朝向设计工作的过程中，需要提前对建筑物的光线情况进行全面分析，然后对风向条件进行合理使用，以此来使建筑物在投入使用的过程中，可以实现科学合理的通风。如果在建筑物的设计过程中可以忽略建筑物面积方面的问题，那么对于南北朝向的建筑物来说，其更适合使用绿色节能技术。我国大部分人在生活过程中还是会秉承传统的理念，所以我国大部分建筑物都是南北朝向的格局。最后在建筑物的朝向设计中，最为重要的因素就是光照以及通风。所以，设计人员需要在建筑物的东西这两个方向的墙面上设计出面积合理的窗户。此外，设计人员还需要结合相应功能，对房建的内部格局进行合理的划分，以便整个房屋可以得到更为充分的利用。

（四）有关保温墙体设计的运用

对于墙体来说，其在建筑物中除了会发挥支撑性的作用，同时还会起到一定程度的保温效果。大部分绿色节能墙体材料基本上都包含防风保暖性的材料，如果施工人员可以对其进行有效的使用，那么不仅可以降低能源消耗量，同时还可以使建筑物的保暖性能有所提升。最后，在大部分情况下，发电厂的废弃粉煤是制作墙体材料的主要原料，所以当施工人员使用这些材料，不仅可以对废弃资源进行二次使用，同时也可以有效落实我国可持续发展的目标。

（五）有关水资源设计的运用

对于任何一个建筑工程来说，其施工过程中最为重要的资源就是水资源，同时水资源的浪费情况也是最为严重的。但如果施工人员可以对绿色节能设施进行有效使用，那么不仅可以实现对水资源的有效控制，同时还可以使水资源的利用率有所提升。在此过程中，施工人员可以结合建筑内部的实际情况，进行污水回收设计，以此来实现水资源的重复利用。除此之外，还可以提升业主本身的节水意识，使水资源的浪费情况得到有效缓解。

（六）有关太阳能设计的运用

由于太阳能本身属于天然性的资源，所以施工人员在对其进行使用的过程中，可以有效落实绿色节能建筑设计的理念。在实际施工过程中，工作人员可以结合建筑物的朝向情况，在屋顶放置相应的光电板。而这些光电板的存在便可以实现对太阳热能的有效集蓄。这样一来，人们不仅可以通过光电板获取热水，同时光电板还可以实现对暖气的有效输送。最后，建筑单位在使用该建筑方式时，其所需要投入的资金相对来说也比较少，所以建筑单位所获得的经济效益还可以因此有所提升。

总之，当下如果建设单位在对建筑项目进行施工的过程中，可以融合绿色建筑节能设计理念，那么不仅落实了国家的可持续发展目标，同时还可以实现人与自然的和谐相处。在此过程中，设计人员及施工人员都需要提升自身的绿色环保意识，保证绿色环保理念可以贯穿于实际建设过程中，在实现对资源充分利用的同时，也为人们建造更为理想的生活环境。

第八节 建筑节能设计实例

随着我国国民经济的不断发展及人们生活水平的提高，人们对休闲度假的居住场所提出了更高的要求。酒店建筑作为提供人们休闲与放松的场所，在长期的使用中能耗量不断增大，从而引发了一系列环境问题，严重影响到国家经济的持续发展。因此，如何实施酒店建筑节能，促进国家经济的持续发展成为人们关注的焦点。目前，随着建筑节能技术的不断创新以及节能设计标准的不断完善，为酒店建筑节能设计工作的实施起到关键性的作用。下面结合工作实践，就某星级酒店建筑节能设计要点进行论述。

一、工程概况

某五星级度假酒店，总建筑面积40000m^2，地上24层，地下1层，高78米。酒店包括大堂、客房、餐厅、会务、设备用房。在设计中通过引入建筑节能设计理念，从建筑立体造型、平面布局及酒店功能分区等方面出现，尽可能地减少建筑在使用中对环境的影响。

二、设计思路及理念

根据酒店整体规划要求，其功能布局和内部风格主要坚持以人为本的设计理念。在整体规划布局中，尽可能地减少酒店建筑的能源消耗。为了实现酒店的节能设计目标，笔者从建筑功能布局上出发，合理利用自然采光，采光窗选用热反射玻璃或中空玻璃等材料，以达到隔热的目的。并在人流量较多的地方设备节能设备，以达到内外气流交换的目的，从而减少室内能源的消耗。在建筑材料选用上，尽量选择一些节能、保温、隔声等材料。在酒店照明设计上，应选用节能灯具。

另外，为了减少该地区的环境污染，该酒店建筑采用减少或增加热量来达到目的，如在冬季，建筑物热量就会缺失，在夏季建筑物的热量就会增加。我们可以通过减少建筑物外表面积来减少传热耗热量，提高门窗的气密性。在冬季，在建筑热量减少的情况下，合理地利用太阳辐射增加建筑内部的热量，进而达到采暖的目的。在夏季，我们可以充分利用自然通风措施来减少空调电量的损耗。

三、酒店建筑节能设计

（一）自然通风设计

窗作为酒店建筑节能设计中不可缺乏的部位。从耗热量角度来说，窗的耗热量占建筑全部耗热量的1/3，因此，我们要控制好窗的设计比例。一般来说，窗的面积设计会比较小，但为了增加采光、夏季通风效果，窗的面积需要满足人们的使用要求。

另外，从建筑风环境角度考虑，我们应结合室外风场规律，对窗的比例进行合理控制。一般情况下，我们需要结合建筑的立面形式选择不同类型的外窗形式，同时结合外窗朝向和形式，采用遮阳反光板，同时尽量避免外部噪声的影响。例如，在建筑平面设计过程中，可以采用多通风面的设计方式，以确保室内通风环境的舒适性。同时根据开窗的功能要求，合理地选择建筑外围护构造。

要改善门窗绝热性能，我们需要考虑到增加玻璃层数，以在内外层玻璃之间产生密闭性的空气层。双层窗相对于单层窗来说，其传热系数较低，而三层窗相对于双层窗而言，其传热系数较低。对于封闭性的空气层，不仅仅具有隔热的作用，还有隔声的功能。空气层的厚度一般通过计算获得。其次，在酒店建筑中使用中空玻璃窗，可以大大地改善建筑质量，从而达到节能的目的。目前，我国出现了大量的新型窗体，其拥有良好的气密性和保温效果。为此，在门窗制作过程中，我们应采用一些新材料，提高门窗的制作工艺，设置好密封条，从而不断地提高窗的气密性。最后，在满足经济条件的情况下，选择新型节能门窗，以减少门窗材料上的损耗，并通过提高它的热工性能来达到节能的目的。

（二）采光与噪声控制设计

在该酒店建筑节能设计过程中，我们还需要考虑到采光与噪声控制，充分利用窗的设置来达到采光与减少噪声的目的。在设计中要体现这一点，需要应用玻璃采光顶，提升屋顶的采光效果。在噪声控制上，要通过一些结构措施来防止噪声的干扰。例如，在非办公房间规划中，我们应尽量减少开窗面积，以降低室外噪声的影响，同时还可以选用双层窗来达到防噪的目的。除此之外，对于局部地方，我们还可以采用室内吸声降噪措施来防噪。

（三）屋面节能设计

在该酒店建筑屋顶构造设计中，为了达到保温和隔热作用，采用了大量高效保温材料，这样能够很好地确保冬季低温地区和夏季高温地区室内的适宜温度，从而大大节省冬季的暖气用量和夏季的空调用电量。根据我国地理位置分析，在夏季，一般都是采用供电来降温，因此在酒店屋顶进行保温和隔热设计，可以节省大量的电能消耗。目前来说，酒店建筑屋面采用保温层节能，需要注意以下几点：一是在屋面保温层材料选择时，为了减少屋面重量，不宜选用密度较大、导热系数较高的材料；二是不能选用吸水率较高的保温材料，以防止屋面作业时因保温层吸收大量的水而降低保温效果。例如，选用吸水率较大的屋面保温材料，需要设置排气孔来排除保温层内的水分。近年来，高效保温材料在屋面中得到了广泛的应用。如建筑屋面尽量减少对常规的沥青珍珠岩的使用，主要采用膨胀珍珠岩保温芯板保温层，有效地解决了常规做法中存在的不足。同时，这种保温芯板还具有施工方便、价格低廉、环境污染少等优点。

（四）可再生能源的利用

可再生能源也是酒店建筑节能设计中的重要组成部分。如太阳能作为一种天然的洁净能源，在绿色建筑设计中得到了的合理推广与应用。近年来，通过能源使用的情况分析得知，太阳能的节能效果更加明显。通常而言，夏天是太阳能最充足的季节，其气温较高，使得人们感觉到不舒适，为此我们需要使用空调来达到降温的目的。目前，我国大量生产了太阳能制冷空调，这种空调主要以热能进行制冷，通过利用电力制冷来转换为太阳能光热，以达到制冷的目的。对于耗能较大的建筑物，我们需要以确保环境舒适度或特定温度和湿度为目标，通过不同的降温方式来降温。同时也可以减少建筑物夏季冷负荷，包括完善建筑物自身的设计及改善建筑材料热性能等。

四、节能设计效果

在该酒店节能设计过程中，主要贯穿节能环保的设计理念，通过采用采光和自然通风措施，大幅度地降低了电力照明和空调的电能损耗。在公共区域、走道空间，我们可以采用自然通风的方式。酒店屋顶采用屋面保温层材料，以减少建筑中的热负荷，以达到降温的目的。在酒店室内套房设计中，我们可能选用LED节能灯具以及应用节能照明控制系统，以提高房间的舒适性，降低电量损耗；除此之外，还可以通过太阳能的利用，为酒店提供80%的热水，减少天然气的使用和二氧化碳的排放。该酒店在投入使用以后，节能效果明显。

总而言之，随着我国人们生活质量的提升，人们的消费观念发生了一些转变，更加追求节约资源和高品质的生活。在这样的形势下，节能技术在现代酒店建筑设计中得到了广泛的应用，在满足生态技术与生态文化的基础下，更加注重酒店的地域性表达。

第三章　建筑围护结构节能设计

第一节　建筑构造与建筑节能

在社会经济以及多领域发展的推动下，我国多地区建筑产品生产企业、建筑施工企业快速发展，在各类建筑建造生产中产生的能源资源消耗量较大。在城镇化发展水平快速提升中，建筑行业发展竞争日益深入发展。多项建筑技术全面创新发展，能为低碳环保建筑设计提供有效的技术支持。目前相关科学研究人员要注重积极转变传统建筑耗能模式，实施建筑构节能设计，推动新、旧动能有效转换，提高节能设计的规范性。

一、建筑构造节能概述

建筑师的主要任务是使设计出来的建筑更加安全、美观、实用，这是建筑业的基本方针。建筑业作为我国国民经济中的重要产业经济，为国家人民提供居住活动场所，为我国积累财富，这样的经济背景下，建筑技术也取得了突飞猛进的发展。我国是个资源短缺的大国，建筑节能，既要符合可持续发展的目标，也要符合节约型社会建设任务。而建筑是个复杂的物体，我们可以在各个部分实现建筑节能。建筑的物质实体按其所处部位和功能的不同，可分为基础、墙和柱、楼盖层和地坪层、饰面装修、楼梯和电梯、屋盖、门窗等。

所有的建筑实体部分按材料分类，必然会产生价格差异，在符合要求的情况下，怎样将造价降到最低，成为本节的主旨。建筑节能其实就是指在建筑的规划、设计、新建（改建、扩建）改造和使用过程中执行节能标准，采用节能的技术、工艺、设备、材料和产品，提高保温隔热性能和降低采暖供热、照明、热水供应的消耗。因此，国内提倡了节能建筑、绿色建筑等。

从建筑构造方面考虑节能措施，必然会使造价更科学更节约。主要包括：施工建造材料、建筑使用运行、日后维修更新，简言之就是如何使用材更少，如何及时维修更新和对材料使用年限的要求等。在建筑构造中，显然我国的技术还不是很先进，构造各个实体方面还有待提高。从采暖、制冷、通风等考虑，建筑中的外墙、外窗、屋面的选择就很大程度上影响了整体能耗。例如墙体中，实心砖既耗能，又不利于保温，势必随着社会大发展而淘汰，当前很多高层住宅建筑中很多都是框架加剪力墙，而中间就用混凝土砌块砖分割空间，这即是建筑节能的一大进步。它不仅减少能耗，对整个建筑体系随后的采暖制冷都是一个节约。根据建筑实体构造，钢筋的考虑，也在很多方面影响了建筑设计，如从防潮性、防火性、结构安全等，这一系列其实就是一个系统，牵一发而动全身。犹如建筑门窗，其能耗占建筑总能耗的50%，其中，传热损失占25%，冷风渗透占25%。

建筑技术的发展对于构造中的外窗主要是从窗框、玻璃的隔热性能和成品窗的气密性等方面的突破。常用的外窗材料有塑钢、玻璃钢、断桥铝等，常用的节能玻璃有双层中空玻璃、热工镀膜玻璃等。这些举措是利用材料的发展使建筑日后节能降到最低，保温、隔热、隔音、防潮等，对建筑构造方面的要求越来越科学、越节能，从这些小的方面，实现了一个国家整体能耗的降低，实现了一个民族的进步。

对于延长建筑的耐久性，结构方面显得尤为重要。在砖混结构中，横纵墙的承重与空间划分功能方面必须提前写入建筑规划中，通过考虑使用空间大小，来选择，但将二者结合起来，势必起到经久耐用的作用。从其他方面考虑，采用符合空腔构造的外墙形式，使墙体根据需要具有热工调节性能。通过可加热空气的空腔以及进出风口的设置，使外墙成为一个集热散热器，在太阳能的作用下，在外墙设置可以分别提供保温或隔热降温功能的空气置换层。这样科学的构造其实就是建筑节能的一个很好的体现，间接地为低碳社会做出了贡献。而建筑构造中往往考虑一个很重要的因素，那就是水。因为它，许多构造纷纷诞生，如果对其影响视而不见，那么建筑使用寿命会大打折扣，增大能耗，还威胁了国民的生命安全。对于墙身防潮，在墙角铺设防潮层，防止土壤和地面水渗入砖墙体，防潮层包括防水砂浆防潮层，细石混凝土防潮层，油毡防潮层。对于墙身加固措施，主要表现在了门垛、壁柱、圈梁、构造柱、空心砌块墙芯柱等。

另一个影响能耗产生重要的构造部分就是屋顶屋盖。作为维护结构，屋盖最基本的功能是防水渗漏，因此屋盖构造设计的主要任务就是解决防水问题，一般通过采用不透水的屋面材料及合理的构造处理来达到防水要求，同时也需根据情况采取适当的排水设施，以减少渗透的可能，这样延长了建筑的使用寿命，也降低了能耗。在寒冷地区，屋盖必须要有保温隔热的性能，以保持室内温度，满足人类需求，否则不仅浪费资源，还可能产生室内表面结露或内部受潮等一系列问题，危及建筑的使用寿命。对于有空调的建筑，为保持室内气温的恒定，减少空调设备的投资和经常维护费用，要求其外维护结构具有良好的热工性能，屋盖的保温通常采取导热系数小的材料，隔热则通常靠设置通风间层，利用风压和热压带走一部分辐射能。

由此可见，我们要建造节能建筑，在外维护结构上投入最多，促进了我国的可持续发展，也为后人留下了宝贵的自然资源，建筑节能必然会成为许多科技大国的研究重要领域，我们高速崛起的中国也不甘落后。在建筑构造中，我们可以使建筑节能实现突破，使社会走向节约型社会。

二、建筑构造中建筑节能设计原则分析

建筑构造是建筑物各组成部分基于科学原理选取材料进行建造，结合建筑物功能、材料性质、施工方法、受力情况、建筑形象等选取合理的构造方案，以此作为建筑设计中解决综合技术问题以及优化施工图设计的依据。建筑构造的基本原则包括满足建筑功能要求、适应建筑工业化需要、有利于结构安全、考虑节能环保要求、经济合理且美观度较高等。在建筑单体项目节能设计中，要注重对各区域发展特征集中分析，依照建筑市场发展现状合理选取对应的施工节能材料，拟定可行度较高的施工方法与施工技术。结合项目建设所在地环境要素变化选取对应的施工技术措施，能合理整合新技术、新工艺、新材料的应用，避免出现诸多应用施工通病的技术措施。保障建筑节能设计与当地生产技术要求、民俗风俗等有效对应。还要选取更多完善的节能技术体系与节能措施，提高项目节能设计成效。在建筑设计中拟订完善的修建性规划是重要依据，在修建中要注重做好规划设计，对建筑项目整体布局合理优化。在项目规划布局中要注重对绿化设置、通风廊道、道路设定、水暖电管线等要素集中分析。比如在我国北方地区居住项目建设规划中，通过对建筑朝向合理调整能保障建筑项目获取充足阳光照射。对水暖电管线合理布线，能有效降低暖气管线热损失等。

三、建筑构造中的建筑节能策略应用探析

（一）整体与外部环境的建筑节能设计策略

在建筑构造中建筑节能策略应用中要注重对建筑项目周边环境的集中分析，做好项目选址、外部环境设计、整体布局设计优化等，促使建筑项目能有效获取良好的外部建设环境，能提高建筑节能效果。在建筑项目选址中要规范化选取，精确化选址要注重对各项条件综合分析，主要有气候、地形、水质、土质等。要注重对此类要素集中分析，选取最合理的设计目标。在建筑设计中，要注重对建筑项目应用周期中稳定的气候环境进行控制。判定建筑项目具体位置，要做好项目微气候特征分析。对建筑项目整体功能要求集中分析，做好外部环境合理布局。对建筑项目现有微气候环境有效布局，为建筑项目节能发展提供有效条件。

在设计建造阶段，在项目周边规范化设计绿化带，能有效地控制自然风沙，对空气环境进行调控，还能有效遮挡阳光，提高建筑项目节能性能。此外，还要做好建筑项目周边建筑环境优化改造，在建筑物周边建造游泳池，借助水环境优化设计对建筑周边环境温湿度变化进行调控，还能有效地收集诸多自然雨水，合理缓解自然风沙对建筑项目产生的损害。最后，还要注重对建筑项目整体构造体型进行设计规划，这样能有效提升项目设计对气候环境的适应性，从而应对复杂多变的气候环境。

（二）自然通风设计

在建筑项目精细化规划设计中，在全面适应规划设计条件的基础上注重对建筑项目基本间距、日照时间、容积率、建筑高度、建筑密度、建筑绿地率等要求集中控制。还要注重对区域自然通风情况合理分析，是目前规划设计中容易被忽视的要素。结合区域通风廊道整体规划，可以通过自然风集中控制建筑节能设计中存有的问题。在建筑群体规划中要最大限度地应用自然通风，在自然地势相对低洼区域能产生静风、窝风。在建筑项目构造选址中，要注重排除山顶以及地势相对低洼区域，这样能有效地应用自然风。在建筑节能构造设计中要注重对自然通风合理应用，在相同的温度环境中，自然通风舒适度更高。比如在建筑住宅项目户型设计中，要注重遵照南北通透、穿堂风要求，能基于自然风对室内空气质量进行优化。要应用建筑外墙作为保护层，能通过自然风对室内环境空气质量集中控制。在建筑项目外窗设计中，要在保障安全性的基础上，适度扩大开启面积促进室内外环境空气有序流通，向室内应用限位器，便于对自然风量合理控制，降低空调系统应用量，节约建筑电能损耗。建筑屋面能通过屋面结构有效调控屋面温度，对屋面热传导以及内部温度集中优化，提高整体舒适度。

（三）朝阳与遮阳设计

在建筑项目整体布局设计中，要注重分析项目构造朝阳面、角度、日照时间等，能有效地提高项目节能效果。例如在南向外墙开设飘窗，通过飘窗层间竖向空间做空气室外机搁板、通风隔栅等。遮阳是基于项目构件、应用设施等对自然光照直射产生的温度集中控制。目前建筑遮阳构造主要有阳台、挑廊、设备隔板、装饰遮阳板、窗户、格栅、发射膜等。其与建筑外部设计紧密联系，其中遮阳措施应用不合理，将会导致项目建设中要应用空调进行制冷与通风控制，会导致项目电能消耗量增大，难以适应建筑构造节能控制要求。在部分构件设计过程中，要注重在美观度控制的基础上，将美观与遮阳有效融合，提高门窗设计的艺术性。比如在某地区建筑群建设中，要注重对建筑密度适度提高，通过建筑物自然阴影实施遮阳。

四、建筑构造中的建筑节能案例分析

某地村落改造中，村落所处地区地势平坦、地形相对开阔，属于季风气候，四季分明，雨量适宜。冬季风为西北风、夏季风主导风向是东南风。依照民用建筑热工分区划分，该区域为寒冷地区 B 级，其采暖期为 84d，采暖度日数是 2316℃ day。通过对村庄全部建筑进行深入考察分析能得出，村庄一共为三排，宅基地进深为 90m、70m、70m，开间以三间为主。村落建筑修建并非统一化修筑，建筑主体差异性较大，有土坯房、砖混结构、砖木结构。由于宅基地实际进深偏长，这样能产生邻里外墙错位情况。

在本村落建筑改造中，要注重对体形系数合理修正，选取联排、叠拼等方式，能有效控制建筑项目实际能耗。在建筑气密性控制中，要注重分析气密性对建筑耗能产生影响。

对单位建筑面积空气渗透热量参数进行计算，得出不同层高导致建筑容积 V 的改变。不同换气次数 N，对于建筑空气实际渗透耗热量产生的影响较大。在改造过程中，在有效地满足村落建筑基本应用条件基础上，对现有建筑层高适度降低，确保其净高不超出 3m。在已有建筑项目中，要注重补充吊顶，对建筑层高进行修正，促使其净高不超出 3m。由于原有的建筑木窗气密性较差，将会导致建筑项目整体能耗增加，要注重做好针对性改造。改造之后可以基于传热系数选取铝合金窗。

在建筑外墙部分改造中，由于该村落土坯墙改造难度较大。针对 240mm 实心黏土砖清水砖墙，要在砖墙外部铺设保温板。在建筑内部保温中，选取阻燃 EPS 板。屋顶部分改造中，在建筑内部已经吊顶部分，补充增设阻燃保温板，对未吊顶坡屋顶住户，可以选取吊顶，对建筑净高适度调高。在吊顶内部敷设阻燃保温板，能有效地调控建筑容积，这样能有效地控制气密性产生的能耗问题。可用在坡屋顶增设 800mm 阻燃 XPS 保温板。在建筑门改造中，由于门框与门之间的间隔较大，加上门与门下地面实际间距较大，将会导致建筑气密性能耗增加，要注重集中密封控制。可以选取保温木门、金属门，在门框之间补充密封垫片。在建筑地面改造中，由于原有建筑地面难以满足传热系数基本要求，要针对实际条件集中改造。可以拆除原有的土砖地面，铺垫 50mm 厚 XPS 保温板、瓷砖以及水刷石。在经济条件允许的情况下，可以集中改造。

总之，在建筑构造中合理应用建筑节能策略要注重创新建筑节能理念，在设计实践中对各类方法与设计理念有效应用。选取先进的施工应用技术，拟订完善的施工方案，提高项目的节能水平。在节能技术选取中，要注重突出各项技术应用实效性，减少施工成本，提高项目的建设效益。

第二节　建筑围护结构节能应用技术

在当前现代社会发展过程中，现代人的生活水平不断提升，对各方面的要求也在不断提升。人们已经逐渐意识到节能减排的重要性，为了实现可持续发展的根本目的，我国已经提出了资源节约型社会构建的战略思想。与此同时，在这一基础上，为了实现资源节约型社会的建设，需要将各类型不同能源的节约效果最大化发挥。建筑行业在我国的整体发展势头比较良好，但是同时也是我国资源消耗比例比较大的特殊行业之一。建筑行业在针对工程施工质量进行提升时，无论是资源的使用、机械设备的使用等，都会不同程度地导致能源的大量消耗。但是也正是这种大量消耗，可以促使建筑企业在日常经营发展过程中，实现有效节能操作，为建筑节能事业的发展提供有针对性的保证措施。

一、建筑工程围护结构节能技术的应用意义

在当前我国快速发展的背景下，人们的环保意识越来越强烈。建筑施工过程中，不仅要尽可能地满足现代人对建筑物的需求，还要体现出节能减排的根本理念。在这种情况下，将围护结构节能技术科学合理地应用到实践中，不仅有利于企业与建筑的良性发展，而且还能够真正地实现节能环保的根本目的。除此之外，该技术的应用，能够在实践中不断挖掘出一些与实际情况相符合的节能技术、环保材料和相对应的节能措施。这样不仅能够真正地实现建筑节能，还能够保证建筑质量和效果，尽可能地满足现代人对建筑物的个性化需求。

二、建筑工程围护结构节能技术的应用原则

在建筑工程项目实施过程中，为了保证最终的建设质量和水平，需要从各个角度出发，对其采取有针对性的措施进行质量控制。与此同时，在保证施工质量的同时，还要保证工程的安全性，因此，在施工中，大多数施工单位都会直接利用混凝土作为建筑物的框架基础。这样不仅能够有利于提高建筑物的安全性能，还能够扩大使用空间。除此之外，现代人对建筑物的外观造型要求越来越高，所以在外观设计上要更加贴近人们的现实生活，满足人们的个性化需求。在保证建筑物外观设计能够满足现代人需求的基础上，要将其保温性能的作用发挥到实处，这样不仅有利于整个建筑物节能目标的实现，还能够从根本上保证建筑物与当地城市规划建设之间形成良好的协调发展。

三、建筑围护结构节能技术

（一）墙体节能

在现代建筑围护结构施工过程中，节能技术的应用与推广，主要集中在墙体、门窗、屋面与地面等，通过相应的合理节能技术来减少室内热能的消耗，减少热量的内外转换，以避免消耗过多的保温与制冷方面的能源。对于建筑物来说，其热量的总损失中，门窗孔隙的耗热量最高可以达到 30% 左右，其他围护结构的耗热量最高可以达到 70%，而这些围护结构中，最为主要的结构就是墙体。

对于建筑而言，其主要围护结构中，墙体是导致能源损耗尤其是采暖能耗的重要因素之一，而产生这种情况的主要原因在于建筑墙体的保温性能较差，因此在对建筑围护结构采取节能施工的时候，就需要将墙体节能作为其中的重点因素。就目前而言，建筑外围护结构中，外墙节能技术主要包括外墙外保温、外墙内保温、单一材料墙体保温与复合材料墙体保温技术。一般来说，外墙外保温技术的应用范围最为广泛，也是取得最好保温效果的保温技术之一。建筑外墙外保温技术的应用中，其外墙的系统构造包括黏结层、保温层、

抹面储能、饰面层等，其中的保温层就需要使用具有较好的保温与防火材料，包括岩棉板、珍珠岩、挤塑聚苯板、胶粉聚苯颗粒保温浆料等等，这些保温材料的使用，需要严格遵循相应的技术规程。除此之外，目前在新建建筑或改建建筑中，所采用的外墙节能保温技术，还包括非透明幕墙保温与 EPS 外保温系统等。

（二）门窗节能

对于建筑而言，其主要的围护结构除了墙体之外，还包括其门窗结构，因此在建筑围护结构方面的节能技术也体现在门窗节能方面。在建筑中，门窗所起到的巨大作用在于实现室内外的热量沟通、采光与通风。在建筑工程项目中，首先需要确保门窗设计的科学性。在建筑围护结构中，门窗所产生的能耗，基本上占据了建筑围护结构总体能耗的 40% 左右，要求门窗在起到隔热效果的同时，也减少能源损耗。在门窗节能技术的应用方面：①需要合理控制好建筑的窗墙比，尽量减少门窗在冬季热能转换方面的作用。②尽量将大窗开在南北方向，可以通过固定遮阳或者活动遮阳的方式减少在室内制冷等方面的能源消耗，同时保障门窗的气密性，确保建筑的南北通透。在制作与安装窗户的过程中，要对门窗的规格尺寸加以严格控制，进一步减少空气渗透。③进一步提高建筑镶嵌部分层数与镶嵌材料的优质性，进一步提高建筑门窗镶嵌材料对于红外线的反射效果，提高门窗的保温隔热效果。④加强对于门窗边框的保温隔热处理，主要是通过改变门窗边框材质，或者对门窗边框采用阻热隔热处理，向边框材料中间镶嵌保温材料，以减少门窗边框的热量转换。在保证门窗节能与隔热的同时，还需要从防火的角度加以考量，因此可以采用断桥铝材质的门窗边框，保证保温与隔热效果。

（三）屋面节能

实际上，在建筑的外围护结构中，屋面节能与外墙节能在原理上是相通的，要想进一步提高屋面面层的节能效果，就必须减少屋面层中的热量传递。为此可以通过：①选择合理的、低密度与低导热性的保温绝缘材料，减少室内热能的不必要传递；②选择具有较高吸水效果的材料，以减少屋面层潮湿与渗漏情况，进一步提高节能与绝缘效果。在实际的建筑节能施工中，还可以通过以下方式来实现：①选择的屋面材料应当具有较小的吸水效果，避免由于屋面材料的吸水量而影响保温效果，如果屋面层保温材料具备较高的吸水性，则应当及时设置相应的排气孔，确保能够及时试下对于屋面层保温材料的排水。②屋面层上可以进行隔热材料的铺贴，使之成为节能型复合屋面。在实际的施工中，可以将岩棉板作为隔热材料进行铺贴。③在施工中，屋面层的节能技术使用可以采用倒置式施工技术，在屋面层中加设保温层，将保温层设置在防水层上面，以进一步提高防水效果，通过也保证屋面层拥有更好的耐气候性，避免防水层的不必要老化现象。④还可以在屋面设置相应架空隔热板，可以采用玻璃棉与岩棉等保温材料，使隔热板与屋面之间存在一定的架空距离，以起到更好的保温及隔热效果。

（四）地板节能

建筑围护结构中还包括地板结构，这也是建筑围护的重要组成部分，在运用围护结构的节能技术时，也是重要的组成部分。出于进一步保障节能效果、进一步拓宽建筑空间的考量，许多建筑都设计了地下室与地下停车场，这就为地板节能技术的应用提供了更多的空间，一般有地下室或地下停车场的建筑中，都会在地下楼板中填充保温隔热材料。相比传统的地面采暖措施，低温地板采暖系统是更加有效的地板取暖系统，将整个地面作为热源，很好地起到了室内保温效果。

低温地板采暖系统一般在地板混凝土层中注入不超过60℃的低温热水，以起到良好的室内温度控制效果，将地面温度控制在26℃左右，将地面温度控制在20℃左右，以充分满足室内空间使用者的舒适性需求，进一步减少在采暖与制冷方面的不必要的能源损耗。通过这种节能技术的使用，可以减少散热器的使用，保证室内温度的舒适性，同时也减少了散热器等取暖设备在室内环境下的空间需求，室内空间布局更加合理。另外，正是由于其地面层中增加了相应的保温层，因此地板的隔音效果也得以进一步提升。

总之，对于建筑节能技术的应用而言，从建筑围护结构入手是重要的技术应用领域，需要从建筑墙体、屋面、门窗与地面等全方位、多角度采取合理的保温与个人措施，以进一步减少不必要的能源损耗，提高建筑的节能降耗效果，突出建筑项目的经济性与优越性。

第三节　建筑物墙体的节能设计

建筑墙体的节能性受到周边环境、地区气候、城市布局等多方面因素的影响。设计师应充分认识到设计节能型建筑墙体的重要性，在进行建筑墙体设计时全面分析影响建筑墙体节能性的因素，通过合理有效的设计提高建筑墙体的节能性能。

一、节能型建筑墙体的应用现状

随着全球气候、资源的不断变化，建筑业中利用节能技术已经是一个必然的趋向。节能建筑主要是指通过对建筑外围的结构热性能进行优化，提高其对自然能，如风能、太阳能灯资源的利用来减少建筑的能耗。节能建筑墙体现已经在国外得到广泛的关注及应用，技术也日趋成熟。根据资料显示，建筑墙体的节能贡献率为50%，大大减少了墙体材料的能耗。经过多年努力，我国也对节能建筑墙体有了很大的研究成果，例如对墙体所选的材料及其朝向、体形系数等有关因素做了相应的改造，使其能够有效地利用太阳能来提高节能效果。建筑墙体的设计是室内环境设计的重要组成部分，设计过程中应加强对节能型墙体、材料的选择应用，但也有设计者还缺乏对节能型材料的认识与思考，常在追求建筑功能与美观上采用原有的旧观念，缺乏创新。

二、外墙保温技术及节能材料

（一）外墙保温技术

建筑中的外围护结构在墙体中占有很大份额，热损耗也是较大的，所以发展外墙保温技术及应用节能材料是实现建筑节能技术的主要方式。外墙内保温施工时在外墙结构的内部加保温层，而内保温应用时间较长，技术也较成熟。

常用的内保温技术有增强石膏复合聚苯保温板、聚合物砂浆复合聚苯保温板、增强水泥复合聚苯保温板、内墙贴聚苯板抹粉刷石膏及抹聚苯颗粒保温料浆加抗裂砂浆压入网格布的做法。但内保温技术多占用使用面积，在“热桥”问题上不易解决，会引起开裂，影响施工速度。与内保温技术相比，外保温技术有明显的优越性，同样的尺寸、规格和性能的保温材料，外保温比内保温的效果要好。外保温技术在主体结构的外侧，能够保护主体结构，延长建筑物的寿命，有效减少建筑结构的热桥，同时可消除冷凝，提高居住的舒适度。

（二）节能材料

目前比较成熟的外墙保温技术主要有以下几种：

1. 外挂式外保温。外挂式外保温技术是采用粘接砂浆或者是用专用的固定件保温材料贴、挂在外墙上的方式，然后抹上抗裂的砂浆，或者压入玻璃纤维网形成一层外保护膜。外挂保温材料主要有岩（矿）棉、玻璃棉毡、聚苯乙烯泡沫板、陶粒混凝土复合聚苯仿石装饰保温板、钢丝网架夹芯墙板等。其中的聚苯板有良好的物理性能，其成本也很廉价，已经在外墙保温外挂技术中得到了广泛的应用。

外挂式外保温技术在施工最后常作为装饰面被用到，专用的固定件将不易吸水的各种保温板固定在外墙上面，然后将铝板、天然石材、彩色玻璃等外挂在预先制作的龙骨上，直接形成装饰面。由贝聿铭先生设计的中国银行总行办公楼的外保温就是采用的这种设计。但这种外保温安装施工难度大，耗费的时间也很长，会占用主导工期，只能等主体验收完后才可进行施工，尤其是在进行高层建筑施工时，施工人员的安全问题得不到有效的保障。

2. 聚苯板与墙体一次浇注成型。聚苯板与墙体一次性浇筑成型的技术是在混凝土框一剪体系中在建筑模板内放置聚苯板，在即将浇筑的墙体外侧浇筑混凝土，这种使混凝土和聚苯板一次性浇筑成型的墙体称为复合墙体。该技术有明显的优势，可将外墙体与保温层一次性成型，可解决外挂式外保温的主要问题，在冬季施工，聚苯板可起到保温作用，可减少外围围护的保温措施。这种技术工效有很大的提高，工期会大大的缩减，施工人员的安全也可得到有效保证。但要注意在混凝土浇筑时，要均匀、连续性浇筑，不然会因为受到混凝土的测压力影响，聚苯板在拆模后很可能会出现变形、错茬等现象，影响后序的施工。

三、房屋建筑墙体节能设计要点

1.墙体朝向设计。在实际墙体设计中，墙体朝向要根据不同的地区、不同的时间条件、不同的气候条件及日照的规律来进行正确合理的设计。墙体朝向决定了建筑墙体的整体设计方向，是进行节能型建筑墙体设计的主导因素。要想充分地利用天然采光的条件和通风条件，有必要充分考虑建筑的地理条件，以及其周边的环境等特点，从而设计出恰当的墙体朝向，提高自然资源的利用率。正确的建筑墙体朝向应尽量保证太阳辐射热水平“夏季低、冬季高”，提高太阳能利用率等，可根据建筑物对太阳能辐射热吸收的差异进行调整，进而达到减低建筑能耗的目的。一般来说，南北向或接近南北向的墙体朝向设计是我们目前最常用也最合适的设计方案。

（2）体形系数。实践过程中，所涉及的体形系数主要是指建筑物与室外大气接触的外表面积与其所包围的体积的比值，其对建筑能耗有着直接的影响。通常在施工图设计阶段，就应该从源头抓起，要考虑建筑的朝向、间距、绿化的配置以及体形系数等因素对能耗的影响，在充分利用风能的同时，尽可能地为实现室内环境的冬暖夏凉创造有利的建筑节能的微气候，减少空调或者取暖器等电器的使用。但由于建筑物暴露在大气中的表面积过多，体形系数过大，屋面、外墙等的外围围护结构的保温性能需要加大，这就对建筑能耗有了很大的影响。因此在设计建筑节能体系系数时，不仅要从满足功能上考虑，还要注意造型上的美观，要保证在为住户提供舒适的居住环境的同时，尽量降低建筑能耗，节约材料。

（3）墙体窗墙比设计。窗墙比是根据建筑墙体的外窗总面积和建筑外墙立面的总面积之比得来的。我国有关建筑设计标准中明确地提出“建筑的窗墙比 $S \leqslant 0.7$”的强制性要求，而由于外墙体的热工性能比较低，保温效果较差，这对建筑能耗有很明显的影响，也就增加了墙体窗墙比的设计难度。同时，在墙体设计过程中，设置外窗是为实现良好的通风以及建筑良好采光的重要途径，这时应充分考虑多种影响因素，合理规划建筑外墙上的外窗位置和面积。

例如在我国的江南地区，气候湿润，墙体窗墙比上面应选择较大的比例，这样可保证夏季有良好的通风条件，冬季的时候可接收到较多的太阳辐射，这种设计可实现建筑节能的设计目的。与此同时，应根据不同季节太阳高度的变化，合理确定外窗位置，使外窗起到遮挡夏季阳光、引入冬季阳光的作用；还应充分考虑风向变化规律，以保证整个建筑通风良好。这样不仅能够保持室内环境的宜居性，还能取得良好的节能效果。

四、案例分析：夏热冬暖（南区）地区居住建筑墙体节能设计

夏热冬暖（南区）地区指的是广东、海南两省和广西的大部分地区。根据《夏热冬暖

地区居住建筑节能设计标准》的划分，夏热冬暖地区分为北区和南区。夏热冬暖（南区）包括广州、厦门、梧州、百色等以南的地区。

（一）夏热冬暖（南区）地区的气候条件

夏热冬暖（南区）地区属于我国的亚热带地区，该地区位于我国南部，北回归线横贯其中，属地理学中南亚热带至热带气候。该区长夏无冬，温高温重，气温年较差和日较差均小，该区最冷月（1月）平均气温高于10℃，最热月（7月）平均气温25℃ ~ 29℃，极端最高气温一般低于40℃，年日平均气温≥25℃的日数为100 ~ 200d，年平均相对湿度为80%。该地区雨量充沛，是我国降水最多的地区，多热带风暴和台风袭击，易有大风暴雨天气；太阳高度角大，日照较少，太阳辐射强烈。

该地区基本上是人口稠密、经济发达的南方和沿海地区。生活热水、空调、照明等是该地区建筑的主要能耗。

广州地区是典型的夏热冬暖（南区）气候，夏季时间长，高温高湿气候持久，湿负荷大，最热月14时的平均气温达32℃ ~ 33℃，而室内温度一般又高于室外1℃ ~ 2℃，再加上这些地区水网地带多，十分潮湿，湿度常保持在80%左右，由于人体汗难以挥发，普遍感到闷热难受，人体热反应认为，围护结构内表面温度的最高值以不超过人体皮肤平均温度，约33℃ ~ 35℃较为合理，高于此值，人们感到明显的热辐射，尤其在36℃以上，身体的热感极其明显。

气候区划是按应用性质而定，目前我国建筑气候分区是根据建筑热工设计的原则，也间接提供了建筑节能设计一些最基本的指引，并且反映在有关的建筑节能标准上。基于历史和发展原因，对夏热冬暖（南区）地区建筑节能的处理手法比较单薄、仍不够健全。夏热冬暖（南区）地区建筑节能需要考虑的因素，有些是跟其他气候区无多大分别，但也有一些不太相同的地方，应该细心研究与比较，才能发挥本身地域特性和建筑设计的特色。

（二）目前夏热冬暖（南区）地区居住建筑墙体节能设计的主要问题

1. 南方地区节能存在的误区

《夏热冬暖地区居住建筑节能设计标准》中（以下简称《标准》），提出了“建筑和建筑热工节能设计”的指标，居住建筑屋顶和外墙传热系数和热惰性指标应符合相关规定。当设计建筑的南、外墙不符合规定时，其空调采暖年耗电指数（或耗电量）不应超过参照建筑的空调采暖年耗电指数（或耗电量）。

即建筑师所设计的建筑外围护结构的窗、墙、屋顶应具有的热工性能节能控制参数值，必须达到标准中所规定的最低规定性热工性能控制指标要求。这是人为地孤立地给定的。因建筑外围护结构（屋顶、窗、墙）是分隔大气热环境为室外热环境与室内热环境的热工性能。

居住建筑空调采暖年耗电指数（或耗电量）的计算存在着很大的主观性。《标准》中没有考虑居住建筑实际使用空调的时间因素，主观地给定长时间开启空调的假定。

南方地区建筑节能和北方地区大不相同，但是我们在设计过程中，南方地区节能受北方地区的影响较大，北方的一套节能概念被套用到南方来，适用于北方的墙体保温技术被搬到南方来。近几年南方的建筑节能工作收效甚微，不能不说是这种指导方针的后果。其实夏热冬暖（南区）地区根本不存在墙体保温问题，这里的气候特点多年来早已形成了一套独特的经验，问题是现在被丢失了，千篇一律的现代建筑把适应当地气候的传统方法扼杀了，又被北方的技术误导了。今天要想把夏季空调用电降下来，恐怕要更换概念，认真研究岭南建筑特点，扬长避短，提出传统方法和现代技术融合的节能措施，才可以扭转目前的局面。

2. 应该客观、科学地评价夏热冬暖（南区）地区居住建筑墙体保温节能的效果

目前夏热冬暖（南区）地区住宅墙体保温节能措施是官方热、民间冷。政府舆论一边倒，专家过分夸大其节能的效果，但老百姓并不买账，结果是政府不得不采用强制性措施来维持其政策的实施。但在我们设计的过程中，业主往往向设计者提出这样的问题：我花了这么多钱做节能设计，我们能从节省的能源中收回成本吗?

大家可以简单计算一下，夏热冬暖（南区）地区居民一般在每年4月下旬到10月上旬使用空调，共5个半月165天左右，以一套100m^{2}的住宅为例，住着3 ~ 5口人，除节假日外白天上班，一般在晚上使用空调8小时左右，最多两个房间使用空调，每个房间使用一匹空调。那么通过外墙传出去的冷气有多少呢？多消耗了多少电能?

墙体保温材料在生产、运输和使用过程中消耗大量的能源，并且目前的保温材料寿命短，维护困难，使用年限一般在10 ~ 15年之间，在其使用年限内能否收回其所消耗的能源成本?

在夏热冬暖（南区）地区使用墙体保温材料，所造成的负面影响应该引起重视，小至墙体容易开裂、剥离、墙面不结实，大至发生火灾危害，以及由于该地区多雨潮湿，风大雨大的日子里，墙体外保温材料由于受到风吹雨刷，容易剥离塌落，造成不少的安全问题。如发生这些问题，其维修和保养阶段不需要消耗能源吗?

不要把精力过多地花在墙体上，忽略了窗户的重要性。大家都知道，窗户的传热系数是墙体的3~4倍，比如单框单玻塑料窗的传热系数为4.7W/m^2·K，单玻钢窗的传热系数更高达6.4W/m^2·K。没有遮阳隔热的话，窗户拉了节能的后腿，使建筑物难以达到规范要求，怪不得有人讲，窗户设计得越大，从窗户往外扔的空调费就越多。不严格限制外窗的面积和窗户的传热系数，尤其是还采用早被国外抛弃的玻璃幕墙建筑，空调耗电量是降不下来的。

（三）夏热冬暖（南区）地区居住建筑墙体节能设计的措施

1. 规划。目前有许多住宅小区在进行规划设计时，往往只考虑容积率、日照间距、空间形态、建筑物的外观及造型上的独特和别具一格，重视绿化景观设计和相关配套工程的建设。过于重视图案化，忽视规划给住区小环境、小气候带来的影响变化。往往把建筑的单体设计的节能措施墙体保温、屋顶保温隔热、采用密闭性好的门窗等作为节能设计的重点，很少从节能的角度来指导设计。节能设计只有在单体设计时才得到重视，从而产生了

许多单体在施工图设计阶段难以解决的问题。节能建筑的设计首先应该从规划入手，以节能作为指导规划设计的主要原则，充分考虑建筑与外部环境的关系，从分析地区的气候条件出发，将设计与建筑技术和能源利用有效地结合，使建筑在冬季最大限度地利用自然能采暖，多获热量，减少热损失；夏季最大限度地减少得热和利用自然条件降温和冷却。在总体规划上为建筑节能创造良好的先决条件。

2. 朝向、建筑间距以及建筑的相互组合关系将是规划节能设计的重点。建筑的主要朝向应迎合当地夏季的主导风向，我国大部分地区以南北向或接近南北向布局为宜，一般以正南偏东、南偏西 10° 以内为好。同时，南北朝向的建筑物在夏季所受到的太阳辐射也相对东西朝向建筑要少很多，可以节省夏季空调的用量；而在冬季时，建筑受到太阳辐射的情况刚好与夏季相反，从而节约了建筑保温所需的能耗。选择夏季主导风向为导风口，使住区内风速流畅，从而使建筑物与空气的热交换增加，有效降低建筑物的温度。

3. 遮阳。这是隔热的第一关，就是避免太阳的辐射。传统的方法是利用外廊、阳台、挑檐、百叶窗来挡住太阳直晒。岭南传统建筑和东南亚低层建筑都挑出很远的檐口，将半个墙面的阳光遮住，上海金陵东路、广州老街和东南亚地区广泛流传的悬挑骑楼都为临街底层挡去了太阳直晒，使得屋里清凉多了。传统建筑窗户的遮阳板可以给建筑师提供很大的创作空间。各种材料、各种图案、不同方向的花格、漏花和百叶，挡住了夏日炽热的阳光，特别是可以活动的百叶窗，减少辐射而不挡光；还有可以上下卷起的竹帘（现在已经发展到塑料帘了），都是遮阳的好办法。现代建筑不设计那些挑檐、外廊，对于窗户的面积和玻璃越开越大，以求立面“简洁”“透亮”。于是光滑平整的墙面和无遮无掩的窗户 100% 接受了太阳的辐射，被熏烤的人们不得不借助冷气来降温，空调电耗终于逐年增高。《夏热冬暖地区建筑节能设计标准》虽然注意了这个问题，引入了一个外窗的综合遮阳系数，开列了一系列数字和公式，却把本来普通工匠都明白的传统遮阳方法搞得很玄妙，实际上沦为空谈。

4. 通风。这可是现代建筑物的“软肋”。城市规划日益提高的容积率，建筑物朝向的被动性，高层建筑的多向布局，无不限制了家家户户都可以享受自然通风带来的舒适。再说现代建筑压低的层高，也限制了通风的效果。看来除了人工通风，难以解决节约空调的难题。但是传统建筑利用天井造成空气流动的原理或许也可供高层建筑设计参考。高层建筑平面上总有凹进部分，可惜现在认为这里难见阳光，常集中布置上下水管。其实这也是一个天井，处理得好，难道不可以成为凉风的源头吗？

5. 隔热。这里先介绍南方地区特有的屋面隔热。北方屋面常在防水层下面做一层绝热层，防止顶层房间受屋面导热升高温度。从前，南方屋面除了传统建筑物中的坡屋顶外，像北方一样的平屋顶主要做成架空屋顶，利用十几厘米高的架空通道通风散热，是很好的隔热方法。可惜这种技术在现代的节能计算中被取消了。

可以利用特殊的反射性涂料，将照射到墙面的能量反射出去，减少墙面因吸收太阳辐射而温度升高。传统建筑窗洞不大，上设窗楣，可以遮阳，窗户分上下两部分，上部可以上翻，相当于气窗，帮助通风换气，下部平推窗扇，可以依风向而导入自然风。最重要的是岭南传统建筑常用百叶窗，起到遮阳、防晒、隔热、导风的作用。可惜这些民间的方法，在现代建筑中全被忽视了。

中东地区有一种通风式幕墙系统，该系统在墙体外有一层作为饰面层的金属板，距离保温材料表面几厘米，成为空气间隙，上下与外界空气连通，造成对流，以此降低太阳直晒对墙面的热冲击。现代建筑设计中，不注意当地气候特点，照搬简单的设计手法，使得光滑无遮的墙面“照单全收”了强烈的阳光照射；被地块位置限制的朝向和“见缝插针”建造的高楼牺牲了自然通风的可能；盲目抄袭的玻璃幕墙和落地大玻璃窗更是故意在那里耗能。面对非理性的建筑设计上的错误，不去认真研究传统建筑中前人的经验，一厢情愿地要求老百姓节能节电。

6. 绿化。这是一项非常廉价，一举多得的节能措施。在屋顶、外墙、构筑物的表面进行绿化，夏天可以节省 30% 的空调用能，还可以减少城市的热岛效应，美化环境。夏天的时候，因建筑物大量使用空调排出热量，城市中心区的热岛效应就更明显，通过建筑表面和建筑屋顶的绿化，通过水蒸气的蒸发可以大大降低热岛效应，再结合绿色交通，城市的主要用能可以持续下降，城市的人居环境可以得到明显改善。

第四节　建筑物门窗的节能设计

门窗作为建筑结构中不可缺少的部件，是室内与室外联系的重要环节。要求门窗既满足采光照明，又达到防晒遮阳；既满足通风换气，又实现防水隔声，同时还需具有一定的装饰作用，以提高室内外视觉美感。门窗不仅是调节室内环境舒适度的关键工具，而且是促进建筑节能的重要途径。节能门窗的提出和发展，赋予门窗新的内涵。

一、我国设计传统门窗中出现的问题

（一）门窗的结构设计不恰当

传统的窗户玻璃一般都是单层的，虽然比较有利于采光，但是有很多弊端，比如说隔音和隔热的效果不是很好，而且不利于环保。如果根据实际的天气状况设计门窗，保证建筑物内部温度比较适宜，那就需要安装中空式玻璃，并且使用隔热断桥铝制材料，但是这种方法会使门窗增重，在使用时就会产生各种安全问题。

（二）门窗隔热性能差，不利于环保

现在我国制作门窗使用的材料主要是塑钢窗、铝合金窗等。塑钢窗隔热效果比较好，可以达到建筑材料环保节约的要求，但是比较容易老化且强度系数不高，在应用到日常生

活中还是有一些弊端。另外，通常门窗的玻璃都是单层的，一般窗框都是使用铝合金材质或者塑钢，导热能力比较好，但是保温效果不好，还是不利于环保工作。

二、建筑门窗节能设计和应用的必要性

不管是采用新型节能材料、建筑节能门窗，无论是改善门窗结构体系，还是调整门窗设计的节能形式，都将推动建筑节能门窗的应用范围不断扩大。具体来说，目前使用较为普遍的节能门窗主要有以下几种。

第一，铝塑复合门窗。利用隔热断桥铝型材和空心玻璃实现结构创新，不仅外观美观，而且在节能、隔音、防噪、防尘等方面起到了积极作用，是目前使用较多的节能门窗之一。根据其特性可分为普通型铝塑复合门窗、隔音型铝塑复合门窗和保温型铝塑复合门窗三种类型。以上三种保温、隔音性能都有一定的差别，可根据建筑的具体要求，选用不同类型的建筑节能门窗。

第二，平开多腔室塑料门窗。该门窗的特殊之处在于型材的选择，是采用三密封的形式，不仅实现了中间密封层的增加，而且提高了门窗的气密性和水密性。这类门窗可使塑窗的冷桥现象得以阻隔，减慢冷热对流，降低型材的导热系数，从而发挥特殊的保温效果。

建筑门窗的节能设计与应用符合当今绿色建筑的基本理念，能使门窗表现出良好的节能性能，从而达到降低建筑总体能耗的目的，这是实践低碳经济的重要举措。对施工企业而言，应尽可能选择节能门窗设计方案，并保证建筑门窗节能设计应用的效果得到最大限度发挥，这不仅能降低建筑能耗，还能实现建筑成本的控制，从而使建筑工程的生态效益和经济效益得到充分体现。

三、建筑门窗的节能设计理念

（一）门窗形式的节能设计

1. 推拉窗节能设计形式

推拉式的节能设计主要有左右开启和上下开启两种形式，因为这种形式门窗的安装是需要适量的界线的，所以就会使窗扇和窗框之间或多或少出现一些密封性问题，再加上如果在具体的安装过程中使用低质量的辅料的话，更会严重影响总体的效果，所以开启形式也会相应地对最终的节能造成一定的制约。

2. 固定窗节能设计形式

所谓固定窗，顾名思义就是已经固定好的不能再进行任何的变动，这种形式的门窗设计形式有着很好的气密性和水密性，但是作为一种节能窗也有自身的弱点，那就是会严重制约室内外的空气交换效果。

3. 平开式节能设计

具体指的就是具有根据不同的形状对型材进行不同的组合，同时这种框扇形的平开式门窗密闭性十分好，同时由于橡胶的缘故气密性也非常高。

（二）门窗的保温性能设计

在进行户门安装的时候，可以将空心门装在室内，也可以装在户门上，但是必须在外面再加上一层保护，这样的情况下既能够起到很好的保温隔热效果，又能够起到安全防护的作用。而对于阳台的门来说，可以根据不同需求使用不同形式的门，主要是根据阳台的建筑布局，但不管是怎样的选择都有一个原则，那就是在阳台使用小部件制作一个钢材的门心板，但是目前主要在上面贴上一些绝缘的材料，在上半部分，主要是透明部分使用双层的玻璃，中间部分就应该留有一定厚度，这样主要是为了形成一定的空气层以保证更好的保温隔热效果。

（三）设计适当的窗墙比及门窗朝向

1. 适当的窗墙比就是要根据具体的建筑构造来确定门窗和建筑墙体的比例，通常情况下窗户的传热系数都是要大于同一个朝向并且面积相同的墙体的传热系数的，所以窗墙比例越大就会使能量损失的比例越大。另一方面，在采光和通风条件允许的情况下，对于窗墙比例的控制能够增加保温效果，同时能够提高建筑的节能效果。

2. 建筑外窗户的朝向也会影响到本身的节能效果，一般情况下南北向的太阳辐射强度比较大，收到的辐射量就越多，所以考虑到这一方面的话，建筑北向的窗墙比一般情况下是 30%，东西向的窗墙比一般是 35%，如果说朝南方向的墙体出现有落地窗或者是凸窗的话，那么南向的窗墙比一般是 45%。

（四）采光设计

为了保证建筑工程门窗设计中绿色节能技术的合理应用，就需要做到以下几方面：对建筑物的整体情况进行合理的分析，采光通风属于设计中的重点内容，它会影响整个建筑的整体实用性。结合这一情况就需要在设计门窗的时候合理地体现出采光通风的效果，注重综合问题的分析。确保采光通风的合理性，切实改善室内的照明度以及空气水平。所以，这也是门窗设计中的重点。在以前我国很长时间的发展中，建筑门窗设计都存在一定的局限性与问题，很多的门窗设计其采光的性不能够满足实际的需求，还会给室内的环境带来不良的影响，严重拉低了人们的生活质量与居住环境。针对传统设计中的限制，积极引进节能环保技术，可以通过双层的设计，有效地提高室内的采光与通风效果。双层的使用能够保证通风与光照利用率的大大提高，确保建筑的节能环保要求。双层主要是由两层组成，同时门窗与两部分结构存在一定的差异性，双层中间会有通风层，设置对应的封闭形式，起到良好的应用作用。

（五）气密性设计

考虑到我国目前的一些钢制门窗气密性差的问题。一般情况下是在窗户上设置一些泡沫塑料的密封条，同时还要使用新型的有良好密封性能的门窗材料。门窗的边框和建筑墙体间的缝隙一般是使用毛毡等比较有弹性且松软的材料进行密封设计，门框和门扇可以使用橡胶、橡塑或者是泡沫密封条进行密封设计。

（六）充分利用生态绿化和窗口遮阳技术

1. 生态绿化方面

生态绿化主要分为两种，一种是窗前绿化，指的是将那些冬季落叶以及夏天叶茂的树木种植在窗前，比如落叶乔木等；另外一种则是窗前棚架绿化，指的是在窗前设置一些绿色攀缘植物，以此来对阳光进行垂直遮挡或者水平遮挡，比如紫藤、爬山虎或者牵牛等。

2. 窗口遮阳

窗口遮阳效能的发挥，主要是利用绿化工作来实现的，也可以结合一些建筑构件，比如出檐、雨棚等。如果建筑处于寒冷地区，那么设置的外遮阳装置就应该是活动的，并且控制和维护起来比较便捷，比如活动百叶遮阳帘等。如果建筑所处地区冬季较为暖和，那么设置的外遮阳设施就应该是固定的，比如固定遮阳板就是不错的选择。

此外，要想将门窗的节能效果充分发挥出来，还需要从其他一些方面努力，首先要对施工质量进行严格控制。众所周知，节能工程的施工质量将会直接影响到建筑物的节能水平，因此，在建筑节能分部工程中，需要严格依据相关的要求和标准来进行门窗节能工程的施工。其次需要对后期进行科学管理，建筑物投入使用后，需要对各种设备进行良好使用，并做好维护管理工作。

四、影响建筑门窗耗能的重要因素

为了顺应建筑节能的市场经济，环保门窗节能产品的研发大量涌现。然而建筑门窗的耗能不仅仅是材料上的问题，还有较多的技术性因素值得关注。影响建筑门窗耗能的主要因素有以下几点：

（一）建筑门窗的传热系数

单位时间内通过单位面积的传热量被称为传热系数。对于建筑门窗来说，传热系数越大也就意味着热量在经过门窗时的损失越大，所以降低传热系数是建筑门窗节能需要解决的主要问题之一。而建筑门窗的传热系数则主要与门窗材料及类型有关。选择合适的门窗材料和门窗类型是解决门窗耗能的基本途径。

（二）建筑门窗的气密性

门窗的气密性即门窗处于关闭状态时，阻碍空气自由流动的能力。作为建筑可以自由活动的结构，门窗的气密性是建筑门窗独有的特性。门窗气密性的好坏，对于屋内热量损失的影响极大。建筑门窗的气密性等级越高，外界环境变化对房间内温度的影响越小。因此，安装门窗时一定要注意建筑门窗的气密性，选择优质的门窗及精细的安装技术是提高门窗气密性的重要方式。

（三）门窗与墙的比例及门窗朝向

门窗与外墙的面积之比是影响整个建筑耗能的重要标准之一。外墙的传热热阻远远大于门窗的传热热阻，通常建筑门窗在整个建筑外表面占据的面积比例越小，建筑的节能性越好。但由于采光等问题的影响，建筑中门窗的面积过小显然是难以实现的，因此应确定合适的门窗与外墙的面积之比。确保建筑采光和保温达到平衡，另外还应考虑一些美观上的问题，提高建筑的综合水平。其次，由于地域问题，太阳的直射方向和风向有着较大的区别，不同区域的建筑门窗的朝向选择也是影响门窗耗能的问题之一。

五、建筑门窗节能性能影响因素

影响门窗节能性能材料因素主要有门窗的玻璃、型材及密封材料等，另外除了门窗材料本身的因素外，安装质量也是影响其节能的重要因素。

（一）玻璃类型

玻璃类型分为三层中空玻璃、夹层玻璃等；单片玻璃又分为透明玻璃、吸热玻璃、镀膜玻璃等。门窗的节能很大程度上取决于所用玻璃的类型、加工工艺。在选择原片玻璃时，应该根据不同的地区选用不同的玻璃。阳光照射强的地区，选用低透过的镀膜玻璃或吸热玻璃作为原片玻璃，控制阳光进入室内，降低遮阳系数，如采用吸热玻璃、热放射玻璃、遮阳型 Low-E 玻璃等；而较寒冷地区，目的是减少因采暖而引起的能耗，应充分利用太阳辐射热量，提高保温性能，可采用 Low-E 玻璃膜或中空玻璃。在国外普遍使用氩气等惰性气体充入中空玻璃腔体，来生产节能效果更佳的中空玻璃，另外适当增加中空层厚度对中空玻璃的节能效果影响很大，中空层的厚度越大，则传导传热系数越小，中空玻璃的节能性能越好。

（二）门窗框型材

门窗框材料是整个门窗系统中隔热的薄弱环节，整个门窗框材料约占整个窗户面积的25%，选用隔热性能好的材料非常重要。目前，门窗框所用型材种类主要有木型材、铝合金型材、塑料型材、铝塑复合型材、木塑复合型材等。特别是铝合金窗的隔热措施非常重要，直接关系到其传热系数的大小，其断热桥措施一般采用穿条式隔热型材、注胶式隔热型材，也有部分采用连接点断热措施。隔热条的尺寸和导热系数对框的传热系数影响很大，因此规范中对穿条式隔热型材的截面高度和注胶式隔热型材槽的开口宽度都进行了最小限值规定，增大穿条截面高度和注胶槽口宽度可有效提高隔热性能。

（三）密封材料

生活中经常出现由于断裂、收缩、低温变硬等缺陷造成门窗渗水、漏气，主要原因是密封毛条、密封胶条质量差。经过几年的使用绝大多数的密封毛条都出现了不同程度的倒挂现象，密封胶条亦显现了不同程度的收缩及失去弹性，严重影响了门窗的气密性、水密性及保温性能，使门窗的耐久性能及使用功能大打折扣，起不到密封作用。应选用硫化类橡胶胶条，如三元乙丙、硅橡胶、氯丁基胶条；框扇间宜采用三元乙丙胶条。

普通中空玻璃应采用聚硫密封胶及丁基密封胶，应采取双道密封，以确保中空玻璃内部空气的干燥。还有选用将密封和间隔两种功能集于一体的暖边间隔条，其传导率低，是一种能够改善中空玻璃边缘热传导性的材料，暖边间隔条包括超级间隔条、复合间隔条、聚丙烯间隔条、U 形间隔条等。暖边间隔条与普通金属间隔条相比，节能性明显提高。

（四）安装质量

门窗安装质量也是影响门窗节能情况的重要因素。门窗框与墙体（附框）缝隙虽然不是耗能的主要部位，但处理不好会大大影响门窗的节能。门窗安装的重点是窗框与洞口（附框）之间的连接与安装，这也是决定门窗节能效果及其他使用性能的关键。

近些年来，门窗安装采用干法施工（副框做法）越来越多，其能有效地减少交叉施工对门窗安装质量的影响，目前钢副框是作为附框的唯一材料，还没有实现同种门窗材料使用同种材料的副框的目标，但推广使用副框已经得到业内的普遍认可。目前主要存在的问题是洞口精度差影响门窗整体性能，实际建筑外墙预留洞口与附框尺寸偏差较大，同规格的窗在按照同一尺寸制作副框时不能适应洞口的安装。洞口与附框偏差过大会使修补的抹灰层过厚，容易发生龟裂，产生渗水，形成热桥等现象，这些部位主要是密封和热桥处理问题，现在多采用现场注发泡胶，然后采用密封胶密封防水，另外框与洞口（附框）之间的伸缩缝空腔应采用闭泡沫塑料、发泡聚苯乙烯等弹性材料分层填塞，且填塞不宜过紧。

六、新型的节能门窗创意设计

（一）选择制作门窗的材料和使用性能

现在我国门窗材料主要使用的就是铝合金门窗、木门窗和塑钢门窗和一些其他类型的门窗。综合来看，铝合金材料门窗的隔热保温功能相比其他两种比较弱，但是如果对其进行隔热处理和喷涂，和其他材料进行复合的话，这样加工处理以后的铝合金门窗功能更加强大，应用也会更加广泛。玻璃的一些特性直接影响着门窗的使用性能。人们有时候会在玻璃表面涂上几层金属或者其他化学物质作为一层膜，会使玻璃具有可以反射红外线等其他功能，具有很好的隔热效果，还可以透过光线。在新型节能门窗的研发过程中，需要按照实际情况选择适合的玻璃材料，这样才能设计出更好的环保节能门窗。当前我国设计新型门窗主要采用的方法是利用中空的玻璃，然后在玻璃之间充满氦气或者是氖气，这样可以有效地保证门窗玻璃的保温和隔热能力，真正地实现减少损耗，做到节能环保。

（二）新材料与密封设计的应用

门窗的密封设计主要包括三个方面，分别是玻璃和门框的密封、门窗和墙的密封以及开启扇和门窗框的密封。当前很多建筑的门窗密封性都很差，质量没有保证，并且不能很好地达到节能效果。所以设计出新的密封方法也是目前建设新型节能门窗的一个重要问题。现在建筑业中，大多使用的密封方法都是用密封条和密封膏来进行密封，根据实际情况决定。现代科学技术飞速发展，所以就研发出了很多比较环保的材料，比如智能玻璃窗等。这些材料能够提高建筑物的保暖或者制冷能力，这样就可以有效地降低能源损耗。

（三）门窗的遮阳处理

在建筑设计中，促进环保的一大有效措施就是设计好门窗遮阳功能，发挥着十分重要的作用。为了更好地提高环保效果，门窗遮阳将传统的挡板遮阳设计改变成应用综合的遮阳措施。在新的设计方法中，遮阳板变成可以调节的，这种方式很受青睐，因为更加方便，更加有效，即使人们的要求越来越高，也可以逐步达到人们要求的水平，满足人们的需要，同时将建筑物自带的遮阳板和窗户的遮阳板结合在一起，又具有较好的环保节能效果。

七、新型节能门窗的实际应用

（一）隔热断桥铝合金门窗

这种门窗具有很好的保温效果，可以极大地降低资源损耗，提高门窗的节能效果。这其实也是一种新型的节能门窗的设计方法，可以促进环保工作。原理是在门窗里面增加了尼龙隔条将材料分成了里外，阻止了铝合金传热，提高了门窗的隔热功能，有效地起到保温的作用。

（二）平开多腔室门窗

平开多腔室是一种为了促进环保事业建设而新设计出的新型门窗，利用了“三密封”式的密封方式，并且增加了门窗之间的密封层，可以有效地提高环保功效，减少冷热空气对流的速度，提高气密性，增强门窗保温的能力，减少能源损耗，并且可以提高材料焊接的强度。

（三）铝塑复合门窗

这种门窗有着相对较好的隔热保温功能，避免了高导热的特点，这种门窗保留了铝合金门窗的一些优点，比如说使用时间比较长、耐腐蚀、比较容易成型。这是一种复合材料，所以它的导热率比较低，可以有效地促进建设环保型行业的工作。

八、节能门窗发展方向

为了应对建筑业 75% 节能标准，各种外门窗都应该调整技术和产品结构。比如，木窗首要解决的问题就是成本太高，另外还有耐腐、耐燃、耐裂及回收再利用的问题；金属窗首先要解决其保温性能、隔热条宽度及结构强度、造价规格等问题；而塑料窗首要解决的问题在于增加腔室、型材厚度方面。各种门窗都能满足75%节能的要求标准，但节能不是唯一需要考虑的问题，因为从技术难度、生产能耗、原材料造价等多个角度综合考虑，造价成本都有不同幅度的提高。

木窗作为节能窗，保温性能强度与塑料窗比较接近，但因价格较贵，在多数中低端建筑市场中出现概率较小。我国对森林资源的保护政策较为坚决，并且我国目前的木材资源确实较为匮乏，因此木窗原材料途径大多来源于进口，材料渠道相对单一，但在成本造价的提升幅度上相对较低，因其性价比比较高，所以在高端市场经济中占据着领军地位。

金属材质的断热节能门窗比普通的非断热金属门窗更有节能优势，因此，现今我国对金属节能门窗的应用较多，但随着节能要求越来越高，断热金属窗需要更加注重提高隔热条强度、增大隔热条宽度、强化门窗技术、降低回收难度等重要问题。金属窗若要符合我国提出的新节能要求，就要继续大幅度提高成本造价，这给金属窗的发展带来了极大的局限性，因此，在一些发达国家节能的严格要求下，金属窗已基本退出门窗市场。

相对于其他门窗来说，塑料窗比较符合节能门窗的发展方向。在西方国家，尤其是德国，金属窗很少使用，大多住宅都倾向于应用塑料窗。德国纽伦堡国际门窗博览会作为当今全球最大的门窗专业展会，其门窗展品就以塑料窗为主，以五腔或六腔三密封结构的塑料型材为主。塑料门窗性能改善的方式较为简单，利用共挤、覆膜、喷涂等技术就可以实现色彩多样、质感多样及不同的表面纹路等艺术效果。在这三种门窗材质中，塑料门窗提升保温性能的空间最大，可以通过填充发泡聚氨酯材料、增强型钢断热和配装高性能玻璃等技术提高其保温性能。

在国家极其推崇节能减排时，建筑业顺应国家要求也逐步节能化发展，门窗是建筑项目中能耗度最大的部分，因此，节能门窗的应用是我国建筑业节能减排、响应国家号召的重要手段。

这个发展趋势给我国门窗业带来了新的机遇和挑战，为促进建筑门窗达到节能标准、推动国家节能减排发展，各门窗企业应该主动迎接这项任务和挑战，加强研发技术、提高生产质量，在门窗新品开发方面，在型材、配件、玻璃及五金方面制定完善的系统技术研发思路，实现行业、企业、产业的联合开发，增强门窗的实用性及通配性，促进门窗功能标准化，达到节能的目的；在门窗市场方面，杜绝暴利、投机取巧，应保证生产质量、创新经营模式，增强门窗的市场竞争力。

综上，建筑节能门窗的设计与应用，既符合目前绿色建筑的基本理念，也是我国建筑产业转型的一个重要契机。但与国际上其他国家相比，我国建筑节能门窗的设计水平仍存在较大差距。为此，我们应正视当前建筑门窗节能设计与应用中存在的问题，分析其产生的原因，并在此基础上采取相应的改进与调整方法，相信随着建筑门窗节能设计意识的不断觉醒、建筑门窗节能标准的不断完善、建筑门窗节能设计人才的不断培养，我国建筑门窗设计必将朝着节能化的方向发展与进步，从而促进我国建筑事业的可持续发展与进步。

第五节 建筑物屋面的节能设计

如果将建筑的屋面密封性、保温性等性能提升，就能减少很多媒体资源的浪费。建筑内部供暖对于煤炭资源的使用量比较大，因此可以从节约煤炭资源方面进行建筑设计。基于这样的节能设计理念，对建筑屋面进行设计。

一、屋面建筑节能现状分析

屋面即是建筑屋顶的表面，是建筑屋顶中面积较大的部分，现代建筑的屋面类型主要包括混凝土现浇楼面、水泥砂浆屋顶、瓦屋顶等，大部分屋面建筑都包含保温隔热层、防水层、水泥砂浆保护层、挂瓦条、防避雷设施等。屋顶作为一种主要的建筑外围护结构，其传热系数对建筑整体节能降耗影响十分大，屋面建筑长期受阳光、雨水等外界环境的直接侵蚀，其所造成的室内外温差耗热量大于外墙体及地面的耗热量。因此，提高屋面的保温隔热性能，能够减少夏冬季空调的耗能，有效改善室内外热环境，并且，由于屋面建筑的节能面积远小于建筑外墙体的面积，加强屋顶的节能对于建筑总体造价影响不大，但对总的节能效益却非常明显。

当前，我国屋面建筑的节能技术仍然处于起步阶段，节能技术科技含量并不高，大部分节能技术仍然采取较为传统的保温隔热式工艺，其主要做法就是将保温隔热材料铺在屋顶结构上，包括膨胀珍珠岩、矿棉、加气混凝土等材料，然后再设置隔热层、防水层、保护层。这种屋面节能技术普遍用于我国南方地区，在施工上，可以采取现浇方式，以保证其良好的防水性。然而，这种技术虽然施工简单，但是非常容易失效，材料老化速度较快、保温隔热性能不稳，且使用寿命较短，在现实屋面节能技术中的使用还是具有一定的局限性。

二、基于建筑节能的屋面保温技术

（一）屋面保温材料的分类

基于建筑节能的屋面保温技术施工，在进行屋面保温材料的选择时，需要选择质量轻、多孔、导热系数小的保温材料。同时在实际的施工中，根据材料的特性以及施工环境，将保温材料分为散料、现场浇筑的混合物、板块料。

散料式的保温材料。散料式的施工材料，主要包含了膨胀珍珠岩、膨胀蛭石、炉渣等。这些材料为散状，在建筑外墙施工中，容易受到大风天气、大雨天气的影响，失去建筑保温效果。基于这样的特点，该种建筑保温材料在实际的施工中，应用难度大，因此，使用应用率不高。

现场浇筑式保温材料。现场浇筑式保温材料，在屋面施工中，使用散料为骨料，与水、石灰等材料进行搅拌，在建筑墙面形成保温层。该种材料在实际施工中的性能比较好，应用率高。但是该种保温材料也有一定的弊端，当保温层就位之后，依然处于潮湿状态，对于建筑屋面的保温带来不利影响。而为了缓解建筑墙面潮气，施工人员需要在屋面设置通气口，对潮气进行挥发，这样的通气口设计给建筑构造带来一定的影响，不利于施工。

板块式保温材料。板块式的保温材料主要有聚苯板、加气混凝土板、泡沫塑料板、膨胀珍珠岩板等。这些板块式的保温材料与散状的保温材料相比，具有明显的优越性，在实际的保温施工中，施工速度比较快，能够避免潮湿作业。板块式材料整体性能比较高，便于施工人员拿取与安装，在实际施工中应用比较广泛。在建筑屋面特定的位置，为了提升保温性能，施工人员可以根据情况，将两块板式材料相互重叠使用，并对板与板之间的缝隙进行处理。

（二）保温层位置设置

建筑屋面的保温层位置设置有很多种，常用的有三种：第一，保温层设置在结构层与防水层之间。该种保温层的敷设方法应用比较普遍，设置在屋盖系统温度比较低的一侧，符合热工原理以及受力原则，构造比较简单。第二，保温层设置在防水层上面。其构造层次为保温层、防水层、结构层。这种屋面对于采用的保温层有着特殊的要求，在实际的保温施工环节，需要使用吸湿性低、耐气候性强的憎水材料。同时在保温层加设钢筋混凝土、砖等较为厚重的材料进行覆盖。第三，保温层设置与结构层结合处。该种保温施工方法比较少见。实现该种方法，需要在钢筋混凝土槽行板内设置保温层，或者是将保温材料与结构结合为一体。在结合处加气混凝土板，在某种程度上，该种保温层施工工序比较简单，能够降低施工成本。

三、屋面设计

（一）屋面敷设隔热板

为了使屋面的热阻增加，以此来降低传热系数，减少外界温度向室内的传递，当前较为常用的方法就是进行隔热板的敷设，使用绝热材料来实现对温度的阻隔。为了使材料的隔热性能增强，一般应当选择导热性小、蓄热性能强的材料，这样能够有效地降低屋面表面的温度。近年来，随着节能技术在建筑结构设计中的运用，屋面保温材料一般都选择传热系数较小的保温材料，在室外温度波热作用一定时，外围护结构内表面平面温度的高低和振幅衰减的大小，主要取决于外围护结构的热阻热惰性，实体材料层的增厚通常能够使热阻和热惰性指标同时增大，从而降低围护结构内表面温度，提高外围护结构的热稳定性。在具体设计时采用倒置式屋面构造，能取得很好的屋面隔热、防水效果。

（二）通风隔热屋顶

通过各种节能措施的运用，能够有效地降低屋面对太阳辐射的吸收，使屋面表面的温度降低。但是，由于自然气候的特点，在夏季的室外温度较高，这时会有较强的太阳辐射进入室内，使室内产生较为强烈的热感，这时通风屋顶的设置，则能够使空气在流通的过程中，带走屋面表面的温度，降低屋面表面的温度。通风的强度越大，则通风带走的空气热量越大，降温的效果越高。一般在南方的夏季，通过这种屋面通风屋顶的设置是使用的较为普遍的方法。

（三）反射屋面

众所周知，浅色比深色在反射太阳辐射方面有着更强的力量，而在建筑材料的选择上，一般浅色材料的反射率比深色材料的反射率要高，因此浅色材料的运用更有利于减少屋面对太阳辐射的吸收。反射屋面的设置，指的就是对屋面表面使用的材料进行浅色处理，可以使用在屋面表面涂刷浅色涂料，或者敷设浅色地面砖的方式，来实现对屋面表面温度的降低。

四、屋面空间节能设计

近年来，建筑业的快速发展也造成了土地资源的紧缺，对于房屋建筑进行科学的设计，也体现出了现代社会对建筑空间的科学追求。同时，对建筑屋面空间进行合理的设计，也是促进生态环境平衡，实现资源优化配置的必然途径。当前，屋面空间的节能设计主要指的是空间绿化的设计，通过对屋顶的空间以及植物光合作用的充分作用，对屋顶的植物进行有效的设计。同时，生态节能的设计措施也能够对建筑物的屋顶进行设计，避免太阳光对屋顶的直接照射，而且通过植物的光合作用，实现对建筑物屋顶温度的控制。通过对建筑物屋顶进行有效的绿化措施，能够使屋顶表面温度降低至少 20℃，因此充分发挥植物的作用，能够达到对建筑物表面温度的降低，降低建筑物的热传导功能。同时，在城市建筑物中通过这种绿化植物的使用，也能够使城市的环境和生态平衡得到有效的改善，在整个城市中形成错落有致的空间花园，并且有效地降低噪声污染，使得城市环保空间的建设成为现实。同时，需要注意的是，由于建筑物的屋顶设计各异，而且其存在着一定的特征，所以屋顶绿化的面积应当小于地面的绿化面积，同时在建筑屋顶的绿化植物的选择方面，首先就要对土层的厚度进行有效的控制，一般选择竹、木等性质的容器，而且对其重量要进行控制，避免对屋面造成过大的负荷，产生屋顶混凝土板的变形，甚至造成裂缝，对建筑物的使用功能造成影响。在植物的搭配方面，应当尽量选择抗热、耐风以及抗旱的植物，同时选择根系比较浅的草本、矮生灌木植物，这样更加符合屋顶节能设计的原则。

五、几种常见的屋面的节能设计

（一）倒置式屋面的节能设计措施

传统屋面构造中防水层在保温层的上面，倒置式屋面就是将二者颠倒，把保温层放在防水层的上面。倒置式屋面强调了“憎水性”保温材料的使用。首先，在传统建筑屋面设计过程中常用的非憎水性保温材料有水泥膨胀珍珠岩、水泥蛭石、矿棉岩棉等，这类保温材料吸湿后，会出现导热系数不断上升的现象，因此需要在保温层上做防水层、隔气层，不仅构造复杂化，还增加了建筑造价成本。其次，防水材料放置在最上层，受到风吹日晒的影响，老化速度会比较快，缩短了防水层的使用寿命，因此，需要在防水层上加做保护层，又增加了额外建造成本。最后，传统建筑屋面设计中的封闭式保温层受天气、工期等影响，含水率难以达到自然风干状态下的含水率：由于保温层和找平层难以保持干燥需要设置排汽屋面，就需要伸出大量排气孔，不仅使得防水层的整体性遭受到破坏，排气孔上防雨盖容易碰踢脱落，雨水倒灌至孔内。因此，与普通保温屋面相比，倒置式屋面的节能设计不仅节约了大量的建筑成本，还能提高建筑的整体质量和使用效果。

（二）正置式屋面

正置式屋面保温需要将保温层设置在结构层与防水层之间，形成一层密闭的保温层。采取这样的保温隔热形式能够使屋顶楼板受到保温层的保护，过大的温度应力对其不会产生较为明显的影响。整个屋面的热工性能能够得到有效的保障。常用的做法是在楼板上设置一层绝热材料，在绝热材料外侧设置防水层和保护层。在设置保温材料厚度的时候在通过热工计算后应该符合相关热工节能标准，并按照热工设计规范的要求来确定屋顶隔热层，进而保障冬季屋面表面温度和室内采暖温度相差不大。

（三）浅色坡屋面

浅色坡屋面主要是指将屋面设计成一定的坡度来反射太阳辐射，同时，配以浅色系颜色，降低光波的吸收，从而达到隔热降温的效果。平面屋顶的隔热性远远不如坡面，并且平面屋顶吸收热量较多，防水成本高，对屋面材料的耐水、耐热性要求较高。而浅色坡屋面对太阳的反射率能达到 65%，能够节省 20%~30% 的能源消耗，采用坡面屋顶节能技术时可以人工制作一定的斜面，并考虑其在不同季节对太阳光照射的反射角度，采用坡屋面瓦材料形式。而在坡面颜色制作上可选用白色、非金属浅色以及应用专门的反射膜，会起到二次反射作用，所起到的屋面节能效率和隔热降温作用也会更加明显。

（四）绿化式屋面的节能设计措施

随着我国城市化进程的加快、城市建筑面积的不断扩大，建筑能耗量不断上升，“城市热岛”现象将更为严重。采用绿化式屋面的节能设计，建筑耗能量大大降低，使得温室气体的排放也相应地减少，同时绿化式屋面还能增加城市绿地面积，发挥美化城市、改善城市气候环境的作用。首先，可以利用建筑屋顶种植花草树木或蔬菜，充分利用屋顶的空间，建设屋顶花园，不仅能够起到良好的隔热保温作用，屋顶植被还能吸收大量的雨水，缓解地表径流形成的时间，缓解城市内涝的压力。其次，种植屋面又分为两种，即有土式屋面种植和无土式屋面种植，有土式屋面种植覆盖种植土壤厚度为200mm左右，有显著的隔热保温效果。但是要充分考虑建筑屋面的荷载、防水、透气等因素，根据屋顶的荷重和植物配置要求制订出合理的植物种类及配套方案；无土种植式屋面是用水渣、蛭石等代替土壤作为种植层，这种种植方式能够有效减轻屋面的荷载，屋面的隔热保温效果显著提升，降低了能源的消耗量，后期保养问题比较复杂。现在出现一种新型的屋顶绿化排水蓄水隔根板，又称“屋顶绿化隔板”，采用碎石、陶粒等作为排水材料，解决了传统的屋顶绿化设计中，建筑屋顶结构层超厚超重、排水不畅的问题，是建筑技术与绿化技术相衔接的环保节能创新产品，很有市场发展潜力。

（五）太阳能屋面的节能设计措施

太阳能热水器大范围的使用正是环保节能屋面创新应用的例证。随着人们环保意识的提高，太阳能热水器的优势不断显现，并广泛地应用于屋顶节能的科学设计之中。太阳能屋面发电系统的使用将干净、清洁、无限量的太阳能转化为用户切身需要的热能、电能。太阳能屋面发电系统涉及微电子、化工及建材等多个领域的先进生产技术，构建了新型的光电建材能源、实现了屋顶太阳能发电系统的高效利用。随着人们对太阳能屋面节能设计研究的不断深入，太阳能热水器节能、环保、安装简便、使用快捷、加热迅速的特点更为显著，为用户节省了大量的电能，因此其全面科学发展的态势还将持续强劲。但是要充分发挥太阳能热水器的各项优势，就需要依赖科学的安装设计措施，结合屋面结构及设计性能使太阳能热水器的各项功能得到全面发挥，实现节能的作用。首先，在进行太阳能屋面的节能设计的过程中要充分考虑到其对屋面结构承载力的要求，平顶楼房需要设计独立的太阳能热水器设计安装平台，屋顶需要采用刚性防水材料进行铺设，同时采用整体现浇的方式对屋面板钢筋混凝土进行浇筑，保证其承载、荷载能力符合建筑设计要求。其次，需要科学合理地布置冷、热水管线，应根据不同用户的实际用水需求进行合理的设计。

（六）蓄水屋面的节能设计措施

蓄水屋面主要指的是将一层水存蓄在刚性防水屋面上，在水分蒸发时能够将大量水层中的热量带走，从而将太阳晒到屋面的辐射热有效消耗，进而达到削弱屋面热传量与减小屋面温度的作用。不仅如此，相较于非蓄水屋面而言，蓄水屋面的热流响应以及温度输出要小得多，室外扰动对其影响较小，隔热与节能效果明显。在实际设计过程中，需要动态计算与分析蓄水屋面的传热特性，从而合理确定蓄水深度，避免水过深而难以起到良好降温效果，防止水过浅而无法起到降温效果。此外，还需做好屋面防水工作，确保建筑屋面质量。

总之，随着环保、节能理念的不断深入人心，我国面临的主要问题就是建筑资源紧缺，因此建筑设计行业必须深化改革，依靠先进的科学技术、高质量的施工队伍、新型节能材料，根据地域特点进行屋面建筑节能设计，使各项资源得到充分的利用，不断探索我国建筑屋面节能设计技术，提高建筑屋面的节能效果。

第六节　建筑物地面的节能设计

如果底层与土壤接触的地面的热阻过小，地面的传热量就会很大，地表面就容易产生结露和冻脚现象，因此为减少通过地面的热损失、提高人体的热舒适性，必须分地区按相关标准对底层地面进行节能设计。底面接触室外空气的架空（如过街楼的楼板）或外挑楼板（如外挑的阳台板等）、采暖楼梯间的外挑雨棚板、空调外机搁板等由于存在二维（或三维）传热，致使传热量增大，也应按相关标准规定进行节能设计。

分隔采暖（空调）与非采暖（空调）房间（或地下室）的楼板存在空间传热损失。住宅户式采暖（空调）因邻里不用（或暂时无人居住）或间歇采暖运行制式不一致，而楼板的保温性能又很差而导致采暖（或空调）用户的能耗增大，因此也必须按相关标准规定，对建筑楼层地面进行节能设计。

一、地面的种类及要求

地面按其是否直接接触土壤分为两类：地面（直接接触土壤）和地板（不直接接触土壤）。地板又分为接触室外空气地板、不采暖地下室上部地板、存在空间传热的层间地板三类。

二、地面的节能设计

（一）地面的保温设计

周边地面是指由外墙内侧算起向内 2.0m 范围内的地面，其余为非周边地面。在寒冷的冬季，采暖房间地面下土壤的温度一般都低于室内气温，特别是靠近外墙的地面比房间中间部位的温度低 5℃左右，热损失也大得多，如不采取保温措施，则外墙内侧墙面以及室内墙角部位会出现结露，在室内墙角附近地面有冻脚现象，并使地面传热损失加大。鉴于卫生和节能的需要，我国采暖居住建筑相关节能标准规定：在采暖期室外平均温度低于 –5℃的地区，建筑物外墙在室内地坪以下的垂直墙面，以及周边直接接触土壤的地面应采取保温措施，在室内地坪以下的垂直墙面，其传热系数不应超过相关规定的周边地面传热系数限值。在外墙周边从外墙内侧算起 2.0m 范围内，地面传热系数不应超过 $0.3W/m^2 \cdot K$。

满足这一节能标准的具体措施是在室内地坪以下垂直墙面外侧加 50 ～ 70mm 厚聚苯板及从外墙内侧算起 2.0m 范围内的地面下部加铺 70mm 厚聚苯板，最好是挤塑聚苯板等具有一定抗压强度、吸湿性较小的保温层。地面保温构造。非周边地面一般不需要采取特别的保温措施。

《公共建筑节能设计标准》对地面也提出了具体保温要求，此外，夏热冬冷和夏热冬暖地区的建筑物底层地面，除保温性能满足节能要求外，还应采取一些防潮技术措施，以减轻或消除梅雨季节由于湿热空气产生的地面结露现象。

（二）地面防潮技术应采取的措施

1. 防止和控制地表面温度不要过低，室内空气湿度不能过大，避免湿空气与地面发生接触；

2. 室内地表面的材料宜采用蓄热系数小的材料，减少地表温度与空气温度的差值；

3. 地表采用带有微孔的面层材料来处理。

对于有架空层的住宅一层地面来讲，地板直接与室外空气对流，其他楼面也因这一地区并非建筑集中连续采暖和空调，相邻房间也可能与室外直接相通，相当于外围护结构。通常 120mm 的空心板无法达到节能热阻的要求，应进行必要的保温或隔热处理，即冬季需要暖地面，夏季需要冷地面，还要考虑梅雨季节由于湿热空气而产生的凝结。

（三）地板的节能设计

由于采暖房间地板下面土壤的温度一般都低于室内气温，因而为控制热损失和维持一定的地面温度，地板应有必要的保温措施。特别是靠近外墙的地板比中央部分的热损失大得多，故周边部位的保温能力应比中间部分更好。我国规范规定，对于严寒地区采暖建筑的底层地面，当建筑物周边无采暖管沟时，在外墙内侧 5~1.0m 范围内应铺设保温层，其热阻不应小于外墙热阻。

采暖（空调）居住（公共）建筑接触室外空气的地板（如过街楼地板）、不采暖地下室上部的地板及存在空间传热的层间楼板等，应采取保温措施，使地板的传热系数满足相关节能标准的限值要求。保温层设计厚度应满足相关节能标准对该地区地板的节能要求。

由于采暖（空调）房间与非采暖（空调）房间存在温差，所以，必然存在分隔两种房间楼板的采暖（制冷）能耗。因此，对这类层间楼板也应采取保温隔热措施，以提高建筑物的能源利用效率。保温隔热层的设计厚度应满足相关节能标准对该地区层间楼板的节能要求。层间楼板保温隔热构造做法及热工性能应满足有关规范要求。

总之，在严寒和寒冷地区的采暖建筑中，接触室外空气的地板，以及不采暖地下室上面的地板如不加保温，则不仅增加采暖能耗，而且因地面温度过低，会严重影响使用者的健康。实践证明，地板和地面的保温不容忽视，应加强地板和地面保温措施。

第七节 低、零能耗建筑发展及应用实例

我国正处在城镇化快速发展时期，经济社会快速发展和人民生活水平不断提高，导致能源和环境矛盾日益突出，建筑能耗总量和强度上行压力不断加大。实施能源资源消费革命发展战略，推进城乡发展从粗放型向绿色低碳型转变，对实现新型城镇化、建设生态文明具有重要意义。自 1980 年以来，在住房和城乡建设部的领导及各级政府和科研机构的共同努力下，以建筑节能标准为先导，我国建筑节能工作取得了举世瞩目的成果，尤其在降低严寒和寒冷地区居住建筑供暖能耗、公共建筑能耗和提高可再生能源建筑应用比例等领域取得了显著的成效。我国的建筑节能工作经历了 30 年的发展，现阶段建筑节能 65% 的设计标准已经基本普及，建筑节能工作减缓了我国建筑能耗随城镇建设发展而持续高速增长的趋势，并提高了人们居住、工作和生活环境的质量，但面向未来建筑节能工作的中长期发展路线和目标尚不清晰。

从世界范围看，为了应对气候变化，实现可持续发展战略，超低能耗建筑、近零能耗建筑、零能耗建筑的概念得到了广泛关注，欧美等发达国家先后制定了一系列中长期发展目标和政策，以不断提高建筑的能效水平。欧盟 2010 年修订的《建筑能效指令》（EPBD）要求欧盟国家在 2020 年年底前所有新建建筑都必须达到近零能耗水平。美国能源部建筑技术项目设立目标，到 2020 年零能耗住宅市场化，2050 年实现零能耗公共建筑在低增量成本运营。

2002 年开始的中瑞超低能耗建筑合作、2010 年上海世博会的英国零碳馆和德国汉堡之家是我国建筑迈向更低能耗的初步探索。2011 年起，在中国住房和城乡建设部与德国联邦交通、德国建设及城市发展部的支持下，住房和城乡建设部科技发展促进中心与德国能源署引进德国建筑节能技术，建设了河北秦皇岛在水一方、黑龙江哈尔滨溪树庭院、河北省建筑科技研发中心科研办公楼等建筑节能示范工程。2013 年起，中美清洁能源联合研究中心建筑节能工作组开展了近零能耗建筑、零能耗建筑节能技术领域的研究与合作，建造完成中国建筑科学研究院近零能耗示范建筑、珠海兴业近零能耗示范建筑等示范工程，取得了非常好的节能效果和广泛的社会影响。

2016 年发布的《中国超低 / 近零能耗建筑最佳实践案例集》，对我国开展超低 / 近零能耗建筑工程项目的技术方案、施工工法以及运行效果加以总结、梳理和提炼。示范工程涵盖严寒、寒冷、夏热冬暖和夏热冬冷四个气候区，包括居住建筑、办公建筑、商业建筑、学校、展览馆、体育馆、交通枢纽中心等不同建筑类型。超低 / 近零能耗建筑已从试点成功向示范过渡，未来具有广阔的发展前景。

为了建立符合中国国情的超低能耗建筑技术及标准体系，并与我国绿色建筑发展战略

相结合，更好地指导超低能耗建筑和绿色建筑的推广，受住房和城乡建设部委托，中国建筑科学研究院在充分借鉴国外被动式超低能耗建筑建设经验，并结合我国工程实践的基础上，编制了《被动式超低能耗绿色建筑技术导则（试行）》，并于2015年11月发布。导则颁布实施后，一批示范工程参照本导则进行建设。此外，北京市、河北省、山东省等地也相继编制和出台了适用于本地的被动式超低能耗建筑技术导则或设计标准。在导则实施的过程中，也发现了一些问题。例如，导则虽对被动式超低能耗绿色建筑进行定义，但对于目前较为流行的近零能耗建筑、零能耗建筑等名词的定义与其之间的差别尚不清楚。此外，导则仅针对居住建筑提出技术要求，而缺少对被动式超低能耗公共建筑的技术指导。与国外发达国家相比，我国在气候特征、建筑室内环境、居民生活习惯等方面都有独特之处，发达国家技术体系无法完全复制，需要针对我国具体情况开展基础理论研究，建立技术及指标体系，开发设计及评价工具，相关科研工作也在陆续开展。

2017年9月，由中国建筑科学研究院牵头、共29家单位参与的“十三五”国家重点研发计划项目“近零能耗建筑技术体系及关键技术开发”启动。该项目旨在以基础理论研究和指标体系建立为先导，以主被动技术和关键产品研发为支撑，以设计方法、施工工艺和检测评估协同优化为主线，建立我国近零能耗建筑技术体系并集成示范。

为促进“十三五”时期建筑业持续健康发展，住建部及部分省市地区政府都对超低/近零能耗建筑发展提出明确目标要求，具有巨大市场需求和广阔发展前景。但是，我国近零能耗建筑仍处在起步阶段，面临未来5～20年发展需求，近零能耗建筑仍存在诸多技术瓶颈。

一、发展存在的问题

（一）我国发展近零能耗建筑的特殊性

中国作为一个历史悠久、国土广袤的多民族发展中大国，不同地区的文化和气候差异很大，我国研究近零能耗建筑的特殊国情主要体现在以下三个方面：

（1）不同于发达国家的高舒适度和高保证率下的高能耗，我国建筑能耗特点为低舒适度和低保证率下的低能耗。研究表明，无论是人均建筑能耗还是单位面积建筑能耗，我国目前都远低于发达国家，这主要是由于我国的建筑形式和能源使用方式决定的。在我国长江流域及以南地区，由于采用“部分时间、部分空间”的采暖方式，采暖能耗远远低于同样气候状况的欧洲国家。在室内温度方面，我国夏季室内温度高于欧美，冬季室内温度普遍偏低。另外，我国开窗是居住建筑获得新风的普遍形式，而在欧美发达国家通常使用机械通风保证新风量的供应。如果我国近零能耗建筑追求欧美的全空间全时间的高舒适度，势必导致建筑能耗的快速上升。就现阶段而言，使用国际相关指标体系中的一次能源消耗量要求对于我国是不适用的。

（2）我国地域广阔，气候差异大。国家标准《建筑气候区划标准》将我国划分为五个气候区，不同气候区的气候差异巨大。因此，我国无法实施统一的近零能耗建筑能耗指标，各气候区需要建立自己的指标体系。

（3）多层、高层居住建筑是我国住宅建筑的主要形式，空置率过高导致的户间传热损失大和集中设备负荷率低对建筑能耗有重要的影响。

（二）目标与技术路线不清晰

科学界定我国近零能耗建筑的定义及不同气候区能耗指标是发展近零能耗建筑的基础。目前尚存在近零能耗建筑定义、能耗指标以及技术指标体系缺失的问题。

近零能耗建筑的技术特征是根据气候特征和场地条件，通过被动式设计降低建筑用能需求，提升主动式能源系统和设备的能效，进一步降低建筑能源消耗，再利用可再生能源对建筑能源消耗进行平衡和替代。通过对国际上相关定义的比对可以看出，各国政府及机构对于近零能耗、零能耗建筑的物理边界、能耗计算平衡边界、衡量指标、转换系数、平衡周期等问题都不尽相同。不同的定义对近零能耗建筑的计算的结果影响很大。因此，应以我国建筑特点、能源结构以及经济生活水平特点为基础，对我国近零能耗建筑进行定义。

近零能耗建筑能耗指标的确定应通过对建筑全生命周期内的经济和环境效益分析得到。德国被动房的性能，即累计热负荷小于 $15kW/m^2$，就是考虑该能耗水平能使欧洲近零能耗建筑在经济性上达到相对较优的水平，接近经济最优点。最优方案的确定，需要利用到快速自动优化能耗模拟计算工具。目前，我国尚缺少多参数多目标优化算法和工具，用以寻找不同气候区、不同类型近零能耗建筑的经济和环境效益最优方案，从而建立适宜的能耗指标体系。

要建立适合我国特点的近零能耗建筑技术体系，不同气候区技术路线应有所差异。以建筑高保温围护结构为例，极低的传热系数是以供暖需求为主的地区实现近零能耗建筑的关键。有研究显示，对于以供冷需求为主的地区，围护结构热工性能的提高，反而会导致建筑能耗的增加。这是由于内热及辐射得热不易散失导致的，即使增加通风量，对于保温较好的建筑冷负荷仍会有增长。因此，建立适应我国建筑特征、气象条件、居民习惯、能源结构、产业基础、法规及标准体系的近零能耗建筑能耗技术体系尤为重要。

（三）基础性理论研究缺乏

近零能耗建筑是指适应气候特征和自然条件，通过被动式技术手段，最大幅度降低建筑供暖供冷需求，最大幅度提高能源设备与系统效率，利用可再生能源，优化能源系统运行，以最少的能源消耗提供舒适的室内环境，且室内环境参数和能耗指标满足标准要求的建筑物，已有的基础性理论研究不适宜应用于近零能耗建筑。现阶段，我国尚缺少对近零能耗建筑高气密性、超低负荷等特性下，有关空间形态特征、热湿传递、气密性、空气品质、热舒适、新风系统能源系统等各参数间的耦合关系规律等基础理论的研究。

以气密性研究为例，首先，由于近零能耗建筑的高气密性，尽管理论上室内污染源特征与普通建筑并无差别，但是由于高气密性等新材料的使用，以及使用后形成的高气密性室内环境，使得室内污染物在散发种类与速率、气相中的传播途径等方面产生差异，最终影响室内污染物的分布。其次，由于我国由装修和家具引起的室内污染较为严重，近零能耗建筑的新风全部依赖于机械通风，而非开窗通风，因此如何科学界定我国近零能耗建筑的基准新风量及分时分季的修正方法以满足室内空气品质要求，需要进一步研究和确定。新风量的增加势必导致能耗的上升。有研究表明，由于使用初期，内装修刚完成不久，残留异味较大，需要不定时开窗通风，因此系统供冷初期试运行阶段能耗较高。再次，对于可以开窗的普通建筑及全部依赖机械通风的近零能耗建筑而言，科学评价热舒适所应采用的方法和标准也应有所不同。

（四）主被动技术性能及集成度低

近零能耗建筑主被动技术性能及集成度低问题主要体现在以下方面：（1）缺少高性能墙体、外门窗、遮阳关键技术与产品；（2）缺少集成式高效新风热回收设备；（3）不同气候区低冷热负荷建筑供暖供冷系统方式不明确；（4）可再生能源和蓄能技术耦合集成应用不高。

1. 被动式技术

2016 年发布的《中国超低 / 近零能耗建筑最佳实践案例集》对我国既有超低 / 近零能耗建筑进行调研。通过比较可以发现，用于超低 / 近零能耗建筑的部品性能要远远高于现行节能标准。平均而言，超低 / 近零能耗建筑屋面、外墙和外窗的传热系数比普通建筑分别低 68%、70% 和 62%。因此，需要开发高性能产品与技术以推动近零能耗建筑的发展。

2. 主动式技术

《被动式超低能耗绿色建筑技术导则（试行）》中明确规定，新风热回收系统的显热回收装置温度交换效率不应低于 75%，全热回收装置的焓交换效率不应低于 70%。而目前我国新风机组热回收效率水平参差不齐。调查表明，在实际工况中，我国建筑中使用的新风热回收装置效率分布在 40% ~ 65% 之间，远低于设计效率以及《被动式超低能耗绿色建筑技术导则》中的要求。并且，新风热回收系统的抗寒冷水平不同，在严寒地区应用时有结冰现象。目前尚缺少集成式高效新风热回收设备。

近零能耗建筑由于应用了高保温隔热性能和高气密性的外围护结构，以及合理的采光、太阳辐射设计，其具有低冷热负荷的特点。因此，由于输入能量的减少，近零能耗建筑需要配备更加灵活的能源系统。传统建筑的能源系统往往过大，过于复杂，灵活性不足，无法满足近零能耗建筑的需求。目前对于近零能耗建筑中供热、通风和空调系统中能量的转移、传输、利用规律尚不清晰，严寒、寒冷、夏热冬冷（暖）地区近零能耗建筑能源系统中冷热源、微管网、末端方式、运行模式等共性关键技术尚不明确，需要构建不同气候区超低冷热负荷情境下的建筑供暖供冷系统方式。

3. 可再生能源技术及集成

近零能耗建筑的特点之一就是可再生能源的高效利用。由于可再生能源的间歇性及多样性，为了保证系统的稳定运行，蓄能技术是近零能耗建筑不可缺少的环节。因此，基于用户需求、可实现精准控制、与可再生能源和蓄能技术（如墙体蓄热、相变材料蓄热、土壤蓄热）相结合的主动式能源系统（如热泵、除湿机、新风系统）是近零能耗建筑高效低耗运行的关键。目前，相关技术仍有待研究。

（五）设计施工测评方法缺失

近零能耗建筑的性能化优设计是一项复杂且费时的工作，它在考虑和满足热舒适、经济最优等一系列参数的同时，需达到既定的能耗目标。虽然过去十年，人们越来越关注基于能耗模拟的建筑性能化优化设计方法的研究，但相关应用仍处于初步发展阶段。目前尚缺少适用于近零能耗建筑，以能耗控制为目标的可独立运行并快速分析的方法和工具。

1. 设计计算方法

近零能耗建筑合规评价工具是评价近零能耗建筑设计的重要手段。相关国际标准中提出的准稳态计算理论和方法得到了广泛的应用，其简单、快速、透明、可重复以及足够准确的特点，使该方法适用于建筑能耗的合规检查。目前，中国建筑科学研究院有限公司基于此方法，并结合我国国情、用户习惯和建筑标准体系，开发了一款近零能耗建筑设计与评价软件。该软件通过住房和城乡建设部组织的专家评定，并经过两年多的使用，获得行业专家和用户高度好评。通过对我国既有超低 / 近零能耗建筑的调研发现，被动式技术的应用，包括围护结构的无热桥设计和施工，是近零能耗建筑增量成本的重要组成部分。有研究表明，由于热桥而产生的能耗损失占到整个供暖能耗的 11% ~ 29%，而这一比例在高性能建筑中还将更高。由于建筑热桥的产生是多维传热问题，因此其详细的计算是非常复杂及费时的，基于建筑热桥构造图集的简化设计方法，是很多欧洲国家解决该问题的方法和手段。目前，尚缺少适于我国近零能耗建筑围护结构特点的热桥构造图集以指导无热桥的设计。

2. 施工工艺

近零能耗建筑由于具有高气密性以及高保温无热桥的特性，在施工工艺上与传统建筑有很大不同。通过对我国既有超低 / 近零能耗建筑的调研分析发现，部分项目的能耗设计值与实际运行监测值之间有一定差距。其原因之一便是由于施工过程中质量控制不到位造成的。目前我国近零能耗建筑的施工过程存在如下问题 :（1）缺少合格的施工人员；（2）质量控制不到位；（3）缺少无热桥、高气密性、保温隔热施工工艺。

3. 检测方法

近零能耗建筑中被动式、主动式关键部品的性能及高效利用，直接影响近零能耗建筑能耗指标的实现。目前我国缺少近零能耗建筑主被动关键部品以及建筑整体能耗性能的检测与评价方法及工具。以适用于近零能耗建筑的门窗保温性能检测技术为例，国家标准《建筑外门窗保温性能分级及检测方法》中提出的热箱法被用于建筑门窗保温性能的检测，这一方法也在全球其他相关标准中广泛应用。但是，热箱法的精度仅为 $\pm 0.1W/m^2 \cdot K$。目前近零能耗建筑所使用的高性能外窗的传热系数的数量级为 0.01，如果继续沿用此方法，则会导致较大误差。

鼓风门法普遍用于建筑的气密性检测。利用风扇或鼓风机在建筑内外产生 10 ~ 75pa 的压差，尽可能地减少天气因素对压力差的影响，并通过维持压力差所需的气流速率计算建筑物气密性。在我国，有关建筑气密性的研究和实际测试都比较缺乏，也缺少针对建筑气密性检测的相关标准。

（六）试点与示范工程数据完整性、系统性不够

为促进建筑业持续健康发展，国家层面出台了一系列指导意见，北京市、江苏省、河北省、山东省等地方层面也制定了一系列鼓励政策，推动被动式超低能耗绿色建筑的发展。然而，我国仍存在试点与示范数量不足的问题。通过对我国严寒、寒冷、夏热冬冷和夏热冬暖 4 个气候区 50 栋示范建筑进行收集和整理可以看出，我国超低 / 近零能耗建筑已从试点成功向示范过渡，但目前仍处于起步阶段，与住建部科技司提出的目标有一定距离，试点与示范尚未总结和凝练适合我国气候区和建筑类型的技术体系。

我国尚缺少示范工程在线案例库及实时数据检测平台。目前，仅有部分示范工程建成并运行满一年以上。实际运行监测结果表明，示范项目的实际能耗均可达到能耗控制的设计目标。但是，由于缺少对示范工程的能耗、室内温湿度等关键指标进行长期监测的实时数据监测平台及用以集中展示的在线案例库，因此不能对示范工程进行长期跟踪并对近零能耗建筑技术进行有效验证，也不足以建立不同气候区基准建筑和近零能耗建筑之间的控制指标关系。

我国尚缺少系统化近零能耗建筑示范工程实施效果评价研究。近零能耗建筑尚处在起步阶段，其示范工程性能指标能否满足、能源消耗是否合理、室内环境以及使用者是否满意等，都是值得深入探讨和分析的问题。这就需要以主客观评价为基础，对示范工程进行系统的、全过程的跟踪和评价，从而总结出近零能耗建筑技术路线的适用性综合评价，并对新技术和新方法的可行性加以验证。

二、问题解决路径

可以看出，我国近零能耗建筑尚存在理论基础缺乏、目标和技术路线不清晰、主被动技术性能偏低 / 集成度差、设计施工测评方法缺失、缺乏实际数据有效验证等主要问题。针对这些问题，我国近零能耗建筑在发展中应以基础理论与指标体系建立为先导，主被动技术和关键产品研发为支撑，设计方法、施工工艺和检测评估协同优化为主线，建立近零能耗建筑技术体系并集成示范。

（一）确定适应国情的定义及技术指标体系

解决近零能耗建筑技术方案的多参数多目标优化算法和工具缺失的现状，针对近零能耗建筑技术指标体系缺失、评估方法不健全的问题，确定我国近零能耗建筑的定义，建立

适应我国建筑特征、气象条件、居民习惯、能源结构、产业基础、法规及标准体系的近零能耗建筑能耗技术体系。

1. 基于国际发达国家提出的近零能耗建筑及类似定义开展技术研究和比对，并结合我国建筑节能水平不断提升的实际需求，从物理边界、能耗计算平衡边界、衡量指标、转换系数、平衡周期等几个方面，制定适合我国国情的近零能耗建筑定义。

2. 基于影响建筑负荷的太阳辐射、温度、湿度等因素的时空分布特征，以及不同气候区建筑光伏利用潜力，利用近零能耗建筑优化工具制订不同气候区不同类型近零能耗建筑最优方案，最终形成我国近零能耗建筑技术指标体系。

3. 通过对不同气候区典型建筑室内环境、能源系统控制等关键参数的测试机调研，建立不同气候区近零能耗建筑能耗分析用关键参数数据库。建立不同气候区近零能耗建筑关键部品和设备性能与经济模型。基于上述研究，建立适用于近零能耗建筑性能研究的优化理论，开发多目标多参数非线性优化计算理论及工具。

4. 搭建全尺寸近零能耗居住建筑技术综合实验平台，对建筑能耗及关键部品、设备及系统性能参数进行实测验证。

（二）近零能耗建筑基础性理论研究

通过不同气候区基础案例数据库及数学预测分析模型，研究近零能耗建筑空间形态特征、热湿传递、气密性、空气品质、热舒适、新风与能源系统等各参数间的耦合规律的科学问题。

1. 针对不同气候区气候条件特点，分析近零能耗建筑围护结构在双向热流作用下的热湿迁移机理，构建典型近零能耗建筑保温围护结构模型，提出基于热湿传递的室内环境及建筑节能调控方法及保温系统耐久性控制策略。

2. 基于我国主要建筑类型室内污染源强度、污染物浓度水平的基础数据，研究高气密条件下近零能耗建筑新风需求基础理论问题，建立适用于我国近零能耗建筑的新风量需求分级控制设计框架及间歇式、分季节控制方法。

3. 提出近零能耗建筑室内空气品质评价方法，以及适用于高气密性建筑的空气渗透耗能量简化计算模型，提出适宜典型气候区的近零能耗建筑整体气密性能与室内空气品质及建筑能耗的最佳平衡点。

（三）主被动技术产品开发与集成

针对我国主被动技术和关键产品缺失的问题，开发适用于我国不同气候区近零能耗建筑的关键产品与技术集成，为近零能耗建筑示范和推广提供产业化基础。

1. 开展高性能保温材料及构件的研究，研发适用于近零能耗建筑的高性能保温装饰结构一体化建筑墙体结构。研发高性能门窗产品与相应安装技术（包括高层建筑用特殊产品），开发相关设计软件，针对居住与办公建筑研发门窗遮阳光热耦合智能控制技术，提高门窗的综合性能。

2. 针对近零能耗建筑低负荷、微能源和环境质量控制要求高等特点，研究严寒、寒冷、夏热冬冷（暖）地区低冷热负荷建筑供暖供冷系统的运行规律、研发弹性主动式能源系统和相关设备、湿热地区除湿技术与产品、高效新风热回收技术及产品，实现基于用户需求的主动式能源系统的精准控制和调试，达到近零能耗建筑深度节能与提升室内热环境的目标。

3. 研究可再生能源和蓄能技术在近零能耗建筑中耦合应用的关键技术，包括低负荷情境下太阳能蓄能、热泵与蓄能、多能源与蓄能储能耦合功能系统关键技术研究，并开发相关产品。

（四）设计施工检测方法研究

1. 研究近零能耗建筑多性能参数优化能耗预测模型及设计流程，建立近零能耗建筑性能化优化设计方法。研究建筑能耗简化计算理论与方法，建立包括气象参数、房间使用模式及产品性能参数等数据库，开发快速准确能耗计算工具及合规工具。以上两种方法将为近零能耗建筑设计和评价提供方法和手段。

2. 围绕无热桥、高气密性、保温隔热系统和装配式施工等关键技术环节，借鉴国际经验，建立关键施工技术体系；研究低成本、高效率、耐久性的新技术措施，形成针对近零能耗建筑的标准化施工工艺；提出施工质量控制要点和控制措施，形成全过程质量管控方法。

3. 建立包括施工用气密性材料性能指标、围护结构热桥现场检测、新风热回收装置、地源热泵系统等近零能耗建筑主被动式关键部品以及建筑整体性能检测评价方法；建立近零能耗建筑评价标识技术体系。

三、案例分析——某地产被动式超低能耗建筑住宅方案设计

住宅方案设计具有标准化程度高、不同地产间共性多的特点，梳理被动式建筑技术对住宅方案设计的影响具有现实意义。下面以某地产为例，对被动式超低能耗建筑住宅方案设计进行说明。

（一）被动式区域划分

住宅套内、交通核心筒（含地下部分）、屋面电梯机房宜划为被动式区域，屋面风机房不宜划为被动式区域，主要从以下方面进行考虑：（1）住宅套内为被动式区域由项目建设目标决定。（2）将交通核心筒划为被动式区域是从降低围护结构保温工程实施难度考虑，在保温形式上规避外墙内保温形式；被动式超低能耗建筑因热桥参与能耗计算，对热桥控制要求更加严格，内保温形式在热桥控制中存在先天不足，且内保温层占据大量公共区域室内空间，对使用产生一定影响。（3）屋面电梯机房划为被动式区域是因电梯机房与电梯井因轨道呈连通状态，机房与电梯井间不能形成连续气密层。（4）屋面风机房不宜划为被动式区域是从部品件产品考虑，根据防火规范要求，风机房外门需采用甲级防火门，目前没有同时满足甲级防火要求和低传热系数要求的外门。

（二）标准层设计

1. 建筑平面宜平整

被动式超低能耗建筑应增加外墙外保温层厚度，从产品角度上看，在现有建筑面积计算规则下，外墙保温层面积占比提升，业主得房率相对降低。从节能角度上看，凹凸多增大了建筑体型系数，不利于节能，对凹凸程度的控制宜遵循当地节能标准。

2. 取消分体式空调外机机位

被动式超低能耗建筑的采暖和制冷负荷远低于普通建筑，空调设备装机容量小，套内仅需 1 台空调设备，可取消分体式空调外机机位，增加设备平台。

3. 空调系统室内机组置于厨房吊顶内

空调系统室内机组运行过程中存在一定噪声，宜远离噪声敏感房间，再综合考虑各房间功能和装修特点，将空调系统室内机组置于厨房吊顶内。目前国内被动式超低能耗建筑住宅普遍采用此布置方案。

4. 不宜设置小窗

（1）小窗采光和通风功能有所降低。被动式超低能耗建筑采用的高性能外窗窗框高度大于普通节能外窗，玻璃面积占比减小。部品件标准化程度高的地产中，小窗窗框与大窗相同，玻璃面积占比减小比例更大，采光能力下降。以 600mm × 600mm 外窗为例，窗框高为 50mm 的普通节能外窗玻璃窗比为 70%，窗框高为 75mm 的高性能外窗玻璃窗比为 56%，采光性能大大降低。如果设置成开启形式，小窗可开启面积比例低于普通节能外窗，通风功能降低。

（2）小窗单位面积成本均摊更高。外窗成本来自部品件成本和安装成本。部品件成本中，高性能外窗因窗户玻璃配置和整窗气密性的提升，型材壁厚及五金性能有较大提升，高性能外窗窗框成本远高于普通节能外窗，是外窗成本的主项。小窗单位面积窗框用量高于大窗，部品件成本均摊更高。安装成本中，小窗周长与面积比值更大，单位面积辅材用量要求多，安装成本均摊高。

5. 厨房和卫生间宜毗邻布置

超低能耗建筑室内采用有组织的新风设计。新风通过送风管分配至各功能房间，在气流组织分区上，卫生间属于回风区，卧室和客厅等功能房间属于送风区。当送风管与回风管交叉时会进一步压缩室内净高，对产品产生不利影响。厨房与卫生间毗邻布置可减少送风管和回风管交叉现象。

6. 厨房设计

（1）厨房尺寸。厨房尺寸需根据实际情况进行调整，以满足新风系统进出风管布置和外墙开孔时的结构安全要求。新风系统进出风管的间距和朝向对厨房尺寸存在影响。以某项目为例，普通住宅厨房模块标准净使用尺寸为 2300mm × 2000mm，为满足新风系统出外墙管开孔要求，厨房进深增加 200mm，调整后净使用尺寸为 2300mm × 2200mm。

（2）厨房布置调整。厨房烟道和废水管井不宜同时布置于外墙侧。住宅厨房布置紧凑，厨房烟道和管井同时布置于外墙侧会增加与新风系统进排风管的冲突。烟道和管井尺寸较大，同时布置于外墙侧会占据更多外墙空间，新风系统进排风管在厨房外墙进出可能加大烟道和管井的冲突。

（3）厨房废水管井尺寸。厨房废水管井尺寸应根据废水管增加保温层和冷凝水管集约布置于废水管井中进行扩大。被动式超低能耗建筑厨房废水管需进行保温处理，以降低废水管与室内的热传导作用。由于新风系统室内机组设置在厨房吊顶，为集约布置且减少冷凝水管穿外墙时导致的气密性损失和热桥现象，故将冷凝水管布置于废水管井中。因废水管需进行保温处理和增加冷凝水管，废水管井尺寸需进行相应扩大。同理，卫生间污水管井尺寸也需考虑管道保温的影响。

（4）厨房外墙结构。新风系统室内机组布置于厨房吊顶，是目前被动式超低能耗建筑成熟的布置方案，厨房外墙除布置补风管开洞外，还需布置新风系统进排风管和冷媒管开洞。被动式超低能耗建筑道因需控制穿外墙管与墙体间的传热，故需对穿外墙管道与墙体间进行保温处理，开孔孔径大，对结构影响大。因剪力墙边缘构件及梁对开洞尺寸限制大，为便于厨房外墙部位穿管，宜减少剪力墙布置，特别是边缘约束构件。新风系统进排风管穿外墙开孔标高位于吊顶内，易与梁发生冲突，因此，厨房外墙梁宜采用上反梁设计。

（三）地下部分设计

1. 考虑保温对车位宽度的影响

对于设地下车库的住宅，地下交通核心筒属于被动式区域，核心筒与地下车库间的分隔墙需设置较厚的保温层，以降低核心筒与车库间的热传导作用。保温层压缩与之毗邻的车位宽度、对车位宽度的压缩程度与保温材料种类相关。目前适合地下交通核心筒的保温材料为岩棉板、泡沫玻璃和真空绝热板 A 级不燃材料。真空绝热板保温所需厚度最小，但保温系统综合成本相对更高。当岩棉板或泡沫玻璃挤占车位宽度，无法满足《车库建筑设计规范》最小停车位宽度时，可局部使用真空绝热板为分隔墙保温材料，保证车位布置。

2. 不宜设置人防区域

核心筒与人防工程分隔墙需设置较厚的保温层。从经济角度考虑，交通核心筒与地下人防工程分隔墙保温层压缩人防功能房间净使用面积和净使用尺寸。从技术角度考虑，地下人防工程围护结构与交通核心筒相交墙体增多，导致分隔墙保温层无法连续而存在较多结构性热桥，增加热桥处理量，且处理后对使用存在不利影响。

（四）屋面部分设计

屋面楼梯间属于被动式区域，当斜梯与机房外墙有结构性连接时，需降低热桥设计，即楼梯整体或楼梯平台包覆较厚的保温层，影响楼梯正常使用，建议单独设置通向电梯机房的楼梯。被动式超低能耗建筑屋面为正置式屋面，采用金属楼梯能降低楼梯质量，减小楼梯对屋面保温的压缩破坏及防水层破坏。

（五）外立面设计

1. 外墙部位宜减少装饰性构件和局部外凸设计

从固定位置上看，装饰性构件分为通过支架系统固定于墙体和粘贴于保温层上的构件。固定于墙体上的装饰性构件中，支架系统会形成点状热桥，穿破保温防水层（实际为面层抗裂砂浆），需进行降低热桥效应的专项设计和防水设计。细部设计对施工工艺和过程质量管控提出了更高要求，实施过程中易效果不佳，频发质量问题。粘贴于保温层上的装饰性构件因保温层厚度大，粘贴装饰性构件时易出现保温材料内聚破坏。

通过墙体外凸实现的局部外凸造型设计，因外墙为块状保温材料，外凸部位的块状保温材料会出现局部黏结面积不足的现象，外凸造型还会增加小尺寸保温材料使用量，增大外饰面开裂风险。

2. 屋面部位宜减少异形混凝土设计

普通住宅的热桥控制程度小，异形混凝土部位采用保温砂浆便可满足控制要求，非定型的保温砂浆能保留异形混凝土外形轮廓，不影响装饰效果。被动式超低能耗建筑热桥控制程度高，异形混凝土部位需采用与外墙同类型、同厚度的保温材料，但将表现出以下不足：（1）保温材料为块状，具有一定装饰效果的异形混凝土粘贴保温层后，原有装饰效果消失；（2）块状保温材料粘贴时需有平整基层，异形件不利于保温材料的粘贴。异形混凝土的装饰功能可通过幕墙等形式实现。为保持整个项目立面统一，被动式超低能耗建筑采用幕墙形式，实现与普通住宅相似的造型效果。

综上所述，在节能环保的政策号召下，低、零能耗建筑设计获得了广阔的发展空间，设计者可根据工程所在地的环境特征、气候特征、人文习惯等信息计算人体热舒适度，在此基础上运用被动设计技术，实现降低建筑物能耗的目标，在为居民提供舒适环境的同时，贯彻落实可持续发展观，促进城市文化的传承与发展。

第四章　供暖系统节能技术

第一节　供热工程节能设计

随着经济和社会的发展，近十几年以来建筑业在我国的发展方兴未艾，据统计，房屋建筑工程投入使用后的能耗占全国总能耗的10%以上，是消耗能源的“大户”，其中采暖能耗占据了房屋建筑能耗的大部分，在能源日益紧缺的今天，提倡建筑节能是大势所趋，因此本节从供热采暖工程入手，通过科学地选择供热方式并采取有效设计策略，在保证供热的前提下最大限度地缩减能源消耗。

一、房屋建筑工程常见供热方式

由于我国经历了计划经济到市场经济的发展过程，这也对我国城市居民供热方式带来影响，在此过程中产生了多种供热方式，具体如下：

（一）集中供热方式

集中供热是当前我国城市中最主要的供热方式，其是利用一个或若干个热源通过铺设的热网向一定区域的用户供热的方式，燃料热源有煤、重油、天然气等，为了应对化石能源日益枯竭的局面，地热、太阳能等二次能源在供热工程中的应用也逐渐增多，除此之外，利用工业余热、生活垃圾焚烧等作为热源在一些西方国家也成为主流技术，这在很大程度上做到了废物综合利用。以近年来较热门的热电联产为例，其是将发电厂除了实现发电的功能外，还作为供热来源，主要原理如下：锅炉产生的蒸汽在经过汽轮发电机做功后，带有余热的蒸汽进入热网进行供热，由于热电联产的蒸汽热效率更高，并且实现了对余热的充分利用，因此成为一种较为理想的集中供热方式。相对于分散式锅炉供热，集中供热占地面积小，对环境的影响也较小，且由于锅炉规模较大，使得能源利用率更高，可超过85%，因此发展速度较快。

（二）区域锅炉房供热方式

区域锅炉房供热是我国传统的供热方式，其热效率比集中供热低，在70%左右，一般是采用燃煤作为热媒，虽然技术非常成熟，但由于耗能太高，再加上锅炉房与小区距离太近导致大气污染严重等缺点，使得这种供热方式在发达国家正处在逐步淘汰的阶段。为降低热电联产集中供热的热化系数，使热电厂发挥最佳的经济效益，通常会在区域内根据需要建设一定数量的区域锅炉房负责调峰任务，使得这种供热方式在相当长的一段时间内还将继续存在。

（三）分散燃气锅炉供热方式

分散燃气锅炉的热源为燃气，与燃煤锅炉相比其热效率更高，并且燃烧产生的污染更少，锅炉供热过程中不产生对环境有害的固体废物，另外分散燃气锅炉可实现自动化控制，便于维修。

二、我国城市供热工程节能设计的必要性

虽然集中供热在我国城市中已经十分普遍，且正在向着大型化、环保化、自动化的方向发展，但由于历史原因，当前很多供暖企业还是沿袭了传统的运作方式，导致大量能源的浪费，主要体现在以下方面：第一，热源仍然以煤炭为主，较低的热效率带来了巨大浪费；第二，技术设备相对落后，我国供热尚未真正走上市场化的道路，热企之间没有形成良性竞争，因此虽然设备升级改造已是大势所趋，但由于供热工程相关设备价格昂贵，企业不愿过早升级换代；第三，在用户层面，当前分户计量供热还没有得到广泛推行，大量的用户还不能自行调节和控制供热，而且单纯按面积计算热费的方式并不能调动用户节能的热情。

三、供热工程节能设计相关策略

在设计层面，可通过科学的设计使供热工程在满足用户室内温度质量要求的前提下最大限度地节约能源，为可持续发展做出贡献。实际工作中，可从热源、供热管网和用户三个层面采取有效设计策略达到节能的目的。

（一）热源节能设计

首先，应因地制宜地选择热源，充分利用热电联产、地热、垃圾焚烧等方式，减少煤的燃烧。其次，对于普遍应用的燃煤锅炉，锅炉是否处于最佳运行状态是决定能耗高低的主要因素，而决定锅炉运行状态的因素主要就是供煤量和供水量的控制，为此，应科学选择循环水泵。循环水泵如果设计流量不足就无法满足锅炉供水的要求，而水泵设计流量过大就会导致水泵的效率发挥不出来，增加了能耗。另外由于设备自身原因，一般总循环水量大于标称循环水量，就可能导致锅炉内的阻力大于说明书中标称的阻力值，在一定程度上降低了锅炉的使用寿命，为了解决这一问题，实际工作中可以在循环水泵与锅炉的供回水管之间设置一个旁通管，通过这样的设计避免炉内阻力超标。

（二）供热管网节能设计

供热管网是通过数量众多的管路连通热源与用户之间的管道网络，科学设计供热管网在供热系统的节能降耗中起到至关重要的作用。在实际运行中由于多方面的原因使得各管道中被分配的流量经常与用户设计流量之间存在不相符的情况，即通常所说的水力失调现象，对于静态水力失调，可通过设置自力式流量控制阀和静态水力平衡阀消除，而对于动态水力失调则主要设置自力式压差控制阀。为充分保证用户的流量，传统的做法是采用大功率循环水泵将总流量放大，然而这种做法的局限性在于大功率水泵的电耗太大，不符合节能要求。根据热力学原理可知，在供热过程中循环水量与供回水温差之间反相关，即为抵消水力失调，通过增加供回水温差可以降低循环水量，实践证明一级网、动力一级网和二级网三者的最佳供回水温差分别为 40℃、35℃和 20℃ ~ 50℃。

由于供热管网错综复杂，任何一个环节没有考虑到都有可能造成浪费，因此实际工作中必须统筹兼顾，根据当地的气候、当时的气温、地质条件、水流量等科学计算，提高热网的运行效率。

（三）用户端节能设计

实践证明，传统的按面积收取热费的方式会造成大量的浪费，而按热量收费的方式在很大程度上能降低热量浪费。要实现按热量收费就需要给用户安装调节阀门和热量分配表，用户可根据室内温度的需要自行调节流量，流量越少则收费越低，这样就充分调动了用户主动节约的积极性，通过全面实施按热量收费可大幅降低建筑能耗。

四、供暖热力站节能设计

采暖热力站是热源输送过程中的重要组成部分，通过它可以把热源厂生产的蒸汽或高温热水转换成用户可以直接采暖的低温热水。热力站及外网系统的运行，在保证设备系统安全和采暖用户室内温度指标的前提下，怎样提高供热系统的能源利用率降低生产运行成本，是节能降耗工作研究的重要问题。热力站的设计主要包括热力站内设备选型、设备与管道的布置及供热量自动控制装置。

（一）站内主要设备的选型及设备与管道布置

1. 换热器的选型节能

换热器是热力站的核心设备，也是管网运行过程中的主要能耗设备。如何提高换热器的运行效率，节约能源，是我们设计者首要考虑的问题。

换热器在设计时，很多只是根据供暖面积粗算估计热负荷，并没有严格按照换热器的选型计算来设计，还有部分设计者选用的是换热机组的形式。厂家提供的换热机组只有几个固定型号，并不能根据实际供暖面积来选定特别合适的换热器，再加上设计者在选型设计时对数据的选择一般都会比较保守，这就造成换热机组供暖面积要比实际供暖面积大，从而影响了换热机组的换热效率。所以设计者在换热器选型时要进行详细的热力计算，在换热器台数的选择和单台供热能力确定时，应该考虑供热发展及供热的可靠性、安全性。此外设计热力站时，间接连接的热力站应选用结构紧凑、传热系数高、使用寿命长的换热器。

2. 循环水泵选型节能

循环水泵是连接热源、热网和热用户的枢纽设备，是驱动热水在采暖系统中循环流动的机械设备。所以循环水泵选择是否得当，直接影响着供热管网的水力工况，对供热系统的正常运行至关重要。循环水泵主要考虑流量和扬程两个参数。

循环水泵流量主要与设计热负荷还有供回水温差有关，而扬程与整个系统的水力工况有关。现在“大流量，小温差”的运行模式很普遍，虽然能够减缓热力失调，但是增加了水泵的耗电量。

当系统的供回水温差减小一半，系统流量将增大一倍，泵的功率将变为原来的 8 倍，而且水泵扬程过高也会造成电能的浪费，水泵的实际工作点偏移，超过额定流量不能正常运行。所以我们在循环水泵选型时，只通过增加循环流量来解决管网水利失调的问题是不合理的，我们还应该从管网设计及运行调节上来合理地分配流量。设计者应该认真计算供热管网系统的沿程和局部阻力损失，依据管网阻力特性选择循环泵的扬程。在管网设计时，避免主干线过长，尽量减少主干管网的压降，控制主干线的平均比摩阻在 30 ~ 70Pa/m，在用户入口或热力设置自力式流量调节阀、自力式压力平衡阀等进行调整，达到整个管网的水力平衡。这样可以减少管网的阻力损失，降低水泵能耗，而且有利于提高管网系统的水利稳定性，避免系统水力失调。

但是在供暖过程中实际的热负荷受到多种因素的影响是有变化的，循环水泵并不总是在设计工况下运行，特别是近几年来国家大力推行分户热计量，造成实际供暖中热负荷的变化会更大，因此采用变频水泵通过调频调速来控制泵的出口压力和流量，消除人为增加的系统阻力。这样不仅提高了工作效率，降低了维护人员及操作人员的工作强度，而且便于管理和维护。此外，变频调节可以提高电机使用寿命，降低电机维修费用，减少能耗。特别指出在设计选配中应考虑以下两点：一是为保证变频水泵的高效节能和安全运行，水泵的最小转速不应低于额定转速的 50%；二是变频水泵的经济转速在 70% ~ 100% 之间，闭式系统中宜采用多台水泵同步变速的并联变流量调节方式。

3. 补水泵选型节能

在供热系统中补水泵起到补水和定压的双重作用。补水是补充因管网内由于跑、冒、滴、漏造成的水量缺失，定压是为了防止顶端用户不超压，系统不倒空。

补水泵的选型也是流量和扬程的确定。补水泵的流量是根据系统循环水量来确定的。对于闭式热力网补水装置的流量，不应小于供热系统循环流量的 2%，事故补水量不应小于供热系统循环流量的 4%。补水泵的扬程是由供暖系统的定压点即热网的静水压线确定的。流量和扬程不要选取过大，否则会造成初期投资和电能的浪费。此外，由于补水泵总是在变工况下运行，为了节约电能，补水泵也宜采用变频控制。

4. 设备与管道的布置

管道布置应统筹考虑合理位置，便于施工，尽量减少交叉和弯头，降低阻力。设备与建筑房间的距墙尺寸要按相关规范规定，满足运行操作和检修保养的空间需要。换热器、水泵设备的管口方向尽量靠近室外管道入站口的方向位置等。

（二）供热量自动控制装置

热力站内自控装置的安装也能有效地节省人力，降低能耗，提高效率。自控装置主要设备包括气候补偿器、PLC 控制器和变频调速器。气候补偿器安装在供暖热力站系统中，能够起到根据室外气象温度自动控制调节供热量的作用，在用户需用的热量与供热量之间达到平衡，在满足用户舒适度的前提下，最大限度节约了热量。对于循环水泵和补水泵使用变频调速的热力站，PLC 可以代替继电器实现对变频调速器的逻辑控制，是供热节能必不可少的重要设备之一。

五、既有建筑供暖系统热源及管网节能改造

某居住建筑为 6 层砖混结构建筑物，地上高度 19.3 米，建筑面积 4635 平方米，其体形系数为 0.33，朝向窗墙比分别为东向 0.12、西向 0.12、南向 0.34、北向 0.24。通过实地调查及相关资料的收集可知，室内采暖系统是水平单管系统（上供下回），未进行分户热计量；采暖系统热源为城市集中蒸汽，经小区热力站换热后对用户供热，其热力站中未安装热计量总表及水泵变频器；部分用户反映采暖期存在室温偏低、供热不足的现象，同时也存在其他用户开窗散热的现象。

（一）节能改造技术

1. 建筑外围护结构改造。建筑围护结构节能改造应根据建筑所在地的气候分区、结构体系、围护结构构造类型的不同有所侧重。改造前应先对外墙平均传热系数、保温材料的厚度，以及相关的构造措施和节点做法等进行分析和评估，确定围护结构节能改造的重点部位和重点内容。一般可优先考虑透明围护结构节能改造，提高门窗热工性能和气密性。建筑围护结构节能改造还必须确保建筑物的抗震性、结构安全、防火及主要使用功能。本次外围护结构节能改造技术主要为外墙采用 50mm 厚膨胀聚苯板（B1 级），屋顶采用 30mm 硬泡聚氨酯（现场发泡），架空楼板及地下室顶板采用 30mm 厚半硬质矿岩棉板（A 级），外窗更换为断桥铝合金中空玻璃窗，外门更换为节能外门。参照高等学校推荐教材《供热工程》给出了地面传热系数的计算方法和数据可知，地面沿外墙平行的方向分成的 4 个计算地带中，第一地带传热阻最小为 2.15（$m^2 \cdot K$）/W，传热系数最大为 0.47W/（$m^2 \cdot K$）；因项目是对既有建筑的节能改造，不能影响人员活动，加上地面传热量较小，因此未对地面进行保温。

2. 室内采暖系统热计量及温度调控改造。依据相关国家标准，改造应因地制宜结合工程实际，合理选择热计量方式，尽量做到少扰民，室内采暖系统改造应以温度调控和热计

量为手段、实现建筑节能为目的，不应局限于热量收费；改造后的室内采暖系统既要满足室温调控及分户计量的要求，又要满足运行和管理控制的要求。综合考虑本次改造选择的热计量方式为通断时间面积法供热计量系统。通断时间面积法是以每户采暖系统通水时间为依据，分摊建筑总供热量。该热计量系统的用户采暖末端控制主要由室温控制器（分户安装）、电动球阀（分户安装）、通断控制器（分户安装）三部分构成，此外，还需安装楼栋热量表及楼栋采集计算器，采集计算器通过无线数据终端（DTU）与监控中心（包括网关服务器、数据库服务器、远程管理电脑）互联，管理用户的用热数据采集、上传、远程控制，采集楼栋总表热量数据，分摊用户每日采暖热费。该系统运行的具体方法是，通过室温通断控制阀对用户的循环水进行通断控制，以实现室温调节；同时房间内的室温控制器用来测量室内温度和用户设定温度，将这两个温度传输给通断控制器；通断控制器根据实测室温与设定室温的差值，确定在一个控制周期内阀门的开关比，并按照这一开关比控制阀门的通断，以此调节送入室内热量，同时记录阀门的接通时间，按照用户的累计接通时间并结合用户的采暖面积分摊整栋建筑的热量。该系统应用的前提必须是用户室内采暖系统为一个独立的水平单管串联系统，不适用于传统垂直采暖系统。

3. 热源及供热管网改造。热源节能改造原则应在技术可行上考虑工程经济性，其采用的调节手段应要与改造后的采暖系统形式相匹配。室外供热管网改造前，应对管道及其保温质量进行检查，达不到保温标准的要求的保温材料要及时更换，并应及时更换损坏的阀门、部件；同时必须对管网中并联环路间的压差进行计算校核，看是否满足不平衡率15%的要求。在一次供热管道上安装热量总表，以进行输出能量计量，并安装变频器对循环水泵转速进行调节，从而调节管网流量，使供热量满足热负荷的变化（天气影响），同时又可以降低电机功耗，并达到最有利运行工况，进而达到既保证和改善管网运行效率，又可节能降耗的目的和效果。水力系统稳定性是实现供热系统动态调节的关键问题之一。供热末端（温控阀）的动态调节对系统集中控制产生影响，使锅炉水泵的工况、出力、效率等受到影响，同时也影响到其他末端设备工况并产生噪音。设计中应对供热系统进行水力平衡计算以确保各环路水量符合设计要求。在室外各环路及建筑入口采暖回水管路上安装水力平衡元件，如平衡阀、自力式压差控制阀、自力式流量控制阀，并进行水力平衡调试。另外，通过热力站或三通混水阀将室外供热系统分成独立的系统，实现独立控制分片、分时供热的可能。当管网与用户均为定流量系统且管网较大或用户所需压差较大时应设静态平衡阀；当管网及用户均为变流量系统时，入口设自力式压差控制阀；当管网为变流量，个别用户为定流量系统时设自力式流量控制阀；当管网为定流量，个别用户为变流量系统时，应在入口处设自力式压差旁通阀或电动三通阀，从而抑制用户间冷热不均的现象。

（二）节能改造效益分析

一是既改建筑采暖耗热量计算。这里采用PKPM节能软件建立三维模型对建筑物的耗热量及耗煤量进行计算分析。通过计算分析得出节能改造后建筑单位面积能耗为13.6W/m^2，相对采暖节能率为 56.8%，其耗热量与耗煤量均小于限值要求。二是社会环境效益分析。改造一栋既有居住建筑要比重新建造一栋新建筑节约得多，绝大多数既有居住建筑的住户都属于中低收入阶层，节能改造不仅可以大幅度降低住户的经济负担，还可以明显减少新建住房的市场需求，从而促进房地产市场的健康发展。通过对安阳市丽豪小区的既有建筑节能改造，居民及热力公司均得到了实惠。

通过对采暖地区既有居住建筑节能改造可以有效地避免供热能源的浪费，还可以提高采暖地区既有居住建筑节能的供暖效率。另外通过对一些基础设施进行改造设计，还能提高供暖系统的安全性，从而在很大程度上提高供暖系统的利用率，减少建筑节能的使用成本，增加采暖地区既有居住建筑节能使用周期。

总之，供热工程要实现节能降耗的目的，不仅需要合理设计，而且还需要供热企业的科学管理，并不断提升用户的节能意识，真正实现按需供热，多管齐下，共同推动社会的可持续发展。

第二节　供暖管网设计

供热系统关系到人民的生活质量，而供热系统的主要组成部分包括供热管网。目前，我国供热管网的输能效率较低，在管网将热媒从热源输送到用户的过程中，会有很长的一段过程，在这个过程中，会造成各种能源损失，其中包括管网管道向外界散失的热星、管网设备和附件由于年久失修造成的热水流失、由网络调整失误造成的热能损失等。在能源短缺的今天，研究供热管网的节能技术和方法，对节约能源、减轻污染、保护环境有重大的意义，也会对我国的能源战略起到重大作用。

一、城市供热管网的优势分析

（一）提升供热质量，实现节能降耗

从城市供热管网的运行模式来看，其主要是采用集中供热的方式进行的，在这样的模式下，热网的控制系统可以根据室外的温度变化合理地调整供热介质的温度以及流速，从而确保其温度合乎标准。这样的运行模式不但能够准确地掌握用户的采热需求，而且还能实现资源的有效配置，对于热网的运行也起到了良好的经济性效果。当然，热网系统还能根据实际需要设置计量表，可以对相关数据进行详细而又准确的监控，提高了对热网运行的控制能力。

（二）降低污染

集中供暖有着非常好的环保作用，其热源相对比较集中，运行也较为科学，其锅炉的利用率比较高，余热的利用效果明显，有着非常好的环保作用。集中供热管网的系统锅炉

容量要比小锅炉房的锅炉大很多，这样有助于资源的充分利用，在新的科学技术背景下，一些余渣、余烟的利用也逐渐被利用，不但能够很大程度地减少污染物的排放量，而且还节约了大量的能源。

（三）智能化、自动化性能较强

随着人工智能的逐渐普及，城市供热管网的自动化程度也越来越高。在集中供暖的整个过程中，自动化的设备可以根据室外温度的变化对设备进行动态的调节，这样不但能够及时节省资源，还大大减轻了工作人员的工作强度。同时，自动化、智能化的设备还被运用到了管网的监控设施中，它们可以对设备进行全天候的监控，一旦发生故障，可以将发生故障的准确位置及故障类型迅速地反馈给工作人员，缩减了故障检修的时间。

二、供热自动化系统相关技术

（一）变频技术的使用

当前所使用的简易且经济的供热管网自动化系统就是由变频器结合计算机共同构成的。这种控制管理模式是基于原有管理模式的一种应用，原有监控仪表无须更换均可继续使用，只需利用原有变频设备，通过专用通信线路将其与专门的控制计算机进行相连即可。这种模式不仅可以使管理工作更加简单便捷，对逻辑功能的保护也可以很好地实现。同时若对变频器远程与就地操作同步进行设置，还可以简便地实现对管网即时操作。除此之外，在上述基础上，还可添加专用数据收集与控制模块，对整个供热管网的进行实时监测，实现对相关供热数据信息的搜集与故障预防工作。

（二）相关数据的挖掘

对所收集的数据进行分析、研究意义重大，其不仅可以进一步促进供热管网管理模式由粗放型向定量经济型转变，促进供热自动化系统智能化与现代化，更能很好地改善系统中物化管理及对相关操作人员的绩效评估工作，从而促进整个供热管网运营成本降低，提升供热质量与效率。

（三）供热管网节能技术可行性探究

我国大力推行可持续发展战略，国家对能源的有效利用是非常重视的，能源大部分是不可再生或者再生时间很长的，出于经济高速发展的需要，能源的消耗已经越来越多，但同时，我国也面临着能源短缺的严峻问题，在所有的能源消耗中，供热系统的消耗占了很大的比例，人民对生活品质的追求随着经济的发展越来越高，同时，在供热方面消耗的能量也快速增长，因此，必须要重视供热时的节能问题。在集中供热系统中，供热管网是主要组成部分之一，由于集中供热品质好、运行稳定等优点，已经成为我国供热的主要方式，基本代替了分散供热，因此，应该对当前的供热管网进行节能技术改造，这样就可以大大地减少能源的损失，符合国家的可持续发展战略要求。

三、城市供热管网的优化设计分析

（一）对管线的布局进行合理规划设计

工作人员应当保证管线布局工作具有高度的可行性，这也是城市供热管网设计的关键所在。设计人员应当深入考察和勘测施工区域的地质特点与环境特点，根据情况进行管线的布局规划工作。在此项工作中，设计人员还需将管网布局的影响考虑在内，例如，要深入分析和假设管网布局对周围施工区域的基础设施的不良影响，是否对周围的交通布局、电力网路产生影响。

此外，也要将管线布局的经济性考虑在内。可行性的分析固然重要，但是经济性分析也具有相当重要的地位，设计人员要在保证管线布局的可行性基础上尽最大可能做到节约成本。

（二）科学地设计管网的直径

管网的直径设计也是一项非常重要的工作。一般而言，管网的直径有着一定的离散型特点，因此，供热管网的优化设计应当对管径进行重点的关注，根据实际情况设计多种组合方式。与此同时，还需要综合考虑热管管网的流量设置以及管段的直径设置，在设计中，要使设计的直径能够承载管道的热负载值，同时也应当留有一定的富裕度，更好地体现经济性的原则。在设计环节，不但要满足供热的需求，更要将经济性原则考虑在内。

（三）对供热调节进行设计

集中供暖管网在应用过程中应当根据每位客户的需求，对其进行持续的供热。为了提高用户的体验度，管网可以对供热调节的环节进行科学的改进和设计。通过优化设计，可以有效地降低用户室内冷热不均的问题，保证用户的采暖质量。大量的实践数据也表明，供热调节的关键环节在于如何对供热管网的水力进行平衡和调节，但是水力平衡受到了多方面因素的影响，例如管道的规格、管网布局的形式、用户数量等。因此，在设计过程中，需要设计人员根据实际情况综合考虑和设计。

（四）管网的管线布局设计

随着社会各界对集中供暖工作的重视，其经济投入的力度也越来越大。因此，对于供热管网的管线设计也应秉承经济优先的原则，坚持技术可靠性、先进性的要求，对于管线的布局进行科学、合理的设计。从细节上来说，主干线的设计应当走热负荷集中的区域，尽量缩短线路的长度，避免阻力过大的现象。同时，对于管道上的阀门设计，也应当遵守经济性和科学性的原则。与此同时，布局设计前的地质勘测工作一定要细致和完善，尽量避免在土质松软、稳定性较差的地域施工，还需尽量地避开交通干线以及电力网线，在这些条件满足的基础上，还应尽量保证线路设计的美观性，方便以后工作人员的维修和检测工作。

四、住宅小区室外供热管网设计要点

随着城市化水平的提高，城市居民也在不断增加，同时集中式的新兴住宅建筑也在逐渐增多。通常在北方地区，冬季室外的温度相对较低，暖气供热问题是是相关专家学者尤为关注的问题。在室外集中供热的一些区域，要注重供热网络的布局和设计，因为其关乎着居民的生活。在室外供热管网列表设计中，大部分是由锅炉房提供所需要的高温热水，通过提供加热转移给网管，使其传送给别的小区进行热交换，然后热水从管道中输送到每个需要使用的小区家中。整套供热网管的控制系统非常复杂，需要不断地进行计算和设计，才能确保供热效果的正常化和可靠性。

（一）室外供热管道设计内容

1. 热负荷量的确定

住宅小区设计供热网管的首要事情就是考虑热负荷量，因为热负荷量是供热管道设计时的基本参数，也是城市社区获得供热的首要途径。在设计热负荷量过程中，需要考虑的环节众多，最重要的标准是住宅小区用户的实际热量分配。每个网管的热负荷都是经过房屋建筑里面的施工图纸确定的，设计图纸时需要小区用户提供相应资料，并进行单一的供热管网设计。部分建筑单体在进行图纸设计时，会受到周围环境的影响，所以提供的资料信息需要结合实际的工程项目，识别热负荷的具体信息。一个工程项目的具体设计需要注意许多因素，比如一些建筑物体会出现不对流现象，需要工作人员设计管网时特别注意。如果没有特定数量的热负荷资料，可以根据公共建筑中一些基本信息进行计算，计算时还需要考虑地理位置、建筑材料和其他问题。在这个信息中，要特别注意对流加热信息和单位面积的负荷加热指标，而一个完整的建筑面积与热负荷量呈线性关系。另外，确定热负荷量的大小，还需要对支线、支撑主干、分支等进行确认，这项工程采用的是单体负荷，是以热负荷连续但是不重复叠加式的方式进行计量。

2. 管径的确认

当计算出管道的直径时，需要技术人员对其进行反复确认，其中一般供水管径可以根据管道内热介质的流量和管道的阻力比准确计算出，而本身供水管道的管径就存在一些误差。主线的电阻率一般选择的范围为 30 ~ 70Pa/m，一些靠近热源的用户，选择支线长度和支管长度的时候可以根据管网的实际布局延长，或者根据小于最大流速的支流速度来扩展，而管径大小也可以减少。通过计算管网中的热通量，参照阻力比和管道流速的数据大小，作为参考热水管的数值计算表，然后确定管道的直径。

（二）供热管网的设计要点

在设计室外管网时，一些较大的住宅小区应该首先研究管网的安装方式。供热管网布置时，需要考虑的因素很多，主要考虑地形高度和换热站高度。这是为了方便维护管网的排放和检修工作的顺利进行。供热网关的加热面积保持一致，支管长度和支线管道长度保持相同，保证整个管网干线之间的水力平衡，同时应该做好排水和电气的协调工作，防止管道在施工中出现问题，比如管道出现交叉现象。

1. 枝状式布置

在管网布局中，分支类型更为常见。如果遇到大面积都是小区的情况，从热源到用户，一般供水管道需要平行铺设，这也是室外供水管道的主要途径，以便向后供水。管道直径随着水流量的减少而减小。在干管末端，回水的水压差需要保持最小，例如，中国某地区的供热面积约为 100656m^2，为保证供暖效果，需要采用分支式的布置方式。整体布置采用分组加热的形式，分为 1、2、3 组，每组的加热部分都相差无几，同时还要设置主干线与支干线的交叉点，并设立一个区域检查站，以便维护分支管道网络，使其不影响其他供热用户。

2. 环状式布置

每个小区的室外供水管网都为闭环系统，主干线和分支干线的直径固定不变。这使得从热源到整个闭环系统的供水和回水成为双向流动，并且任何分支都可以设置在支干管道上。与多种热源组合供热时，需要采用这种方式，以便加热平衡。同时，环形管道的直径是总热管的 2/5。

（三）室外管道的设计要点

该区域的户外供暖管道将基本采用地下铺设方式，地下铺设也可分为沟渠铺设和直埋式两种安装方式。而沟槽分为半通行地沟、半沟槽和不可穿透沟槽。当地下管线很多时，需要考虑沟渠的位置安装。目前我国有三种管道铺设，即半通道敷设、不通行敷设和直埋敷设。当地下管线的数量大于 6 个时，为了便于维修和改进，需要采用半通道敷设的方法，在铺设过程中，大部分横断面沟槽支架需要确保净高度大于 1 米。当使用较少的管道并且管道的直径较小时，使用不通行敷设方法。目前，许多地区都采用直埋敷设的铺设方式，能够保证管道之间的平整性和实用性。

五、供热管网节能改造

（一）供热管网节能技术的改造方向

节能是社会进步的需要，是建设小康社会的需要。供热管网要实现节能的目标，必须把现代的科学技术应用到管网中。所以要实现管网的节能目标，必须朝以下目标努力。

1. 确保传输过程中的保温效果，切实把整个过程的热能损耗降下来。

2. 引进先进的探测仪器，通过精准的探测数据，提升水力平衡的管理水平。

3. 降低输送损耗，节约能源。在经济快速发展的同时实现节能减排的目标，是国家重要的发展战略。当前节能减排面临的压力很大，集中供热系统应该在这方面大有作为，应该在建设和谐社会中做出更大的贡献。从整个行业来说，当前的供热系统依然是能耗大户，所以必须把节能工作提升到战略发展的高度来认识。通过改进燃烧方式，实现品质好、运行稳定的管网新跨越。要实现供热管网的转型升级，关键要在节能方面进行技术改造，把能耗降到最低，通过实际行动助力可持续发展。

（二）管网节能改造的薄弱环节

1. 锅炉运行效率低。根据对行业内的锅炉运行效率进行调查，结果显示效率普遍都很低，低于 60%。这其中的原因主要有三个：①操作人员依靠经验进行管理，对许多新出现的问题束手无策；②缺乏精准的数据和监控手段，无法实现热量的供需平衡，出现供大于需的情况；③不能根据气候的变化进行温度的总体调节。

2. 管网布设不合理。相对城市建设的速度，供热管网的建设速度明显滞后。在现实生活中，为了加快房开项目竣工速度，在没有对水力进行精准计算的情况下，盲目铺设管网支线，使得整个管网系统混乱不堪。

3. 运行调节的模式相对单一。根据现在管网的实际情况，通常都是采用静态调节方式进行调节，这种调节方式根本没有考虑热惰性，所以无法实现热能的供需平衡，热能浪费现象十分严重。当室外已经发生温度变化的时候，室内的温度至少还要保持十几个小时，这种情况依靠当前的调节模式无法进行及时的调节。

4. 水力及热力失调严重。在供热模式中，对各个供热设备进行建设时，设计的流量指标无法与实际的流量实现很好的匹配，致使远端和近端的用户得到的热水流量不同，从而使热力失调，造成热能的过度浪费。

（三）供热管网节能技术改造方案

1. 分时供热与连续供热相结合

这两种供热方式各有各的利弊，不能一刀切，要根据所在地区的气温状况来决定。所谓分时供热，就是把一天分为若干个时段，根据每天气温的变化情况决定在哪个时段供热、在哪个时段断热。这种工作模式的优势就是，在一天中气温最低的时候能提供热能保证，而在一天中气温最高的时段则停止供热。所谓连续供热，从公司开始供热到结束供热，这段时间一直不停止供热，一直保持恒定的温度。采用分时供热的模式，从整体上说耗煤量较少。因为经过了一段时间的休整，所以燃烧也比较充分，产生的煤烟少，供热效果很理想。如果所在地的条件比较合适，在停止供热期间对市民的影响不大，则选择这种供热模式比较理想，但是，目前我国许多地方采取连续供热的模式进行运作。在无法对供热模式进行更多选择的情况下，在日气温较高的时段，采用低温连续供热的模式进行运作；当日气温较低的时候，则采用高温连续供热的模式进行运作，通过各种组合的方式进行供热可以实现节能的目标。此外，在供热过程中，还要解决水力失调的历史难题，要达到调控的目标必须采购新的控制设备。只有通过现代科技设备的调控，才能使供水的温度更加接近设定的温度，使传输的效率大大提升，从而减少更多的损耗。一些地方还继续采用汽暖供热模式，和传统的供热模式相比，这种供热模式更加浪费。在对供热管网进行技术改造时，要特别关注管道坡度的大小，根据实际情况进行适度调整。要根据网管的实际情况科学设置一定数量的放气阀，确保供热的效果。

2. 解决好历史难题

提升管网的供热效果，除了进行技术改造外，还应该提升管理水平，通过创新管理方式方法，解决系统中固有的难题：(1)加强对设备的养护工作。在工作中如果设备出现问题，要及时进行维护或者更换，使供热系统能在最短的时间内恢复正常。（2）要认真解决好失水问题。要想彻底解决这个问题，必须从两个方面入手。一是要做好管道的维护工作。尤其是在停止供热期间，要按规定进行大检修。大检修的时候，为了减轻锈蚀，必须在管内冲入软化水。二是为客户提供优质的服务。开始供暖时，进行统一的试水，一旦发现问题要立即整改，确保管网运行正常稳定。

3. 实现技术创新

（1）在设计和建设管网的过程中，要立足城市的发展实际，实现管网建设和城市建设同步，太超前或者太落后都是一种资源浪费。

（2）注重热力站的选址、分布及管道材料的质量。通过科学选址、合理布局、确保工程质量，在延长管网寿命的同时降低能源损耗。

（3）勇于打破传统的供热模式。在对供热系统进行技术改造时，要充分考虑变频调速、补水泵定压、板式换热器、温控表等先进设备，在确保供热效果的同时能把能耗降下来。

（4）积极探索多热源供热模式。随着城市规模的扩大，当前的热源供热模式已经无法满足市场需求。根据社会发展情况，多热源供热已成为该行业的未来趋势。建设管网时，要多方论证采用多热源供热的必要性和可行性，大胆采用多热源供热的新模式。

六、供热管网存在的问题

我国很多地区的供热管网运行方式都还是传统的间歇性，由于其与大规模的集中供热不大适合，对供热质量有所降低。供热管网的水力平衡失调是供热不合格和供热能耗过高的原因之一。水力平衡失调除了会造成供热不均，部分用户室温过热而另一部分用户室温不足，为保证全部用户温度达标，只能采取加大供热管网循环流量的方式，这样也会造成比需求量高很多的能耗。我国部分地区仍采用汽暖供热，比起水暖供热，汽暖供热的温度高，热量损失也较高，同时对于设备的要求也比较高。另外，供热管网的热媒和热源选择不够恰当、管理不够细致周全、供热管网设备老化等问题也会对供热管网节能效果产生影响。

七、供热管网节能解决方案

（一）从运行方式进行考虑

首先可以考虑将分时供热和连续供热合理地结合起来，分时供热主要根据相关的温度情况，将一天分成几个供热时段，根据时段进行供热；连续供热则是在供暖期内保持温度的恒定，一直到供热结束。当前，我国大部分地域采用的都是连续供热的方式，从以往的对比可以看出，连续供热的耗煤量高，燃料燃烧得充分，温度比较平稳。要想保证供热的质量，比较理想的方法就是平时采用低温连续供热的方式，但是，如果有明确的使用阶段，那么就应该采用分时供热的方式，供热温度要求不高的时候（初寒期、末寒期）采用分时供热，从而达到节能的目的。同时，还应该解决水力工况失调的问题，那就应该在系统中加入相关的控制设备，也能够提高热能的传输效率，减少损耗。当前，还有很多地方采用汽暖供热的方式，跟水暖供热相比，汽暖供热的浪费率高。因此，应该将汽暖供热改成水暖供热，这样能有效地推进节能工作。在进行改造的时候，管道的坡度会发生变化，应该合理地进行调整，在管道中要设置放气阀，以保证良好的循环，为了使高层用户能够用上高质量的热能，应该使用增压泵。

（二）注重工作效率的提升

为了确保工作效率的提升，就要对传统的管理方法进行创新，应该注重设备的修理，对有问题的设备进行及时的维护，注重设备上的相关仪表工作的准确性，确保在供热的时候，仪表显示的是正确数据。还应该注重失水这个问题，要想解决这个问题，应该从管道和用户端这两个方面进行考虑，对供热管网进行更新，加强运行管理，对供热管网进行定期维修，更换跑冒滴漏管道和阀门、补偿器等管网部件，提高供热管道的保温、防腐标准，避免以失水为表象的水、电、热耗过高等问题。

（三）要注意在技术方面的创新性

在进行城市供热管网规划的时候，要考虑城市的建设规划，使两者协调，使管线的走向尽量地节约、合理，规划时要注重考虑热力站的选址和分布、管道材料的质量这些典型问题，还要选用有效的管道铺设方式，这样就可以大大地减小能源损耗，延长管道的使用寿命，增强供热的稳定性。当前，很多供热管网出现供热效率太低这个问题，这跟在建筑设计的时候，不重视表面保温处理是有着直接关系的，在相同的外部条件下，对表面保温不重视的建筑物的供热能耗远大于重视表面保温的建筑物，因此，在进行建筑物建造的时候，就必须高度重视表面保温工作，要使用技术手段对墙体进行保温处理，在外墙要安装质量过关的保温材料，从而达到节能的要求。

总之，集中供暖已经成为当前城市供暖的主要形式，其供热管网的设计和每一位居民的生活息息相关。随着可持续发展战略的深入人心，管网的设计和运行也应当逐渐向着绿色发展、节能降耗的方向迈进。通过对城市供热管网的优化设计，可以大大地节省自然资源，实现节能降耗的功效，但是在这样的设计环节中，必须综合考虑管网的经济效益、环境效益以及安全效益，提高其可行性。随着人们供暖需求的不断增加，进一步要求设计人员创新和改革管网的设计，进一步推动城市供热管网设计工作的向前发展。

第三节 分户热计量技术

近年来，我国北方地区各级政府纷纷出台供热计量改革的新政策，对于供热计量节能改造，态度坚定、信心十足、全力以赴、大力推进。虽然供热计量改革问题多、难点也多，但是政府坚持供热体制改革、按热收费的势态势不可当。而为了推进供热计量改革，实行按热收费，促进节能减排，各大城市的供热系统全面进行计量改造，安装热量计量和调节装置，强力推行供热计量政策。可是根据十多年的实施情况来看，结果收效甚微。

一、集中供暖按面积收费中存在的浪费问题及原因分析

收费方式按面积收费，浪费严重。长期以来，我国冬季采暖多以供热面积结算，这种“包费制”的供暖方式存在许多弊端。一方面许多供暖企业无法收取费用，严重影响了供暖企业的积极性，造成供暖质量下降，也引起居民的不满。另一方面居民由于房屋没人居住或暖气供热不足而拒缴取暖费的现象比较普遍，由此供需之间形成恶性循环。以华北地区为例，供热期 125 天，其中节假日就有 40 天，占采暖期的 30%。也就是说，至少这 40 天可以把供暖的能量节省下来，但办公楼、教室等公共建筑，在下班、放学以后，周末、元旦、春节及寒假室内无人的情况下，照常供热，按面积收费的政策，使得老百姓也好，公共建筑的使用者也好，没有动力节约能源。按面积收取采暖费这种结算方式与目前的市场经济越来越不相适应。早在 2003 年 7 月，国家建设部等八部委联合发出《关于城镇供热体制改革试点工作的指导意见》的通知，决定在我国东北、华北、西北及山东、河南等地区开展城镇供热体制改革的试点工作，其目的就是要努力解决我国冬季供热采暖收费问题。同时，现行的热费收费方式也将逐步实行改革，逐渐取消按面积计算热费，积极推行按热量分户计量收费办法。

二、分户热计量室内供热系统的构成

采用分户热计量供热的住户，其室内管网自成独立系统，住户可以单独调控、单独计量。分户热计量室内供热系统由散热器或地热盘管、分集水器、总进出水管、排气阀、阀门、热量表、温控阀组成。温控阀可自动调节各房间温度，提高供热品质，节约用热。热量表由流量计、温度传感器、计算器三部分组成。计算器根据温度传感器和流量计提供的温度差和流量进行计算，计算结果直接远程传递给管理计算机或在热量表上显示。通常按照流量传感器不同的形式，热量表分为电磁式、机械式、超声波式等形式。温控阀一般有电控温控阀、手动温控阀和自力式温控阀三种形式。电控温控阀与控制器配合使用，可通过控制器发出信号自动调节阀门开度，实现智能化温度控制，避免人工调节。后两种温控阀可节能 20% 左右，但需人工调节，使用不方便。

三、集中供暖分户计量系统的形式

从 2000 年 10 月 1 日起实行的《关于民用建筑节能管理规定》明确规定：新建的居住建筑采暖系统，应当使用双管系统，推行温度调节和户分用热量装置，实行供热计量收费。分户热计量有较多的形式，概括起来主要有以下几种：

（1）用户入口安装热量计，每组散热器入口安装温控阀；用户可按照自己的要求调节各房间的温度，实施节能用热。其采暖系统应采用双管式。新设计最好能采用这种方案，但对于多用户的多层和高层住宅建筑将会带来系统布置的困难、管道的增加和造价的提高。

（2）一组用户（例如一个门栋）引入口安装热量计，各散热器入口安装温控阀、表面安装热量分配器；用户根据分配器记录数据按比例分摊用热量交付热费。采暖系统应是双管式或带跨越管单管式。用户可自由调节房间的温度，实施节能用热。这对原来的顺序单管式来说是一种改造方便且收费比较合理的方式。

（3）一组用户（例如一个门栋）引入口安装热量计，各散热器面安装热量分配器，用户根据分配器数据按比例分摊用热量交付热费。系统在统一调整后锁定。这也是一种在保护供暖效果前提下按热量收费方式。为保证采暖效果能调到一致，原系统是顺序单管式的最好改为带跨越管单管式。缺点是用户无法主动调节。对旧住宅建筑来说它是一种改造费用较少而收费相对比较合理的方式。

四、我国分户热计量存在的问题

虽然政府针对分户热计量技术的推广和实施先后出台了许多的法律、政策、规程，但是从全国的贯彻执行情况来看，效果仍不理想、参差不齐，目前主要有以下问题。

（一）供热系统改造缺乏经费

我国地域辽阔、人口众多，改革开放以来我国房屋建筑规模不断扩大，与此相配套的供热面积也急剧增加，1990 年全国集中供热面积 2.1 亿㎡，1998 年全国集中供热面积 8.6 亿㎡。1999 年全国 688 个城市中，已有 286 个城市实现集中供热，仅北方寒冷地区和严寒地区供热总面积就高达 200 亿㎡。截至 2010 年年底，我国共完成北方供热地区既有建筑分户热计量及节能改造仅 1.82 亿㎡。依据住房和城乡建设部 2012 年 5 月发布的《“十二五”建筑节能专项规划》纲要，我国实施分户热计量收费的供热面积仅占全国总供热面积的 5%。目前，建筑室内供热大多采用垂直式系统，如果室内供热系统不经过彻底改造，就不具备分户热计量收费条件，但是，由于巨额的改造资金难以筹措，使得分户热计量技术入户改造工程难以在短期内实现。

（二）按面积收费现状根深蒂固

在我国计划经济时代，国家把供热作为一种福利向民众提供，社会福利和企业福利合二为一，由供热企业来完成。各个企事业单位成为供暖交费的主体。这种体制形成了按面积收费的形式。市场经济实施以来，人们开始对计划经济时期的供热收费方式有所质疑，接受“热”是一种特殊商品的概念。很长的一段时间里，我国的集中供热仍然遵循着计划经济理念，把“大锅饭”式的供暖包费制作为企事业单位向居民提供福利的一种形式。长期以来，整个供热体系的技术水平、管理方式、用户消费态度都被形成了这种固化的外壳，同时，这种热网技术框架、建筑设计规范、用户消费习惯又强烈保持着这项体制的延续。这就形成了今天市场经济浪潮中“热”一直无法成为真正的商品的原因。目前，我国现行的供热收费体制存在三种情况：一是商品房个体户按使用面积交纳热费；二是居民供热费按住宅面积计算，其所在单位承担大部分，用户个人承担小部分；三是企事业办公用户按面积向供热单位交纳热费。尽管形式各异，但是其本质依然没有脱离按面积收费的现状。

（三）相邻用户房屋设备之间的传热

一个房屋开了供暖设备，而隔壁房屋未开供暖设备，就会导致开了供暖的房间温度高于未供暖的房间，对未供暖的房屋传热，致使其热负荷升高。有关资料研究发现，一个不采暖的中间层南向房间，当其左邻右舍采暖时，采暖期其室温可最低维持到 12℃左右（地区不同温度有所差异）。传热导致供暖的房屋热量分散、室温降低，需继续采用更多的供暖量，这样当对供暖用户进行分户热计量时，明显不公平不合理。

（四）房屋外沿墙壁的散热

房屋外沿与外界相隔的那一面墙以及顶层住户的天花板，由于直接与外界接触，会向外散热，拥有这类墙壁和天花板面积越大的住户，承担的供热费用更高，而其他用户相当于间接地使用这类用户当“保温屏障”，却不承担热费，对于充当“保温屏障”的住户来说不公平不合理。

（五）分户热计量方式的成本

一方面，分户热计量由于要保证热计量产品的稳定及可靠性，设备成本会有所增高；另一方面，为了承担起分户热计量测量后所受的负荷变化，热力公司必须对现有的分户热计量设备阀门进行变频改造，这也将花费巨额的费用。单个住户可用的热量表价格大概是 1000 元，并且是由用户自己承担，使得大多数用户不愿意配合分户热计量改造。

（六）管道网控改造成本以及计量仪表的测量精度

住户安装供热分户热计量仪器后，可以自行设置阀门大小。不断有用户调整阀门大小，势必会影响管网的流量，流量不断变化，需要管道网络有一个动态的控制机制。此外，供热水质的好坏，会使热量表计量出现较大偏差，最后导致用户按计量所交热费与实际不符。

五、集中供暖分户计量促进节约的原因分析

实行分户热计量的最终目的就是节能，分户热计量是住宅节能所采取的关键措施之一。总节能率 50%在建筑物和供热系统中分配比例是建筑物负担 30%、供热系统负担 20%，如要考虑收费因素，节能率则更高。所以说，除了供暖系统来完成一部分节能外，建筑物本身的节能也是一个重要的因素，如果一个建筑物本身不是节能建筑，则还会影响供暖系统的节能，而只强调建筑物本身节能，不实行分户计量也是不全面的。因此，分户热计量系统的应用和节能都是要和建筑物相互配合使用的，对于建筑节能来说，二者应融为一体，缺一不可。

另外，分户计量改善了热网的水力平衡，节约能源，从而大大提高了供热质量。分户计量用户可以根据自己所适应的温度来调节，用多少开多少，大大地节约了能源，改变了以往有近端用户热得即使是在寒冬腊月也得把窗户打开，而远端用户家里一边供着热，另一边却要把电火炉点上，造成了大量的能源浪费。若实行了分户计量，热的用户适当关小自家的阀门，从而使整个管网的流量有所增加，也就使不热用户的流量增加了，同时也满足了其他在网用户需求。由于分户计量与老百姓的切身利益密切相关，所以能充分调动他们的积极性。

总之，实施城市集中供热系统分户改造是实现供热商品化，提高供热质量，逐步向热表计量过渡的一项重要举措，也是维护供用双方合法权益的基础保障。分户改造能够改变过去供暖设施大系统控制为分户控制，让用户享有充分的选择权，有利于供热企业进一步提高管理水平，维护供、用热双方利益，提高城市供热质量，节能效果明显。

第四节　供热系统运行节能监测

随着经济发展进程的加快，我国面临的能源问题也越来越严峻。能源矛盾对国民经济的正常发展造成严重的影响和制约，因此，对能源结构进行合理调整已经成为现阶段我国迫切需要解决的问题。目前，各供热单位均积极探索各种措施以实现能源消耗的有效控制和降低。随着科学技术的不断发展，数字化检测、自动控制等多种先进技术在供热领域中的应用越来越普遍。先进技术的引进和应用，促进我国供热系统正由传统的粗放型向集约化型转变，有效降低了供热系统的能源消耗。

一、能耗监测问题分析

在供热系统中，对消耗能源进行监测和控制是供热管理的重用工作内容。记录供热工程中各种能源消耗的相关数据是对供热管理水平进行考核的主要根据和指标之一。随着自

控及测试技术的不断发展和改进，越来越多的先进技术在供热领域中得到普遍应用。这些技术的应用有效提高了供热系统中能源及热量消耗检测及计算的准确性。在现阶段，我国集约化运行供热系统中的技术指标及能量监控数据主要包括以下几种：锅炉热效率计算、换热站一次及二次网热量消耗、耗煤量及其低位热值总热量消耗、固体及气体不完全燃烧热损失、排烟热损失等。以某高校的供热系统为例：在某高校的供热系统中，从锅炉至各辅机均选用目前较为先进的设备。整个供热系统的自动化水操控程度及数据采集系统均已达到较为先进的水平，同时还采用了先进的管理模式，在整个系统中均实行精细化、集约化运行。从整体上讲，该校的供热系统的规模已达到相应的先进水平。在这样较大规模的供热系统中，其对运行管理具有很高的要求。运行管理得当，便可有效提高系统的整体供热效率，降低能源消耗。如运行管理远远滞后于先进设备及技术的发展脚步，那么不但不能促进先进技术及设备积极作用的发挥，同时还会导致热量及能源的消耗大大增加。因此，必须从锅炉运行工程中的热效率、换热站运行调节、技术设备优化等诸多方面不断加强和优化运行管理，促进供热系统运行管理水平的提高。

二、锅炉热效率计算及节能措施分析

在供热运行的考核中，锅炉热效率是最为重要的考核内容，其指标数据是对锅炉运行整体水平及能源节约效果进行衡量的关键因素。应用相关设备及技术对锅炉运行各种数据进行相应的检测、采集，将锅炉产出热量及所消耗能量进行相应的计算。通过对计算结果进行分析，了解锅炉的热效率情况，从而正确掌握其运行的经济状况。此外，还可同时对锅炉的热量损失情况进行测定，并对其损失具体原因进行分析，进而找出相应的应对措施，最终实现将锅炉热效率提高，降低热量及能源损失，达到低耗节能的目标。

在锅炉运行中，主要应用正平衡计算法、反平衡计算法及其热效率进行计算。正平衡计算法指的是对锅炉运行过程中的热水进出口相关参数及燃料的具体消耗量、低位发热值等进行测定，然后根据相应的数据比值将锅炉的效率计算出来。锅炉效率即为锅炉运行过程中实际输出热量与输入燃料热量间接的比值。反平衡计算法指的是通过对锅炉运行过程中的各种热损失进行测定，进而将锅炉热效率计算出来。在该种方法中，需要进行测定的内容主要包括灰渣物理热损失、固体、气体不完全燃烧固体损失、排烟过程中热损失、散热损失等。同时，还需要对送风参数、炉体散热、烟气的含碳量、温度、排烟量等参数及炉渣的温度、含碳量、体积等参数的相关数据进行采集，然后应用相关数据的计算方法将其热损失具体计算出来，再将计算所得结果代入相应的公式，最终将热损失热效率算出。

应用反平衡计算法可全面、系统地将锅炉的整体运行状况进行反映，可有效实现对热量损失进行较为全面、准确的分析。通过对计算结果进行分析，不仅可有效了解锅炉在实际运行过程中所产生的经济状况，同时还可通过对各项损失进行具体分析，进而找出具有针对性的处理措施，最终实现供热系统的高效节能。正平衡计算法具有操作简单、测试项目少等优点，因此，其已普遍应用于供热运行的热效率计算，而反平衡法通常仅作为辅助方式进行应用。该种方法所计算出来的锅炉相应数值仅作为整个系统考核指标的参考值，而正平衡法计算出来的数值则作为主要考核指标。同时，还要结合烟气参数、炉渣含碳量等测定数值作为考核指标的辅助性资料，该种参数通常均要限定在规定的限制量范围内。此外，对系统中相应的烟气参数（烟气温度、含氧量等）进行分析也是进行引风、供风调节及控制的重要依据。

三、换热站供热调节及变频节能计算分析

在供热系统的运行过程中，换热站是系统中整个供热区域进行调节活动的枢纽。其在优化整个系统的热量分配、减低热量消耗等方面具有极其重要的作用。现阶段，在先进的管理方式下，部分换热站已逐步实现远程调控和无人值守，应用先进的数字化、信息化方式对换热站内各个设备的具体运行参数进行有效采集，然后应用相应的传输系统将采集到的数据传送至供热系统的调度中心，再通过远程控制系统对各换热站的具体热量情况进行有效的调节和控制，最终对各供热区域中的热量进行有效的优化分配，提高热量的使用效率，降低供热系统的能源损耗。

四、循环泵的选型及控制分析

在集约化运行的供热系统中，对循环泵的变频流量进行合理调节，并选用适当的配置和控制措施，是有效提高供热效率的关键。如果选用不合理的设备选型配置和控制措施，就会导致循环泵流量无法得到有效调节，进而无法实现整个供热系统的低耗能。例如在某高校的供热系统中，其未应用根据室外温度对换热站的频率进行调整的方式，导致两台泵在运行过程中无法达到一致的频率。一台泵的运转工频仅为30Hz，而另一台泵的运转工频却高达50Hz。当这种情况存在时，运转达到满频时，泵的相应扬程就会远远高出运转频率低的泵。在这种情况下，具有较低运转频率的泵，其在整个系统运行中所需要出的力较小,效率也相对较低,这就导致多数没有必要的能量产生,大大提高了系统能量空耗程度。

当换热站循环泵的泵选型配置缺乏合理性时，也在一定程度上影响和制约整个供热系统的高效节能效果。以某高校的供热系统为例，在该校中，换热站的二次网系统中总共设置有4台循环泵，其中应用的为3台，1台为备用。经过研究发现，在对供热系统的循环泵进行选型的过程中，最具有科学性和合理性的方式应该为设置2台循环泵，一台应用，另一台作为备用存在。如果考虑到相应供热区域可能会发生相应的面积改变，或者考虑到调节的灵活性，可相应的应用3台泵，2台应用、1台为备用。但是在实际应用过程中，3用1备的布局很少应用。因为在这种布局中，2台泵同时运行的实际工作效率低于1台泵。具体检测发现，2台泵运行时产生的相应流量仅约为1台泵运行流量的1.5倍。以此类推，3台泵同时运行时产生的效率更低，其总流量还不及1台泵流量的2倍。此外，如果在供

热系统中所应用的泵的型号不一致，或者各泵的运行频率缺乏同步性时，泵在运行中的总流量也会受到一定限制，进而影响到整个供热系统的运行效率。

总之，随着社会经济的不断发展和人们生活水平的不断提高，能源矛盾问题将越来越突出。因此，在供热系统的应用过程中，对其相应的供热节能技术进行深入研究具有深刻的价值和意义。节能技术的研发和应用是一项利国利民的学科研究。高效节能的不断改进和完善可有效促进社会经济及人民生活水平的提高。因此，在集约化运行的供热系统中，应不断加强对其能耗监测及提高效率、降低热量、能源消耗等一系列问题进行系统、深入的研究，不断研发和应用高效技能的设备及技术，促进供热系统的高效运行。

第五节 锅炉房供热系统节能降耗实例

对于我国普通锅炉的供热系统而言，基本上应用的燃料几乎都是燃煤。每当进入冬季之后，就会消耗大量煤矿资源。而在这一过程中，并非所有煤炭都实现了全面燃烧，很多能量都被浪费。究其原因主要是系统结构的合理性较低，存在一定的质量问题。为此，相关人员就需要对其原因展开详细分析，及时予以优化和改进，进而将能耗降至最低。

一、提升燃料质量管理和燃烧管理质量

（一）燃料储备和配放

对煤炭来说，一直都属于主流的供热燃料，整体质量对供热系统影响非常大。为了能够实现节能降耗的基本目标，首要工作自然是对燃料予以较高关注。燃煤需要通过运送和装卸之后，才能送入锅炉房之中，以便系统正常使用。在这一过程中，必然会有燃煤出现消耗。在近些年之中，我国已经针对燃煤运输方面制定了相关法规政策，以此能够有效提升管理效果。为此，相关人员就需要时刻遵守国家规定的要求，合理操作，从而有效防止损耗产生。

在进行燃煤堆放的时候，需要参照对应级别展开对方，制定有效的保护措施，以此起到保护效果。需要注意的是，工作人员必须做到随机应变，根据实际情况，选择最为合理的防护模式。我国部分地区存在这一问题，在完成了煤炭大量采购之后，会选择将其露天摆放，并没有采取任何保护。由于外部环境因素带来的影响，煤矿就会出现持续减少的情况。为了防止这一问题出现，工作人员理应基于相关原则，认真进行分类，以此提升保存效果。必须明确的是，煤炭本身并不适合长期保存，因此堆放时间一定不能超过半年，进而将损耗程度降至最低。

（二）严把燃料质量关

燃料质量对供热系统影响非常大，尤其是原煤的质量。在进行选择的时候，理应做出

以下要求：在原煤之中，灰尘的含量不能超过 35%，硫的含量不能超过 15%，同时最低位发热量至少为 2.5×10^4kJ/kg；无论是粒径还是含水度，都需要基于锅炉自身的情况，进行一定程度的调整，并对灰和硫的成分总量予以控制，尽可能选择一些黏性相对较强的原煤，如此能够将 SO_2 的产生量降至最低。如果使用了含灰量较多的煤炭，很容易导致燃料细化，产生大量烟尘；若原煤本身较为干燥，但含灰量和含硫量都能达到规定水平，则可以尝试加入一定比例的水液，具体为 5% ~ 10%，进而能够将燃烧损失降至最少。

二、加强节能降耗的具体方法

（一）合理进行通风

对锅炉房来说，在运行的时候，往往是在一个封闭的环境中工作。燃煤一旦燃烧，就会消耗空气中的氧气。多数锅炉的结构都十分复杂，实际耗氧量也都完全不一样，因此经常会有氧气分布均匀性较差的问题。一些氧气含量较低的位置，很容易出现燃烧不完全的问题，从而影响了燃煤的利用率，大量能源被无端浪费，这也是造成资源浪费的一大问题。在进行处理的时候，工作人员理应给供热系统本身做到全面了解，结合其原有构造，调整风机的位置。当发现有部分位置出现了燃烧不完全的情况，能够依靠风机，为其提供氧气，确保整个锅炉系统可以一直处在完全燃烧的状态之中，保证所有燃煤都能得到有效利用，尽可能减少能源损耗。

（二）提高循环水质量控制

对锅炉来说，在进行传热的时候，实际应用的循环水在经过一段时间后，就能变成一层水垢，该水垢的成分基本上都以碳酸钙为主，每当其厚度提高 1mm，燃烧损耗就会提升 3%。而且，如果水垢长时间堆积，还会给锅炉的运行带来一定安全隐患，甚至有可能使锅炉发生爆炸。所以，供热系统在进行运转的时候，工作人员理应尝试尽可能提升循环水的综合质量，以此使得 Ca、Mg 及 Fe 的含量有所减少，以防在锅炉内部有盐类出现。目前而言，应用率最高的便是再生交换设备，在应用了之后，不但出水量有所提升，总体质量也能得到增强。而对于一些大型锅炉，在进行水处理的时候，还能应用真空除氧技术，以此提升锅炉的传热效率，减少安全隐患。

（三）应用二次回风技术

伴随时代的快速进步，诸多新技术不断出现，为了实现节能降耗的目标，工作人员就能尝试应用新型技术。这其中，最具代表性的便是二次回风技术，此类技术能够有效提升燃煤的使用率，实现能源节约的基本目标。一般来说，为了确保锅炉内燃料能够实现充分燃烧的目标，都需要二次回风系统为其提供应有保证。基于该系统，可以在锅炉之中形成混合旋涡，具体是由烟雾和气体共同组成，使得悬浮在空中的粉煤，能够在炉膛之内长时间停留，逐步实现了充分燃烧的基本目标。除此之外，回风系统功能还能促使锅炉的温度梯度有所下降，以此提升受热面积。由此看出，在应用了该技术之后，燃料的利用率得到了全面提升，基本上能够提升 5% ~ 10%。

三、案例分析

（一）工程概况

某地 2000 年建立起了该地区的首座锅炉房。其内部的设施十分完备。两台热水锅炉可以燃烧 20t/h 的燃煤量，产生的热量能够覆盖直径 4.2km 的范围，其主要的运行方式是通过热水直供的形式来进行相关的质调节。在建成初期，其供热面积已经达到了 170000m^2，经过 20 余年的发展，现在已经覆盖到了 2560000m^2 的范围。

（二）存在问题

在锅炉房正式建成之前，三座燃油锅炉房已经在原供热区域进行初步的供热，它们属于各二级单位管控。但是由于没有统一的管网布局，在规模不断扩大的过程中发现了很多不合理的现象。就目前的外网管网管径现状来看，由于大小不一造成了水力失调的现象。锅炉房建成初期所覆盖的范围已经有 170000m^2，主要是通过低温差和大流量的方式进行日常的供暖工作。热水循环泵的基础流量是 550m · /h，两台热水循环泵共同工作，能够产生 5~6kg/（m^2 · h）的配水量。从目前锅炉房的出水缸来看，为了能够及时地向外供水，主要是通过两条支路进行相应的操作。其中的一条支路是 273mm，它主要运用于机械厂和一些办公区域。至于第二条支线 426mm，它主要服务于各小区。在锅炉房正常运行的初期，没有进行适当的水力平衡调整，出现了以下的情况：从 A 小区的入口点供回水压力来看，一般是 0.30/0.25MPa；0.35/0.30MPa 是 B 小区的供回水压力。至于锅炉房的供回水压力，略高于一般的水平，即 0.45/0.20MPa。在建成初期，由于城镇化的规模较小，使得供热面积也会随着减少。在大流量运行方式的作用下，供热系统能够完整地提供相应的服务。但是后来随着城镇化的规模不断扩大，小区的楼层也随之增多，过低的静压点使得水力失调问题逐渐暴露。由于系统的弊端，造成了整个 B 小区多栋住宅出现了受热不均的现象。由于长久没有得到相应的保障，使得一些暖气管道出现了严重的腐蚀，供热能力也被大大地削弱。暖气片经常会出现一些嘈杂的水流声，紧跟着整个热水的循环系统带到整体的空间之中。在这样的情况下，供热管网系统的水循环出现了不同程度的变化，给当地的居民带来了不好的影响。所以需要通过采取措施对整个水力工况进行解决，只有这样才能够提升供热系统的功能。

（三）解决问题的方法

1. 水力平衡调节

（1）支线调节

结合当前的管网现状，通过加装自力式流量调节阀来实现各个分支干线的支点调整。

在合适的支线区域内，尤其一些楼层低矮的小单元户中，需要加装一些自力式的流量调节阀来实现调控。其基本的流量是按照 3.0kg/（m^2·h）进行配水。至于分支线的流量，配水的速率是 3.5~3.7kg/（m^2·h）。从总干线来看，配水的速率是 3.7~4.0kg/（m^2·h）。借助超声波流量计，对相关的支流和干流进行整体的配水。以 B 小区为例，借助超声波流量计来对干线的供水阀板阀进行调整，可以合理地分配各个干支流的水量调节。

（2）建立小区域供暖系统

不同的小区需要采取不同的整治措施。有的小区的情况比较特殊，需要通过压力表加装的形式来实现相应的功能。将水闸阀开关的大小进行整体调整，可以实现供回水压力的提升。之后借助超声波流量计进行流量的计算，借助自力式调节阀做好流量的负荷定位。等到所有的回水静压点达到一定要求之后，再正式建立起一个小区域范围内的供热系统。

（3）水力平衡调节后参数

借助水力平衡来实现相关的内容调节，以 0.55/0.27MPa 供水压力作为锅炉房的分水缸基础压力。在 A 小区的入口，一般会选择 0.37/0.32MPa 作为日常的供回水压力。至于 B 小区，一般以 0.39/0.34MPa 作为基础。此外的振兴小区和办公区域两者的回水压力分别是 0.42/0.32MPa、0.40/0.27MPa。以上的设置可以保证总水循环量能够满足基本的生活需要，可以为 256000m^2 的范围提供相应的供热服务。

2. 温度调节

等到所有的水力平衡调节结束之后，需要按照室外的温度变化来进行供回水温度的调节。在保持系统循环水量不变的情况下，通过民用的供暖温度来实现水温的控制。

3. 借助分层分行给煤技术提升锅炉出力

所谓的分层分行给煤燃烧技术，通过筛分器的变形组合方式来实现煤种的筛选，按照不同的颗粒大小进行分层分行。通常情况下，将大中颗粒置于下层，然后将细煤颗粒放在顶端。从横向角度进行表面长度的测量，减少通风的阻力。为了保持底部的蓬松状态，给风需要按照均匀的方式开展。在这种情况下进行引燃起火操作，使得燃煤能够充分燃烧，从而提升整体的燃烧效率，保证锅炉的正常运转。

4. 控制锅炉循环水质量来提高能效转换

在一定的时间范围内，在锅炉不断使用的过程中，锅炉内部很容易产生一层以碳酸钙为主的水垢。随着水垢的厚度不断增加，锅炉内部的传热效能也会随之减弱。如果水垢不能及时处理，锅炉很容易造成运行的安全危险。所以需要进行适当操作，通过提高循环水的质量来减少相应的离子沉积。为了减少锅炉内部的盐类堆积，采用钠离子逆流再生交换设备可以完成相应的操作。这种技术已经得到了广泛运用，在现实的使用过程中具有较高的效益。至于那些大中型的锅炉，可以采用真空除氧技术来实现水处理。在这样的技术帮助下，锅炉的传热效率也会随之提升，最终可以降低相应的安全隐患。通过层层的设备安装和调整，系统的节能降耗功能也能逐渐实现。

5. 借助二次回风技术提升燃料燃烧效率

在新技术不断地发展进步中，锅炉房的供热系统也会降低一定的能耗。在时代的发展过程中，二次回风技术可以让燃料的燃烧效率达到一个顶峰，从而实现能源的充分利用。以二次回风系统作为基础保证，可以从根本上延长粉煤灰的停留时间，保证燃料的充分燃烧。为了降低锅炉内部的温度梯度，需要借助多样化的形式进行受热面积的提升。这种技术可以直接提升燃料的燃烧效能，保证燃料的热效率值。

综上所述，对锅炉房的供热系统来说，通过采用节能降耗的措施，一方面能够为企业带来更多经济效益，另一方面还能对社会发展起到促进效果。由于锅炉本身十分复杂，对其能够造成影响的因素有很多，工作人员需要全面分析，逐一予以改善，进而提出针对性的改进措施。

第五章　空调系统节能技术

第一节　空调系统节能技术

随着城市化建设进程不断加快，建筑行业也得到快速发展。在建设建筑项目的过程中，会从不同程度影响周边的环境，导致损耗一定的资源。现如今，我国坚持走可持续发展道路，对节能环保理念的重视度和推广力度不断加大，这促使建筑暖通空调系统逐渐朝着节能方向发展。

一、暖通空调系统的特点和节能设计的原则

（一）暖通空调系统的特点

通常在建筑工程施工后期完成暖通空调系统的安装。暖通空调系统有大部分设备安装于室外，所以其特点之一就是和整体建筑项目保持一致。室内条件、气候条件都会对暖通空调系统安装和施工进度产生不同程度的影响。此外，室内设计标准、围护结构特征、室内人员、设备照明、新风系统等方面都会从不同程度上对暖通空调系统的设置产生一定的影响。在暖通空调安装过程中，如果没有合理地设计暖通系统，会导致暖通空调系统能量使用效率降低，造成能量浪费。

（二）暖通空调系统节能设计的原则

1. 以满足热舒适指标为基本原则

在开展暖通空调系统节能设计的过程中首先要坚持舒适性原则。暖通空调系统的主要作用是调节和控制室内温度，而舒适性是满足人们对建筑物使用舒适要求的最基本的条件之一。在调节和控制温度时，需要充分发挥不同环节暖通空调系统的作用，做好对风速、湿度等影响因素的充分考虑，合理完成暖通空调系统的设置，并且优化其节能效果。

2. 处理好整体与局部的关系

将节能理念应用于暖通空调系统中需要做好整体和局部关系的合理处理。我国城市建设中建筑物的使用功能存在一定的差别，所以暖通空调也要随着对建筑物使用功能需求进行适当调整，保证暖通空调能够满足建筑物使用需求。具体来讲，在设计居住和办公等建

筑物暖通空调系统中，为了保证供暖和管理便捷，可以选用集体供暖的形式，同时还要能对每个独立房间进行单独控制，确保能够满足使用者的要求。

3. 通过控制室内的通风量来调节室内空气品质

在设计暖通空调系统时，还要利用通风设施做好室内空气品质的调节。室内空气长期缺乏流通，会导致室内滋生细菌等，而开窗通风会导致房间内通风量增大，室外尘埃、不良气味等也会进入室内，降低室内空气品质。为此，设计暖通空调系统时要做好对通风量及净化的控制。在通风方面，第一，在设计阶段要加强考虑自然气候条件，提高室内通风效率，利用自然通风控制建筑物内部温度，使建筑物碳排放量尽量减少。为此，设计人员要在当地气候条件下对建筑间距等进行合理规划，尽量提高通风率，保证室内空气流通顺畅，将使用电扇、空调的频率尽量降低，达到节能减排效果。第二，可以模拟设计高层建筑风力流动情况，加强 BIM 等现代信息化软件的应用，保证建筑工程在施工后能够最大化风角，同时尽量控制冬季通风量，坚持冬暖夏凉设计理念。

4. 满足生活环境中的声、光、色的要求

在暖通空调系统应用中还要对声、光、色等方面的要求提高重视。声音方面主要是尽量降低暖通设备运行噪声，避免影响居民的正常生活和工作。光照角度主要是尽量利用自然光，避免系统阻挡光线。颜色方面主要是尽量选用舒适的颜色，提高暖通空调系统的使用舒适度。

二、暖通空调节能技术应用的必要性

（一）减少环境污染

将环保节能技术应用于暖通空调系统中，可以将传统能源消耗压力有效减少，有助于对环境污染的控制。暖通空调中的核心部分为制冷系统，制冷剂是保证制冷系统正常运行的必要材料。传统暖通空调大量使用氟利昂导致污染了自然环境，在全球变暖方面也产生了一定的助推作用。现如今，人们已经对氟利昂的危害性有了更深刻的认识，正在不断改进制冷技术，但是仍然存在一定的不足，污染性和破坏性仍然较大。暖通空调主机有着较大的运行功率，需要耗费较长的运行时间，加上如果没有规范地进行维修保养，会导致废弃物排放超标，污染环境。可见，有必要应用暖通空调节能技术。

（二）节约资源的需求

经过 20 世纪工业时代资源掠夺式的发展后，现如今，国家、国民更加重视的是长期发展。暖通空调应用过程中会消耗大量的能源，传统能源主要为不可再生资源，需要耗费大量的资源，会破坏自然环境，影响当地土地、气候、空气等。在暖通空调系统中应用节能环保技术能够将运行中消耗的电能和传统能源量大大减少，有助于节省成本、节约资源。当下我国正在逐渐加大对太阳能、风能等可再生能源的利用力度，虽然新能源开发还需要漫长的时间，但是在研究者的不断努力下，必然会为能源节约、环境保护提供有力支持。将节能理念应用于暖通空调系统中，是未来发展的必然趋势。

（三）促进社会发展

很多国家都经历过掠夺资源追求经济发展的阶段，这会在很大程度上破坏自然环境。现如今大量使用暖通空调系统，如果仍然依赖传统能源，必然无法取得长远发展。目前很多国家包括我国都存在严重的资源匮乏的问题，这表明，社会想要长远发展必须要解决能源问题。在暖通空调制冷系统中应用环保节能技术可以有效节约资源，有利于节约型社会的构建，有助于提高全民的节能环保意识，为社会未来长远持续地发展奠定基础。

（四）有利于人体健康

将节能环保技术应用于暖通空调系统中可以有效减少密闭空间带来的健康问题。在2020年新冠疫情期间，很多公共场所开始应用新风系统，这对于保护使用者、避免细菌或病毒传播发挥了很大作用。当前，本着节约能源的理念，还要做好新风和回风比例的合理调整，在保证使用者健康的同时尽量节约能源。

三、建筑暖通空调节能技术的发展现状

在暖通空调节能技术的发展过程中，主要的功能实现就是在建筑中实现一定的空气调节、温度调节和主要的制冷制热，因此在建筑暖通空调技术的节能方面，对建筑暖通建设而言至关重要，这其中，建筑暖通空调节能技术的发展现状主要表现在以下几个方面。

（一）实现主要的空气调节

在建筑暖通工程的整个建设过程中，重要的空气调节功能得以实现，主要的原因在于现代的建筑工程建设中，对主要的安全、舒适、稳定性要求较高，因此使得主要的暖通空调技术能够在建筑工程中进行实现和开展，这其中，实现主要的空气调节功能，给建筑工程的后期使用带来了很大的变化，尤其当人们对社会建筑的要求较高时，使一定的建筑暖通空调设计和空调技术在建筑的整个建设过程中，对必要的空气调节设计施工做进一步的实施和开展。所以，实现必要的空气调节功能，是建筑暖通空调系统建设的主要发展形势。与此同时，节能技术的实现，使得主要的暖通空调系统在建设的整个过程中，能不断地推动自身的建设发展和建设技术的提高。

（二）节省一定的能源消耗

在建筑工程的暖通空调节能技术的实现过程中，主要的能源消耗在很大程度上得到了节省，主要原因在于建筑暖通空调技术在功能实现和技术实现过程中，对部分能源消耗进行了处理，使必要的空气调节功能和制冷制热效果中，可以消耗一定量的电力能源，从而达到理想的空气调节的效果，其中，建筑暖通空调节能技术的实现过程中，充分利用建筑本身的特点和优势，将建筑中的墙面进行保温效果的处理和建设，使主要的建筑暖通空调

节能技术能够在墙面的保温效果中，实现一定的能源节省，从而使得建筑实际的使用者能在经济的支出方面进行减少。所以，建筑暖通空调节能技术的实际使用和功能实现过程中，节省了一定的能源消耗，不断推动建筑工程中暖通空调节能技术的发展和进步。

（三）现有暖通空调技术发展体系逐渐完善

建筑暖通空调技术在实际的实现过程中，由于现场施工环境的影响和一定的施工建设技术的影响，使主要的暖通空调节能技术的实现在必要的实现过程中受到阻碍和限制，因此，在现有的暖通空调技术的实现当中，利用完善的施工建设技术，能使主要的建筑工程暖通空调技术和必要的节能技术实现，受到完善的技术支持，从而使现有的暖通空调技术得到完善的发展和提高，也能进一步推动我国现有的暖通空调节能技术的发展和进步。

四、暖通空调中应用的节能技术

（一）冷热源的合理配置

为了在暖通空调系统中贯彻落实环保节能理念，需要格外注意暖通空调制冷系统的冷热源配置问题。在制冷系统设计过程中，最为重要的一项内容就是冷热源和容量的搭配，同时其搭配效果在会在很大程度上影响制冷系统运转消耗的能源量。在选择制冷系统时，通常选用较大制冷量的离心机。如果负荷率较高，那么会存在更高的能效，但是如果只是部分负荷，会提高螺杆机运行效率。可见，在设计和使用制冷系统中，要合理搭配两者的关系，将冷热源的节能环保效率提高。

（二）制冷剂替代技术

传统暖通空调制冷系统中采用的氟利昂很大程度上影响和破坏了自然环境，经过多年的研究，国民对氟利昂的破坏性和污染性也有了越来越深刻的认识。现如今，很多新的制冷剂开始应用于电器当中，在发展过程中也逐渐否定了 R134a、DP-1、Fluid-H 等多种新型制冷剂。比如汽车空调制冷剂 HFO-1234yf 具有更高的兼容性，有着良好的稳定性，并且环保低毒，同时我国研发的 R32/125/161 制冷剂也具有较强优势，可以替代 R22 制冷剂。相比于 R22 制冷剂，R32 制冷效果虽然存在一定不足，但是在环保方面表现出了明显的优势。现如今很多厂家也在积极应用 R410A 制冷剂，该材料成本更低，但是其也会对环境产生较大影响。为了保护生态环境，要加大新型制冷剂的应用。

（三）新能源技术

1. 地源热泵技术

地表浅层的土壤、水体等物质能够将太阳能热吸收储存，这些暂时储藏起来的能量可以使用地源热泵技术进行再次转换，实现再生利用地表浅层能源的目的。地源热泵技术在具体应用中优势明显，能够将传统制冷系统中散热功能有效取代，进而将暖通空调应用中电能消耗量减少，同时达到节约成本的效果。此外，地源热泵技术还能够高效利用和转化能源，可以将燃烧这一环节减少，从而达到污染物排放量控制的效果，可以更好地保护环境。在散热过程中充分利用地源热泵技术，可以大大节约能源。当前，很多电器采用水资源进行散热处理，而利用土壤散热可以大大减少水资源的消耗量。也正是凭借着诸多优势，地源热泵技术广泛地应用于暖通空调系统当中，在节约成本、系统节能等诸多方面都发挥了明显的价值。

2. 太阳能

太阳能是取之不尽、用之不竭的可再生能源，当前很多国家都加大了太阳能的应用。在暖通空调中可以转换太阳能光能，形成电能储存在蓄电池中，然后在需要的时候为建筑提供电能，进行制冷。我国有着较为丰富的太阳能资源，在很多广阔的高原、平原等地区都可以应用太阳能技术。尤其是夏季，我国太阳能资源十分丰富，所以可以高效利用太阳能资源，减少传统电能的消耗量，实现节约资源、生态环保的效果。不过，当前太阳能资源的转化应用仍然处于初步阶段，需要科研人员进一步深入地进行能量转化技术的研究，为社会提供更多的能源，满足社会未来发展的需求。

（四）蓄冷技术的改进

随着现代信息科技持续发展，越来越多的现代技术应用于暖通空调节能当中。自动化技术、智能化技术和设备都在随着社会的发展而不断改进，同时暖通空调系统中也加大了对自动化、智能化技术的应用。在我国，人口数量庞大，水电资源需求量也较大，加上国民生活水平的不断提升，对能源的需求量持续增长。利用冰蓄冷技术、自动控制系统、阶梯电费管理模式等，可以将制冷工作更加合理地安排。在夜间电力负荷较低时可以进行冷量制备，在白天电力负荷高峰期时将夜间储存的冷量供给中央空调制冷系统，将制冷所用电负荷减少，有效完成电网峰谷差异的控制，将电网负荷率提高，实现电能节约的效果。利用这种“移峰填谷”的制冰方式可以高效利用水和冰，将电能消耗降低，同时节省电费。

（五）优化通风系统设计

不同类型的建筑的通风需求存在一定的差异，为此，在设计建筑暖通空调通风系统过程中要对实际设计需求加强考虑。如果用户没有严格要求通风系统设计，那么只需要采用单风管灌风模式保证室内温湿度达标即可。如果用户有着较高的通风系统要求，那么可以采用全空气空调模式进行通风设计。在具体设计中，为了尽量减少设备的应用，达到节能降耗的效果，需要提高自然风的利用率，综合应用自然通风和空调通风模式。通过这种设计方案可以保证室内环境状况，减少空调等设备的应用，以及减少电能消耗。此外，自然风对人的身心更健康，所以在暖通空调系统设计中，要在保证室内通风效果的同时最大限度地利用自然通风，保证用户的身心健康，提高建筑节能水平。

（六）优化热回收装置设计

经过长时间运行后，暖通空调机组会产生大量的热量，如果这些冗余热量没有得到高效利用，直接排放到自然环境中，必然会影响环境，加剧温室效应。为此，设计时可以做好热回收装置的合理利用，将空调余热进行回收再次利用。当前，热回收装置已经开始应用于很多建筑暖通空调的系统当中，热回收装置介质的载热、状态都有所不同，利用不同介质可以实现湿热或总热的高效传递。这种方式能够将室内温湿度控制在合理范围内，还能有效减少空调机组冷热源污染问题。热泵系统、换热器是热回收装置中完成热回收工作的主要器件，如果热回收系统采用的是冷凝热回收方式，那么需要将热水系统和制冷机组有机结合，在一定量余热有效收集后用于生活用水的加热，进而高效利用冗余热量，减少电能的使用量。

（七）积极应用智能化技术

智能化技术作为现代信息社会的典型代表，越来越广泛地应用于暖通空调系统中。将智能化技术应用于暖通空调系统中可以实现暖通空调系统优化，能够对空调运行状态进行实时、动态监测，并根据监测结果做好室内温湿度的智能调控，进而提升暖通空调系统的运行效率。同时，将仿真模拟技术应用于暖通空调系统设计中还能够对空调运行能耗、污染物排放等情况进行综合性分析。根据分析结果，系统能够智能化地完成空调运行参数的调控，达到暖通空调系统运行优化、节能效果提升的目的。

（八）变流量调节技术

对于现大部分公共建筑来说，由于负荷较大，为了满足建筑的空气调节需求，基本都是采用水冷式集中空调系统。由于这些建筑都可能有空调面积大、建筑高度高、空调系统复杂等特点，在建筑负荷时刻变化的情况下，室内温度的调控就变得十分费力，进而也会造成系统的能源利用率低而不节能。现实中空调负荷实时都在发生着变化，而根据有关资料可知，空调设施的制冷系统在满负荷条件下的运作时长是总运作时长的2~3成，通常状况之下，空调设备的制冷系统均是在非满负荷情况下运作的。为了有效契合空调负荷需求，需要积极合理地规划主机、压缩机、变频风机等装置，相应地调控冷热媒，其基础上采用变流量调节技术就可大大提高系统的能效及能源利用效率。在系统输配上实现了变流量控制后，想要进一步提高效率，可在变水量空调系统内相应的末端继续安装若干电动二通阀，接着再伴随室温变化而实时把控所流经末端的水流量，由此实现流量变化及布局环路阻力优化的效果，不仅如此，通过变频手段合理地对水泵运行的频率及台数进行自动控制，也可以进一步减少整体系统的能源耗损。

五、暖通空调系统节能设计问题分析

（一）未选择节能环保材料

在建筑工程项目中，节能环保材料是较为重要的资源、基本物质条件，建筑工程应符合绿色发展要求，保证施工质量，选择的节能环保材料的合理性较为重要，直接影响着工程的施工安全。在暖通空调工程施工中，工作人员应强化节能材料的使用工作，合理控制施工材料，高度重视建筑材料的节能环保性。暖通空调工程施工中，存在使用材料不合格的问题，材料的节能环保性能不符合施工要求。工程施工中，未及时发现材料存在的问题，进而无法有效避免安全事故发生。在工程施工中，部分单位为了施工降低成本，采用污染指标超标的材料，使工程施工中存在大量安全问题，影响后期施工质量。

（二）未制定环保策略

随着社会经济发展速度加快，生产力水平快速提升，建筑工程项目规模大、数量多，对施工的绿色环保提出了更高的要求。工程施工周期缩短，严格要求施工质量，会增加施工人员的工作压力，应在保证施工符合国家规定的绿色环保要求的情况下，进一步加快施工进度。在实际的施工中，通常会受各种因素的影响，导致工程不具有环保价值。在暖通空调工程施工质量管理工作中，管理人员未树立正确的环保理念，在施工过程中未做好节能降耗工作，影响了施工的质量安全。

（三）设计影响因素多

从大量工程实践可以看出，暖通空调在设计过程中会受到多种因素影响，在我国全面提倡节能型社会建设的大环境下，在进行暖通空调系统节能设计的过程中需要对多方面因素进行综合考虑，但是由于大部分影响因素都存在动态变化特征，从而导致暖通空调系统节能设计也会存在复杂性和不确定性，而其中能耗问题需要设计人员进行重点考虑解决。

六、暖通空调系统节能设计要点

（一）暖通空调水循环问题措施

为了解决这类问题，首先需要对在安装过程中的水循环、管路材料及管路的特性进行全面的检查和确定。其次是在水循环过程中水质的改善。提高水质，可采用两种方法：物理方法和化学方法。在水循环中进行污水排放，其中污水总量占总水量的50%~70%，而对于污水排放可以进行集中排放，即定期排污处理，并且对于每一次排污过程的排污量也可以进行精确控制。采用化学处理的方法，即在进行水循环时，将水质稳定剂加入水中，再与水离子交换，使水质稳定剂能起到杀菌、灭藻的作用，避免水循环管路内结垢。

（二）开展科学设计计算

暖通空调系统在节能设计过程中需要结合四季运行工况及运行全过程来开展科学计算。在此基础上来制订更加合理的设计方案，另外还要注意，设计方案要充分保障系统在室外气象参数以及室内状况不同的情况下都能够达到经济合理的运行，这样才能为后期暖通空调系统实现高效节能打下基础。此外，暖通空调节能设计过程中还需要针对系统冷热负荷、风管阻力和水管道阻力进行详细计算，并以计算结果为准来选择最佳的冷热源设备、水泵以及风机等动力设备，科学设计的方式才能够充分保障各项设备在运行过程中达到最佳工况。如果不进行科学计算仅仅凭借经验或者水泵和风机的特性曲线来进行设备选择，很可能会导致系统在运行过程中产生不必要的能耗。

（三）建筑暖通空调降低系统能耗

在对建筑暖通空调展开冷水系统设置时，对所应用到的节能设计方案，通常是采取缩小空调供回水冷冻水温差的方式，以及采用闭式循环的方式，通过这样的方式，促使空调能够得到更长时间的使用，让其自身的价值可以有更好的体现。同时，空调系统在输水和输风中也能减少对各种能源的消耗，进而达到节约能源的目的。另外，建筑暖通空调设计也可以采取一泵到顶的模式，这样除了能够减少电量损耗，还可以降低后期对暖通空调的保养工作量。然而，由于我国现有的资源存在不均衡的情况，尤其是在我国的中西部地区水资源极其匮乏，所以在展开建筑暖通设计过程中，需要根据地域的不同采取针对性的设计方案，而对于中西部地区来讲，主要是实行冷却塔循环的模式，通常对水循环泵扬尘做好全面性的控制，以实现减少空调能源消耗的目标。

（四）合理选择环保材料

在暖通空调工程施工的过程中，应明确各项控制要点，在安装水管、支架、风管时，需要在现场安排监督人员。室内地坪和墙壁粉刷完毕后，应准备安装设备，并对设备进行检验。在具体的设备安装过程中，应注意设备摆设的方向应与管道统一，设备周围应留有足够的空间，以便后期检修。保温施工环节灵活运用保温材料，施工人员应明确保温材料的功能，保证整体的供暖效果。选择保温材料时，应充分考虑材料的耐火性及耐热性，确保材料的质量符合要求。

（五）暖通空调水凝结问题解决措施

水凝结问题是暖通空调安装过程中经常遇到的问题，在安装过程中需要根据高温蒸发的原理，对空调设备进行优化操作，同时引入相应的保温设备，防止空调设备出现水凝结问题。此外，在管路设计上更需要根据机组运行中的滴漏问题进行优化，进而分析解决造成滴漏的主要原因，从而更好地提高暖通空调运行的平稳性。此外，针对暖通空调冷凝水产生的原因，在对冷凝水问题进行分析研究的过程中，应首先考虑管道铺设时的长度和坡度，确保管道长度和坡度处于科学合理的范围内，避免管道长度和坡度问题而导致的漏水。如果条件合适，还可以增加水封装置，以避免冷凝水对管道的破坏。

七、建筑暖通空调节能技术应用问题

（一）建筑暖通空调节能技术的实现范围较窄

在现阶段的暖通空调技术的实际实现和使用过程中，主要的建设单位和使用者之间的共同认知使得建筑暖通空调技术的实现受到了一定的阻碍和限制，主要原因在于相关建设单位在使用暖通空调节能技术的实际建设中，使用者的固定思维认为必要的暖通节能技术不必要，其主要表现在暖通节能技术的使用中，过多的建设开发和建设技术的使用，在原本传统的建筑工程资金投入方面，超出一定的预算，从而使主要的使用者不认同现有的暖通空调的节能技术，因而使主要的暖通空调节能技术不能很好地实施和开展，从而造成建筑暖通空调节能技术实现范围较窄的情况，这对一部分的建筑行业的发展和暖通空调技术的发展而言影响较大。

（二）暖通空调节能技术实现困难

暖通空调技术在实际的实现过程中，由于受到施工环境和主要的施工技术的影响较大，所以一定的暖通空调节能技术实现较为困难，这在很大程度上造成了暖通空调节能技术的发展受到影响，其中主要的原因在于实际应用过程中，要依靠完善的技术和先进的建设理念作为指导，其中主要有完善的空调冷热源施工和建设技术、空调负荷载量控制技术和主要的节能效果技术，因此，这就使主要的建筑暖通工程建设中，不能很好地使用这几种技术，从而造成了主要的技术实现困难。

（三）相关技术人员专业素质较低

在暖通空调节能技术的实际实现过程中，主要的施工技术人员的具体施工操作，在很大程度上决定了暖通技术的实际使用效果，因此，由于部分施工技术人员的专业素质不够，使得主要的暖通空调节能技术实现受到了很大的影响，主要原因在于，相关建筑施工单位对于主要的暖通空调节能技术施工人员培训和教育的力度不够，从而使一定的技术操作人员在进行现场施工作业时，表现出不专业、不细致的工作态度，影响了建筑暖通工程中空调节能技术的实施和发展。

八、建筑暖通空调节能技术应用问题的解决措施

建筑暖通空调节能技术在实际使用和建设的过程中，受到多种因素的影响，从而使得主要的暖通空调建设受到影响和阻碍，使之不能顺利实现既定的节能功能和节能技术，这其中，对于建筑行业的影响主要集中在建筑的实际建设效率和质量中，而对于主要的建筑使用者而言，影响主要体现在日常的生活中。所以，在建筑暖通空调节能技术的实现中，不仅要保证实际技术的实施能保证空调节能技术的实现，也要能保证空调系统节能技术的最终使用达到理想的效果，因此，应该结合必要的建筑暖通空调节能施工的相关专业技术和专业理论对其进行建设，从而保障空调节能技术的工程建设能够顺利开展，也保证其最终的使用能够达到理想的效果。

（一）暖通空调系统风机或水泵的节能控制技术方案

在暖通空调技术的实际施工和技术的使用过程中，应遵循一定的空调节能建设规划，从而在实际的建设过程中，考虑主要的空调节能技术的实现，其中，可运用相对较为完善的技术方案——暖通空调系统风机或水泵的节能控制技术，在风机或水泵的控制技术中，利用完善的中央控制系统对主要的空调设备进行控制，实现主管道送风或送水，从而使建筑温度能在一定范围内得到控制。

（二）做好相关节能技术的实现和落实工作

在暖通空调技术的实际实现和使用中，主要衡量节能技术指标的就是空调系统对于能源的消耗，空调系统的正常运转在实际的建筑使用当中，能对主要的电力能源或其他能源进行一定量的消耗，因此，必要的节能技术的实现和落实就显得尤为重要，主要可以从改善现有的建筑行业和建筑使用者的观念出发，充分普及建筑暖通空调节能技术的优势，使人们在日常的生活工作中，能改变自身对于建筑暖通空调节能技术的认知，并不断对其加强认识和了解，从而促使建筑暖通空调节能技术的实现。

（三）通过信息采集和处理实现空调节能技术的实现

在众多购物中心等建筑暖通设计中，建筑内部采用了通过信息采集和处理的方式进行节能技术的实现，主要的方式是通过 ARM 的中央处理器进行数据的处理，使通过温度和湿度传感器收集到的信息，传送到处理器中，经过一定的数模信号转换，实现对空调主要设备的控制，并显示在显示器中，使得人们可以直观地了解空调节能系统的运转状况。

总之，当前建筑暖通空调系统已经实现质的飞跃，不仅能够为人们提供更好的生活环境，同时也具备良好的节能环保功能。为了让暖通空调系统能更高效、更节能，相关的节能技术应当逐渐在建筑中得到有效的大量应用，同时也应当积极进行技术完善与创新，为建筑行业真正实现节能环保做出贡献。

第二节　空调蓄冷技术

随着经济的迅猛发展和人民生活水平的极大提高，我国电力的供应日趋紧张，导致大多数电网存在高峰供电不足、低谷供电过剩的局面，给电站的调峰运行带来了相当大的困难，极大地影响了发电成本和电网的安全运行。空调系统作为现代公用建筑与商业用房不可缺少的设施，仅夏季城市空调的用电负荷就占城市高峰电力总负荷的 40%以上，加大了电力系统的供需矛盾。蓄冷空调技术能够“移峰填谷”，利用低谷电价是高峰电价的 1/2 ~ 1/5，充分利用低谷电力，减少高峰用电量。此外，采用蓄冷空调技术所需的投资仅为电站建设的 1/10，能够节省大笔运行费用。蓄冷空调已在我国电力、暖通空调行业受到高度重视，成为可靠经济的供冷方式、实用系统的节能技术。

一、空调蓄冷方式

蓄冷空调系统在电力低谷时，将空调系统所需的那部分冷量以显热或潜热的形式，存储在蓄冷介质中，然后在用电高峰时将其释放出来，起到移峰填谷、平衡电网峰谷负荷、节省空调系统运行费用的作用。

按介质分，蓄冷空调主要有水蓄冷、冰蓄冷、共晶盐蓄冷及气体水合物蓄冷四种方式。

水蓄冷采用4℃~7℃的低温水来储存冷量，利用水的显热来蓄冷释冷。水的比热为4.18kJ/kg℃，蓄冷密度低，蓄冷温差在6℃~11℃之间，蓄冷槽的容积大，需要很大的占地面积，因此水蓄冷的使用在人口密集、土地利用率高的大城市受到了制约。该方式适用于现有常规制冷系统的改造，能够在少增加甚至不增加制冷机组容量的情况下，提高系统的供冷能力。

冰蓄冷利用相变潜热来进行冷量的储存。冰的蓄冷密度大（0℃时达到334kJ/kg），在储存同样多冷量的情况下，冰蓄冷所需的体积只有水蓄冷的几十分之一，便于储存，且其蓄冷温度几乎恒定，容易做成系列化的标准设备。但冰蓄冷空调也存在缺点，如：制冷机组的蒸发温度降低（要达到-5℃~-10℃），使压缩机性能系数减少；空调系统设备的管路比水蓄冷更加复杂；冰蓄冷低温送风时会造成空气中的水分凝结，使送到空调区空气量不足与空气倒灌等。

共晶盐蓄冷利用固液相变潜热进行蓄冷，其蓄冷介质是由无机盐、水、成核剂和稳定剂组成的混合物，相变温度一般在5℃~8℃，一般具有融解潜热大、热导系数高、比重大、无毒、无腐蚀性等特性。共晶盐蓄冷槽比冰蓄冷槽要大，比水蓄冷槽要小。虽然其相变温度高，但由于蓄冷密度低，设备占地要求高，且材料品种单一，设备投资较高，所以共晶盐蓄冷的推广应用受到了一定限制。

气体水合物蓄冷利用水在一定温度和压力下，某些气体分子周围形成包络状晶体时释放出固化相变热来蓄冷。该方式主要以氟利昂气体水合物为工质，相变温度在5℃~12℃之间，蓄冷密度大（与冰相当），且水合物晶体易融解和生成，传热效果好，因而是一种比冰蓄冷更有效率的蓄冷技术。气体水合物蓄冷工质的研究最先是R11、R12等，但因为CFCs对臭氧层有破坏作用，目前正在探索新的替代工质，如R134a等。此外，气体水合物蓄冷系统还存在如制冷剂蒸汽夹带水分的清除、防止水合物膨胀堵塞等一系列问题，因此仍在实验阶段，还未投入应用。

二、蓄冷技术在空调系统中的应用

（一）蓄冷+热泵空调系统

蓄冷技术利用电网的日夜电差价，解决夏季供冷问题，而热泵技术可以解决冬季清洁供暖问题，将两者结合起来进行优势互补，可以使蓄冷+热泵空调系统具有巨大的节能优势：节省初投资。如冰蓄冷+水地源热泵空调系统比常规水地源热泵空调系统减小热泵制冷主机装机容量25%~40%，此外还能减少1/4~1/3的打井数量、埋管数量或取水量；系统综合效率高。蓄冷+热泵空调系统可以使系统冬季制热COP达到4.0以上，同时系统按照冬季选型、夏季加蓄冰可以满足大部分地区空调要求，使机组利用率高、减少运行费用。如冰蓄冷+水源热泵空调系统比常规空调系统的运行费用可以减少30%~50%。

（二）蓄冷＋区域供冷站

蓄冷区域供冷站以蓄冷技术和系统节能控制技术为依托，充分利用低谷电力，在需冷用户较为集中的地区，建立生产、储存冷量的站点，通过公用供冷管网向用户提供冷量。将蓄冷技术与区域供冷结合起来，既能满足不同用户的用冷需求，提高能源的利用率，又能降低系统的总制冷能力、降低整个系统供冷机组的装机能力要求，使蓄冷＋区域性空调供冷站具有能耗低、环境热污染小、便于维护管理、节约运行费用等优点。蓄冷区域集中供冷模式代表着当今世界空调领域的一个重要方向。

（三）蓄冷＋毛细管网系统

蓄冷＋毛细管网系统是基于温湿度独立控制方法，将蓄冷技术与毛细管网辐射供冷系统等多种节能技术相结合，形成新式的空调系统，如基于温湿度独立控制方法的冰蓄冷辐射空调系统、毛细管网复合水蓄冷空调系统。蓄冷＋毛细管网系统一方面利用毛细管网辐射末端无吹风感、无噪音来提高人体的热舒适性，另一方面利用蓄冷系统移峰填谷均衡电网负荷，缓解城市电力供需矛盾，从而减少供冷季节的空调能耗及运行费用，使其利用蓄冷空调实现电力调峰的同时，又能充分发挥辐射空调高舒适性、低能耗的特性。

三、冷技术发展方向

1. 开发新型蓄冷介质。如纳米流体、微胶囊及定形相变材料等相变温度适宜、导热性能更理想的新型蓄冷材料。蓄冷技术的普遍应用也要求人们不断去研究开发固液相变潜热大、无腐蚀性、具有较高稳定性、经久耐用的新型蓄冷介质。

2. 研究开发新型蓄冷设备与技术。高效节能蓄冷技术设备与技术可以降低成本、提高蓄冷效率、减少系统的耗电量、提高性能系数。随着蓄冷技术研究的深入，技术先进、运行可靠的新型蓄冷设备与技术必将会得到研究开发。如在制冰和制冷水的工况下均有较高COP值的高效压缩机、直接接触式制冰晶技术、CFC替代和水合物蓄冷技术、冰水两相流输送技术、利用多孔性材料强化密封件蓄冷技术等研究。

3. 蓄冷空调系统节能经济的宏观评价和预测方法研究。蓄冷技术越来越多地应用于空调系统中，在一个方案中可能综合了多种节能技术，但也增加了系统的复杂性与投资成本，如果没有合理的经济评价与预测方法，系统可能无法达到节能的目的，反而会增加建筑能耗。因此，研究出更合理的经济评价与预测方法，才能进行合理的负荷预测与能耗分析、优化系统运行模式，保证系统以最节能、高效的方式运行。

四、冰蓄冷空调技术的现状及其应用

冰蓄冷技术因其蓄冷槽容积小、冷损小（2%~3%）、节约成本、能耗低等优势而被广泛研究和应用。冰蓄冷系统又包括静态冰蓄冷和动态冰蓄冷。动态冰蓄冷按不同的制冰方式分为片冰式、冰晶式、水与非相溶液体直接接触换热制冰、油水乳化动态制冰等。相对于静态蓄冰，动态蓄冰系统最主要的特点是制冰装置和储冰装置分离，蓄冰过程中冰结到一定厚度通过融冰使冰与制冰装置分离，输送到储冰装置，蓄冰过程是多次冻结完成。目前，静态冰蓄冷技术已十分成熟和稳定，动态冰蓄冷技术的开发与研究是未来的热点与难点

（一）蓄冷常用形式

1. 冷藏用冷板：在四周封闭的夹层板中充入盐水或醇类、烯醇类溶液作为冷冻液，并在其中添入一定量的缓蚀剂。板内设有充冷的盘管，氟利昂、氨等制冷工质可在盘管中循环。这样就制成了所谓的“冷板”（又称“共晶冰板”）。充冷时，制冷机工作，冷板相当于制冷系统的蒸发器，冷冻液被盘管中的制冷剂吸取热量、在相应的冻结点冻结成共晶冰。如此，大量冷量被以共晶冰的形式贮存起来。在制冷机停止工作时，共晶冰吸热融化，为被冷却对象体提供冷量。将装有冷冻液的冷板安置在隔热的冷运工具里，就可以在运输途中释放很大的蓄冷量。

冷板用冷冻液通常分为高温和低温两大类。高温冷冻液（如硝酸钾）冻结，用来运输蔬菜水果等易腐货物；而低温冷冻液（如氯化钠）可用来运输肉类、冰激凌等货物。

2. 水蓄冷：从 20 世纪 60 年代开始，利用夜间廉价电力的水蓄冷技术发展了起来，它是利用显热蓄冷的一种方式。蓄冷剂水（冷冻水）一般贮存的温度为 4℃ ~ 7℃，供、回水温差为 5℃ ~ 11℃。使用常规的空调用冷水机组（制取 7℃左右冷冻水）就可实现。可利用消防水池做蓄冷槽。

3. 冰蓄冷：冰蓄冷是潜热蓄冷的一种方式。充冷时，夜间电力驱动制冷机组运转，载冷剂乙二醇水溶液流经制冷机组中的蒸发器，获得冷量后流至蓄冷装置，使蓄冷装置内的冰球结冰，将冷量贮存起来。释冷时，通常制冷机组不运行，载冷剂乙二醇水溶液流经蓄冷装置，冰球内的冰融化，将贮存的冷带出，送往空调用户。为使蓄冷贮槽中的水结冰，制冷机组必须提供 -3℃ ~ -5℃的低温，这比常规空调用冷冻水的温度要低得多。因此，不能使用常规的空调用冷水机组制冰，需用能够制冰的制冷机。与利用显热蓄冷的水蓄冷相比，虽需要提供 -3℃ ~ -9℃的低温（蒸发温度），但由于释冷时能够获得低温载冷剂供空气处理系统使用，空调用户就可以采用低温送风。这样，不仅可减小送风系统和水系统的尺寸，而且能降低输送的耗电，减少管道尺寸和泵耗，从而节省空调系统的投资和运行费用。

4. 冰盘管式蓄冷系统：冰盘管式蓄冷系统的工作原理在于采用载冷剂间接冷却，在冷却的过程中，低温载冷剂将从冷水机组进入盘管内循环，以使管外的水转化为冰。在释冷这个过程中，将空调系统的回水送入蓄冰槽中去，与管道外部的冰接触，以使冰融化，进而达到制冷的效果。

（二）蓄冷空调技术的发展前景

在当今世界能源消耗逐年增加、环保意识逐渐增强、大城市空调负荷又快速增长的情

况下，应用蓄冷空调技术具有很大的社会效益和经济效益。许多国家的研究机构都在积极进行研究开发，当前目标主要集中在如下几个方面：

1. 区域性蓄冷空调供冷站。经实际运行证明，区域性供冷或供热系统对节能较为有利，可以节约大量初期投资和运行费用，而且减少了电力消耗及环境污染，建立区域性蓄冷空调供冷站已成为各国热点。这种供冷站可根据区域空调负荷的大小分类自动控制系统，用户取用低温冷水进行空调就像取用自来水、煤气一样方便。

2. 冰蓄冷低温送风空调系统。蓄冷与低温送风系统相结合是蓄冷技术在建筑物空调中应用的一种趋势，是暖通空调工程中继变风量系统之后最重大的变革。这种系统能够充分利用冰蓄冷系统所产生的低温冷水，一定程度上弥补了因设置蓄冷系统而增加的初投资，进而提高了蓄冷空调系统的整体竞争力，在建筑空调系统建设和工程改造中具有优越的应用前景，在 21 世纪将得到广泛的应用。另外，低温送风系统的除湿能力大大增强，室内环境舒适，对潮湿的南方地区尤其如此，可减少空调病的发生。

3. 开发新型蓄冷、蓄热介质。直接接触式冰蓄冷技术。直接接触式冰蓄冷是通过将蒸发器与蓄冰罐合并，直接将制冷剂喷射入蓄冷罐与水进行接触，在制冷剂气化过程中将水制成冰；或采用过冷水蓄冷技术。过冷水蓄冷技术主要是利用水的过冷现象进行动态制冰。过冷水经过过冷解除装置后，过冷状态被破坏，成为冰水混合物进入蓄冰槽，在蓄冰槽中冰水分离，分离出来的冰蓄存在蓄冰槽中，分离出来的水继续在系统中循环。

4. 开发新型的蓄冷空调机组。对于分散的、暂时还不具备建造集中式供冷站条件的建筑，可以采用中小型蓄冷空调机组。目前，中小型建筑物大量在用的柜式和分体式空调机，夏季白天所耗电量占空调总用电量相当大的份额。国外研究表明，为柜式空调机增加紧凑式冰蓄冷单元是可行且有效的，冰蓄冷空调机组投资回收期一般是 3 年左右。

5. 建立科学的蓄冷空调经济性分析和评估方法。蓄冷空调系统并非适用于所有场合，必须通过认真分析评估，确保能够降低运行费用、减少设备初投资、缩短投资回收期，才能确定是否采用。因此建立一个科学的评价体系对发展和推广蓄冷空调是十分重要的，并需在实践过程中不断完善。

（三）案例分析

1. 工程概况

本工程为甘肃某公共场所扩建项目中的配套项目，在中央空调系统中采用了冰蓄冷系统，负责约 7.9 万 m^2 的夏季空调负荷，最大负荷需求为 5000Rt。采用的蓄冷设备是 2 台 580Rt 的仅制冷单工况制冷机组与 3 台 640Rt 既可制冷又能制冰的双工况制冷机组。蓄冰装置采用的是 36 套储冰量 13400Rth 的 BAC 冰盘管，另外还采用了 5 台板式换热器与配套设施。每天晚间 10 点到早上 8 点制冰，早上 9 点至傍晚 5 点融冰补充热量，用以满足该公共场所的空调要求。

2. 冰蓄冷中央空调技术原理介绍

冰蓄冷系统同常规空调系统相比，增加了一条以乙二醇为介质的管路系统。在制冷工况中，乙二醇管路同双工况机组以及冰盘管接通，形成闭合回路，使机组中释放出的能量可以在冰盘管的转换作用下，使冰盘管冰槽中的浸泡水变成0℃的冰水混合物，从而实现冷量的储存。在释冷工况中，乙二醇管路会与冰盘管及板式交换器接通，形成闭合回路，通过冰盘管与板式交换器对存储在冰槽中的冷量进行转换，降低空调水的温度至要求的冷媒参数。对于制冰融冰的转换过程而言，可以按照固定程序由电动阀门的自动控制来实现。因为整个制冷系统都是由微电脑进行控制的，所以有着很高的自动化程序，在多种运行模式下均能实现转换，使冰蓄冷工艺的运用能够展现出最大效益。

3. 冰蓄冷中央空调施工技术

（1）施工前的技术准备

鉴于该工程的施工范围较大，并且缺乏相关的工程实例，因此，需要在施工前期做好充分的技术准备，保障后续施工的施工质量。工程施工之前，短期内对相关施工人员实施培训，使其掌握冰蓄冷施工操作的具体流程，熟练施工技术的应用，只有令施工人员系统性地对冰蓄冷技术产生认识，才能更好地避免后续工作中出现失误。设计方在进行技术交底时，需要保证充分的熟悉图纸，对工艺与流程产生充分的了解，首先需要进行内部会审，提出具体的执行方案与意见，保证同设计人员在进行技术交底时进行充分的沟通。单位技术人员主要针对管道布置通风和电气管路在布置上的情况进行结合，根据设计要求将每个工种管路中不同局部位置上的剖面图制作出来，对立体布置与平面布置进行分析，同已经选择好型号的设备实际尺寸进行对比，选择出设计方认可的最佳管线布置方式。

（2）管路与设备的绝热

由于乙二醇管路最低能够达到 -6℃的温度，而冷冻循环水管路最低温度只能降低至3℃，所以必须对设备和管路实施绝热处理。通常使用橡胶材料进行绝热，在乙二醇管路中要保证绝热的厚度不低于50mm，如是水管路，则不低于40mm。施工过程中，设备与管路之间的绝热材料需要保证密实不间断，在绝热效果得到保证的基础上，对观感进行良好的处理。

（3）乙二醇管路清洗工艺

蓄冰设备与蓄冰装置是冰蓄冷系统的两个主要部分，对乙二醇水溶液循环管道的施工是整个系统施工中的重点内容。乙二醇同管道中锈蚀物或者是焊渣结合后会产生状态同纤维相似的黏合物，致使设备极易出现堵塞的问题，使储冷与释冷的效果受到一定的影响，因此需要对其进行定期的冲洗。在进行冲洗之前，需要尽可能详细制定出具有可行性的作业指导书，对冲洗的流速与流量进行明确的规定。应当对管道进行多次反复的冲洗，尤其需要注意的是位于设备接口位置上的过滤器。针对清洗的情况，相关负责人需要进行及时的检查，以肉眼观察冲洗进出水无差别为宜，随之排净管道中的冲洗水，并立即注入乙二醇介质。

4. 冰蓄冷中央空调技术的应用领域

20 世纪 30 年代，美国便研究出了冰蓄冷技术，时至今日，由于能源危机程度的加深，冰蓄冷技术已经在很多国家得到了大力的推广。据相关统计，按照我国每年 3 亿㎡商务建筑新增速度，若均使用冰蓄冷中央空调技术，每年将会节约 15 亿 kWh 左右的电量，同时减少约 868 亿 t 的二氧化碳排放量。冰蓄冷中央空调技术有着很多优势，例如，较高的蓄冷空调效率、良好的除湿效果、可快速达到冷却效果，即使是在断电情况下，依旧能够使用一般功率发电机使空调维持正常的运转，所以使用适用于负荷比较集中、变化较大的场合，比如体育馆、音乐厅、影剧院等，同时也适合于一些应急设备所处的环境，比如，计算机房、军事设施、电话机房和易燃易爆物品仓库等。

总之，我国峰谷电价差的加大以及峰谷电价实施范围的进一步扩大，为蓄冷技术的应用提供了有利的条件。不论从提高电网的安全性，还是从提高能源利用率、降低投资、保护环境等多方面来说，蓄冷空调技术都具有巨大的吸引力。可以预见，蓄冷技术与其他节能技术相结合的空调系统以其独特的优势必将得到更加广泛的研究与应用。

第三节　地源热泵技术

运用地源热泵技术的暖通空调系统，能够更好地满足人们的节能需求和功能稳定性要求。而随着人们环保意识和节能意识的不断加强，在各个领域寻找清洁可再生能源，正成为整个社会的研究热点。地源热泵技术作为新型的可再生能源，具有良好的清洁性、环保性，整体的节能减排效果较为显著。因此应用地源热泵技术的暖通空调系统，其发展前景较为广阔。

一、工作原理

在应用地源热泵技术的暖通空调系统中，将空调系统的热交换器放置于地下，介质在强度高、密封性好的环路中持续流动，从而实现系统与土壤间的热量交换。夏季，地源热泵机组将从建筑中吸收的热能转移到地下，实现建筑降温；冬季，地源热泵将土壤中的热量转移到建筑当中，提高建筑环境温度的同时将其内部冷量转移到土壤当中。由于自然环境中的热量一般都是从高温向低温转移，而通过使用热泵能够将热量从低温输送到高温，本质上就是一类热量提升装置。通过对环境中已有的热量进行充分利用，提升温位后扩大其利用率，加之地源热泵系统自身的能耗有限，同时可以利用外部电能来补充压缩机所消耗的功，促进系统中的循环介质能够从低温持续吸收热量，然后向高温区域进行供热，确保系统能够持续循环而不间断。地源热泵与制冷系统的原理、设备几乎相同，但相较于传统的压缩制冷，地源热泵制冷不需要庞大的冷凝设备。

二、暖通空调设计中地源热泵的特点与优势

（一）能源可再生

地源热泵利用的是“地源”，也即地球表面 0~400m 范围内的地热资源，这部分资源为冷热源，可以满足暖通空调系统能量转换的需求。冷热源也被称为地能，是指地下水、地下河流、地表土壤、湖泊吸收和存储的低温位热能。从物理学的角度看，地球表面浅层是一个效率较高、范围巨大的太阳能集热器，每天有 35%~45% 的太阳能可以被地表收集，从总量来看，约等于人类每年能耗的 500 倍。这些资源几乎是取之不尽、用之不竭的，同时太阳能的应用不受到地域、资源限制，属于典型的可再生资源。

（二）高效节能

在应用地源热泵较早的欧洲国家，研究人员曾进行过调查，在热交换能力相近的情况下，地源热泵的 COP 值达到了 4 以上，换言之，用户每获取 4kWh 的热能或者冷能，只需消耗 1kWh 能量。传统的空调机 COP 值往往不会超过 2。地源热泵系统使用的时候更加节能环保，该系统的能源主要来自大地，用热交换的方式保持室内的内部温度平衡。在技术先进的德国慕尼黑，科研人员利用太阳能电池板加强了对太阳能的收集能力，将其与传统模式下的地源收集存储系统实现联合应用，一度将地源热泵的 COP 值提高到 5.2 的水平，节能效果非常显著。

（三）社会效应良好

地源热泵的能量源是太阳能，而且其装置结构在工作过程中几乎不会产生污染，不会产生任何化学反应、废弃物和烟尘，在居民区、工业区、商业均可以广泛应用。同时不需要为燃料准备仓储空间、不必进行燃料储备管理、能量传输作业，有效地控制了污染。在已经实现地源热泵应用的地点，可以发现该设备的应用范围很广，也能实现一机多用，可以提供冷热交换基本服务，也能提供生活用热水，一套系统可以替换此前具备同类功能的所有系统，降低了运维费用，社会效应突出。

（四）良好的稳定性

地源热泵系统的系统稳定性好，尤其在北方地区，北方冬季温度低，人们在日常生活中离不开暖通空调，暴露在房屋外部的保温系统如果保护不当，很容易遭到破坏或者冻裂，但是地源热泵系统是埋在地下的，不会受到气温的影响，也不会影响到建筑外表的美观性。此外，地源热泵系统较高的能源利用率也有利于保证系统工作的高稳定性，地源热泵的能源来自大地，大地可以储存热能和冷能，而且温度在变化的时候幅度比较小，夏季的时候，大地将储存的热能留到冬季使用，冬季的时候，大地将存储的冷能留到夏季使用，从而减少环境的污染，提高清洁能源的利用效率。

三、地源热泵技术在暖通空调系统节能中的具体应用

（一）针对地源热泵系统形式的选择

地源热泵系统中一般不采用闭式环路形式，主要是由于该种形式的地源热泵系统虽然免除了冷却塔的功耗，但是系统中的冷却介质、土壤、水体三者之间存在传热温差，而且机组冷却水温虽然低于冷却塔出水温度，整体的能效高于使用冷却塔的冷水机组，但是系统中的地下水中埋管投资较大，空调年运行周期较短，投资回收周期较长。对于地源侧的水通过热交换器从土壤中进行热量吸收较为容易，反之向土壤中放热难度较高，存在暖通空调系统运营期间由于机组的高压保护起作用而自动停机的情况。在这种情况下可以选择高能效比的常规冷水机组，通过系统中的冷却塔向外部进行热量排放。而在这种情况下，闭式环路的地源热泵系统更适用于有冷、热负荷需求的系统类型，对于开式环路形式的地源热泵系统能够更好地适应单冷或冷暖空调系统。

（二）可以通过外部措施提升系统换热能力

若暖通空调系统缺少足够的空间容纳地下换热器，为了更好地满足室内冬季热负荷需求，需要设置辅助热源提升暖通空调系统的能力，在夏季需要使用冷却塔，增加了暖通空调系统的复杂性，而且针对此类情况，需要考虑系统整体的经济性、技术性等条件来保证地源热泵系统选择合理。若地下换热器的效能可以满足冬季室内热负荷但不能满足夏季室内冷负荷需求，只需要在系统中增加冷却塔；若系统中的冷、热负荷相差较大，可以使用地下埋管加冷却塔的方式进行处理，满足系统需求的同时还能降低工程造价。这种方式不需要锅炉，整个系统的操作较为便利，工程造价会显著降低。

（三）高层建筑体系需要综合考虑多方面条件

高层建筑的暖通空调系统中运用地源热泵技术时，需要考虑建筑内部空调系统的控制，是否属于分层分区控制。若地源侧垂直埋管时就需要考虑埋管耐压，其垂直埋深要进行合理控制；同时要注意建筑高度，避免由于建筑高度造成的系统静压超出系统管线的额定压力。综合多种因素进行考虑，与地下水静压抵押作用后，系统中的垂直埋管能够适应更高的建筑。对于较高的建筑，可以通过在地源侧使用板式换热器的方式进行高低压分区，类似于中央空调在高层建筑中对冷媒水系统的高低压分区，或者在一定区域中不进行分区管控，通过在低层设置的水地源热泵机组，由系统末端设备向高层区域集中提供冷（热）媒介质。

（四）确保空调机组与地源热泵系统类型能够相互适应

部分空调机组只适用于水环热泵空调系统，另外部分空调机组只适用于开环式地源热泵空调系统。当前市场中的各类机组名称不统一，容易出现概念混乱的情况。相关施工单位或建设方在进行设备机组选择的时候，要充分了解自身的节能需求和设备要求，综合现

场安装环境选择空调机组，确保其与地源热泵系统类型能够相互适应。

总之，地源热泵技术利用土壤或地下水的蓄热性能形成热泵系统，在夏天需要制冷的情况下，将埋地换热器作为冷凝器向地下蓄热；在冬天需要制热的情况下，将埋地换热器转作蒸发器从地下获取热量，充分利用土壤和地下水的低位地热资源，将夏天的热量转存至地下，以便在冬季进行利用，在实现节能环保目标的同时，获取了可观的经济效益。因此，必须重视地源热泵技术在暖通空调系统中的应用。

第六章　供暖系统运行管理

第一节　供暖系统运行管理

我国北方的中小城市和农村地区，冬季采用的是热水供暖，并且就目前城乡发展水平而言，热水供暖还会在相当一段时间内维持人们的正常生产和生活。在整个热水供暖系统中，供暖质量的高低对人们冬季的生活质量有直接的影响，与此同时供暖质量的高低是供暖系统正常运行的直接表现。在热水供暖系统中，系统的设计、施工、运行、管理等各个环节是相辅相成的，其中任何一个环节出现了问题，都会给整个供暖系统的正常运行带来不必要的麻烦。

一、供暖系统运行调节过程

（一）系统的充水与启动

系统充水时应使用水质符合要求的软化水。系统充水顺序为热源、管网、热用户。管网充水应从回水管开始。用户充水宜由热源统一充水。系统启动时，热用户开放的顺序既可以先开放距热源近的热用户，再逐渐开放距热源远的用户，即“从近到远”，又可“从远到近”；也可以先开放大的用户，再开放小的用户。启动时应注意以下几点：

（1）开放热用户前，应检查热用户与管网连接点的压力，以决定用户给水阀、回水阀的开度。

（2）一般应先开启回水阀门，后开启供水阀门。

（3）热用户供水管阀后压力应小于散热器的承压能力，回水管阀前压力应小于系统最大高度加上水的汽化压力。

（4）热用户系统的供回水压差应保持一定数值，以满足系统需求。

（5）系统启动完毕后，应关闭连通供回水管的旁通阀门。

（二）系统的初调节

在热水采暖系统设计中，虽然进行了水力平衡计算，但使循环水泵的流量完全按设计要求在各热用户间进行分配，各组散热器间的流量也按设计要求进行分配是难以做到的。

因此有必要对系统进行调节。

（三）管网的初调节

由于管网近端热用户的作用压头很大，其管路管径又受到热媒流速的限制，剩余压头难以全部消除，其实际流量往往大于设计流量，同样位于管网远端的热用户系统的作用压头和流量小于设计值。这种水力失调只有通过管网的初调节来解决。

当整个系统达到热力稳定后，为平衡管网中各热用户的作用压头，必须提高近端用户的压力损失。当各热用户的供回水温差相差较大时，应按系统规模大小和温差偏离程度来确定初调节的程序。首先对规模较大且温差偏离大的用户进行调节。如果所有热用户的供回水温差与热源的供回水温差不超过 2℃，初调节可不进行。

（四）用户系统的初调节

管网初调节只解决了热用户间流量分配不均的矛盾，只有在用户系统的初调节完成后才能巩固管网的初调节成果。本系统各分配器出口均设有平衡阀，以便调节各系统的压头、流量。

（1）对异程式系统，常出现水平失调现象。必须先关小环路较短的立管或散热器上的阀门开度，只有压缩近环路的循环流量，才能使远环路保持正常的循环流量。

（2）对双管系统，常出现垂直失调现象。其上层散热器的重力压头较大，流量偏大，应关小上层散热器上的阀门开度，以减少调节垂直失调，保证系统正常运行。系统的初调节是一项细致而复杂的工作，应组织专人进行。

二、供暖系统的运行管理

（1）在系统运行过程中，热源处的运行人员应根据室外气温的变化进行供热调节。

（2）当突然停电、停泵时，应按要求进行操作，保证热水系统不发生汽化现象。

（3）热水采暖系统需定期进行排污，排污次数视水质情况而定。

（4）系统运行时，应最大限度地减少补水量，以减少运行费用，降低换热器和管网的腐蚀。

（5）为确保系统的安全运行，应加强对安全阀、电接点压力表、温度计等仪表、阀门的管理。

（6）采暖系统停运后，应严防换热器和管网破裂跑水等明显的事故，也可能很难查出原因。

三、我国目前供暖系统所存在的主要故障分析

我国居民住宅及其他居住建筑物的供暖一直都秉承统一的管理制度：在保证基本的供暖效果的同时，最大限度地节约燃料。但是长期以来，我国的供暖管理制度几经变化，对

于其中的某些主要知识和认识，人们比较模糊，导致了我国一些地区在冬季的供暖过程中，取暖效果不达标。例如，在传统的供暖系统中，一直都提倡“看天烧火”，即供暖的质量按照本地区室外的实际温度的高低变化情况，调整整个锅炉供暖的运行参数，二者相互统一，从而使供暖对象的耗热量和锅炉的发热量实现动态平衡，使室内冬季的温度达到16℃以上，以此保证最基本的供暖效果，也实现了资源的节约利用。还有绝大多数的供暖系统，在施工、设施、设备、设计和后期的运行管理等方面多存在问题。如在供暖的系统中，冷热水不均匀，热水的温度不够高，热力失调较为严重，室内的温度远远达不到人们预期的效果和系统设计的最初标准。煤、水等的资源的浪费比较严重，系统中大小故障和事故频发，这些问题的存在都给整个供暖系统的正常运行带来影响。近几年我国对供暖系统的进行各种技术改进，但是效果并不大，所以对我国供暖系统的运行全过程进行仔细的分析和严密的设置，给出合理有效的运行管理模式是当务之急。

四、供暖系统运行技术和措施

（一）实施连续供暖辅以间歇调节

我国建筑部颁布的《民用建筑节能设计标准采暖居住建筑部分》中，明确指出，新建的建筑物的采暖系统要按照连续采暖的方式进行设计，这主要是由于，采用连续供暖的锅炉，其热效率在74%左右，而间歇性锅炉供暖的效率只有56%左右。造成间歇性锅炉效率低下的主要原因如下：在十二小时的间歇供暖时间之内，二次压火所使用的煤的消耗，都是在无效的情况下燃烧了。经过对比分析发现，间歇性锅炉供暖从经济效益、社会效益和环境资源效益等各个方面来看，都不适合长时间使用，因此对间歇性锅炉的改造也是当前的主要任务之一。改造间歇性的锅炉，使用连续性供暖，其优点不仅仅体现在供暖的效率高一个方面，还表现在有效地降低了劳动人员的劳动量，使锅炉处于满负荷运行的状态。当前我国住宅内建筑供暖主要使用的是连续供暖为主、间歇调节为辅，以达到室内温度满足人们正常生活的需要。

（二）减少系统的失水

如果在整个供暖系统中供热系统严重缺水，会造成供热系统中热量的大量散失，而增大补水量，供暖系统的整体温度也会发生明显的降低。与此同时，供暖系统缺水，会使系统的压力下降，气体剧增，出现气塞的情况，严重阻碍了热水的循环过程。供暖系统出现严重缺水的情况并不多见，但是造成缺水严重的原因却是常见的，例如供暖管道破裂出现跑水、漏水现象，系统年久失修，老化，接口、阀门生锈，保养不及时等都会造成跑冒滴漏的现象。此外还有一些建筑住户从供暖系统中取热水，甚至私自在散热器上安装水龙头，肆意使用热水等。因此供暖管理部门要加强对住宅小区供暖系统的管理，做好日常维护和监督，倡导人们自觉维护公共设施。

（三）提高锅炉换热器的负荷率

当前我国住宅建筑的供暖主要使用的是分散锅炉房和集中锅炉房，欲提高供暖的质量，首先要提高锅炉的负荷率，其直接的措施就是减少运行使用的锅炉的数量，实现满负荷运行，烧满膛火。集中锅炉房锅炉低负荷运行一般只出现在分批建成的小区中，因为锅炉和热负荷运行不同步，在使用前，要对锅炉的运行做好周密的安排，尽量针对小区房屋分批建设的周期，使热负荷的分期增加和锅炉投入运行的数量保持一致性。如果出现热负荷较小，可以通过设置小容量的临时性锅炉以保证供暖系统的高质量运行，对于热交换板式换热器的使用，数量要合理，坚决避免过多，以防止出现板式换热器的低负荷运行的状况。

（四）采用气候补偿器

每一栋住宅建筑物自身都有一定的耗热量，并且室外的气温、太阳辐射、风向等因素对建筑物自身的耗热量的变化有直接的影响。要想在室外的温度发生变化时，室内的温度还要满足一定的温度标准值，就需要供暖系统的供回水温度在整个供暖过程期间，根据室外气温的变化而做出相应的调节，以平衡用户散热设备的放热量和用户热负荷，有效防止用户室内的温度过低或者是过高的情况出现。近年来，随着我国社会经济的发展和各项制度的不断完善，供暖收费制度也得到了改革，供暖系统由静态系统正向动态系统转变，采用气候补偿器是供暖质调节必不可少的自控装置，其运行原理是，通过对室外温度的测量，计算出供水温度和回水温度的理论值，再和实际值相比较，对电动阀的开动进行调节，使热源输出的实际供水、回水温度符合理论值，以保证热源输出热量和用户的实际用热量之间的平衡，达到节能的效果。

五、供暖系统的维护

系统运行中，最常见的问题是局部堵塞和系统严重失水。

（1）局部堵塞：我厂供暖系统运行了多年，由于供热水质不好、水中悬浮物泥沙杂质多，管道或散热器中沉渣污物造成淤塞，使过水断面减小，阻力增大，水流量小，造成系统局部不热。被淤塞的散热器通常下部长期不热，严重影响了散热器的水循环。对于这种情况，在运行管理中，要加强对设备的管理维修和养护，经常对运行中的系统进行检查，严重淤塞的要尽快修理；同时对可能积存污物的地方，在夏季进行拆卸冲洗。

除污器是热水供暖管网系统中的一个不可缺少的装置。当供暖系统质量下降时，建议检查除污器，排除除污器影响因素后，再做进一步检查。对于新建用户系统，在投入使用的第一个供暖季内，对除污器的处理工作不宜少于两至三次，第一次宜安排在首次运行开始后一周内进行，因为此时系统内施工残留的杂质较多，以后每年至少清理一次。

（2）系统失水：系统缺水会造成热量的直接损失，导致补水量增大，系统整体温度降低。同时，系统缺水也会引起压力下降，产汽增多造成汽塞，循环不畅。缺水的原因可能很容易找到，比如与供暖管理有很大关系，如果系统老化，阀门、接口年久失修，保养不好，就可能出现普遍的跑冒滴漏现象。再有就是有少部分用户从系统中取水，私自在散热器上安装水龙头，“免费”使用热水，方便了自己，却给整个小区的住户带来了不适。供暖管理单位要加强管理，搞好日常维护，制定严格的制度，使人们自觉地维护公共设施。

综上所述，提高供暖质量，达到有效的节能效果的关键，在于做好供暖系统的运行管理，只有做好运行管理，才能达到良好的均衡供热效果，实现节能的目的。所以在供暖系统运行管理的过程中，要提高工作人员的业务素质和水平，对供暖系统存在的各种问题，对症下药，以提高供热质量，实现节能目标。

第二节　供暖系统运行管理节能措施

随着经济的发展，我国城市化建设的发展也日新月异。城市集中供暖作为我国市政公用事业中的一部分，是我国城市经济建设和城市化发展建设事业的基础工作之一，是直接关系社会公共利益，影响我国广大人民群众的生活质量，关系城市经济和社会的可持续发展的关键因素，是城市赖以生存和发展的基本设施。人口基数庞大是我国的基本国情之一，正是由于我国人口众多，所以每天要消耗掉的各种资源、能源是一个天文数字，其中就包括热量资源的消耗。随着时代的发展和科技文明水平的进步，我国对集中供热系统的节能问题也加大了关注力度。

一、供暖系统耗能设备的经济运行

（一）经济运行的重要性

能源设备的经济运行是一项综合性的管理工作，是企业搞好节能降耗、降低成本的重要途径。现阶段由于我国的能源开发落后于整个国民经济的发展，再加上管理不善，浪费又比较严重，我国的能源供应一直很紧张。要想搞好供暖的社会服务，又要振兴自己的企业，必须要突出耗能设备的经济运行，这样才能确保企业的社会效益和经济效益。

（二）耗能设备经济运行的几个重要环节

1. 要把好设备选择关。要选择产品质量可靠，使用寿命长，安装方便，节能效果好的设备与配件。

2. 要把好原燃采购关。要做到从发货、运输以及接货实行全面质量管理，确保产品质量。

3. 搞好设备的维护保养。在认真搞好“三修”的基础上，定期对设备进行更新和技术改造。

4. 加强设备供、回水输送系统的现场管理。要定期搞好地下管网的检修与保温，杜绝跑、冒、滴、漏现象。

5. 严格控制启炉时间和运行时间。在确保用户室温合格的前提下，要及时调整启炉时间和运行时间（根据室外天气的变化），科学地控制供、回水温度。利用气象预测和历年气象统计资料进行计算，绘制出温度调节特性曲线（室外温度与供水温度曲线），按此特性曲线指导供热。

6. 推广应用节能效果好、经济效益明显的节能新技术，使供暖行业早日进入科学管理。

二、煤、水、电的管理

煤、水、电的费用是构成采暖成本的主要费用，煤、水、电管理的好坏直接影响企业的经济效益。

（一）煤炭的管理

煤炭占能源成本的比例最大，因此对购煤计划的制订，购煤合同，购煤质量，煤炭的一、二次运输，煤炭的保管，煤炭的计量，耗煤定额，煤炭的匹配及煤炭的燃烧质量等都要进行系统、科学的管理。

（二）用电的管理

1. 确保用电设备的设计质量，要准确计算用电负荷。负荷的计算是电气设计的基本依据，负荷的计算是按发热条件确定的等效负荷。根据计算负荷来选用电气设备或导线、电线，其发热温度不会超过允许值。

2. 选用节电设备：

（1）选用节电型变压器。

（2）合理选用节能型电动机和正确使用电动机，使供暖系统中电动机实现最佳运行，实现节电目的。

（3）正确选用水泵和风机，正确合理科学地选用水泵和风机是确保供暖过程中安全经济运行的先决条件，要能适应最大流程（风量）、最大扬程（风压）的需要。正常运行的工作点应尽可能接近设计最佳点，保证水泵和风机在高效期运行。

3. 电耗的计量管理。为了确保供暖系统的节约用电，用电的计量安装率要达到100%。计量准确完好率也要达到100%，并要做到月考核。建立用电设备台账，各项原始查表记录齐全。为了确保电度表的精度，每运行一段时间要对电度表进行校验，确保精度值。

4. 加强电耗定额的管理。这是节约用电的考核手段。各供暖行业在执行国家建设部的电耗定额时，要结合省、市下达的定额，合理、先进地制定本企业的内控定额，在确保供暖的前提下，要做到节约用电。

5. 提高耗电过程的功率因数。用电设备的自然功率因数一般低于电力系统要求的数值，从而增加了线路的功率和电压的损失，并降低了设备的供电能力。要想有效地提高功率因数，必须合理匹配用电设备，提高设备的运行效率，杜绝“大马拉小车”。必须减少设备的空载时间，以降低无功损耗。

6. 搞好电平衡工作。电平衡工作是一门新的应用科学，通过采用普查、测试、计算和数理统计等手段，考查企业用能设备的电能利用情况（包括电能的结构、分布、流向，间接的、直接的电能损失比重等），根据各类参数查、找出节超的原因，从而制定深挖节电潜力的措施。一般供暖行业只需采用综合电平衡方法，就能完成电平衡工作。

7. 节约用电。我国的能源方针是开发与节约并重，在近期内以节约为主的原则。

（三）用水管理

水是一种宝贵的自然资源，是保证人民生活和社会经济发展不可缺少的物质资源，它已经成为锅炉供暖的主要制约条件。节约用水和合理用水是摆在我们面前必须承担的一项重要任务。

1. 耗水定额管理。由于我国严重缺水，再加上水价的不断上涨，给供暖行业带来了不利因素。为了扭转当前和今后供暖的被动局面，在满足供暖用水量的前提下，要严格控制用水量，做到节约用水。

2. 耗水的计量管理。计量管理是考核水耗的基础工作，无论用自来水、地表水或地下水，都要遵照《国家计量法》和国家经委、国家计量局颁发的《企业能源计量器具配备、管理通则》的规定。要做到水计量用表的完好率和安装率均为100%，要做到定期检查，要做好水耗的统计和分析。

三、管理是供热采暖系统的节能保证

采用新设备、新材料、新技术加强维护管理是供热采暖系统的节能保证。

1. 加强计量管理、严格规章制度，从可靠性、安全性、经济性、舒适性做文章，对热源管区，供热量流量，热用户供热情况，各点运行温度、压力等做到心中有数，依据监测装置设备、温度压力表、流量表、控制阀门等统计数据建立章法，进行科学管理是供暖系统节能的根本。

2. 采用新设备、新材料、新技术、新工艺提高能源综合利用效果。如用户入口采用自力式流量平衡阀、热量计，解决远近环路水力失调、过热过冷现象。

3. 合理匹配循环泵，用能省能。

4. 采用计算机综合技术和节能水处理设备，为节能降耗创造条件。

总之，节能是供热采暖的一个系统工程，需要从热源、热网、热用户总体方案考虑，采用科学技术方法精心设计、精心施工，科学计量管理，加强维护管理、运行管理。采用新技术、新设备、新工艺、新材料，运用计算机和自控高新技术，才能保证供热采暖系统有效地节能，提高环境、社会效益，提高人民生活水平。

第三节　供暖系统节能技术

为贯彻国家节约能源和保护环境的法规和政策，规范既有供热系统的节能改造工作，实现节能减排，国家制定了《供热系统节能改造技术规范》。这对于我国北方的大部分城市供热系统的节能改造工程来说是一个促进，因为城市的供暖采热已成为人们生活中不可缺少的一部分，但是随着科技的发展和社会的进步，新技术进入供热系统，减少能源浪费问题和提高供热水平成为现实。特别是在能源紧缺的今天，为了合理利用地球上有限的资源和实现经济和环境的可持续发展，我们有必要也十分有可能把节能技术应用到城市供暖采热系统中去。

一、目前城市采暖供热系统的现状及成因

（一）锅炉设备的问题

在城市的采暖供热系统中，锅炉可以说是最耗费能源的一个设备了，锅炉设备的选型不当，是造成能源浪费的重要原因。对每一个供暖地区来说，各地的实际情况不同，决定了要根据需要选择不同类型的锅炉设备，而目前的情况是，供暖公司往往不注重对锅炉设备的选择，这就在一定程度上造成了能源浪费。

（二）煤型选择的问题

和锅炉设备一样，煤炭等燃料在使用时也应该根据不同的需要进行选择，而目前很少有公司或管理方能够重视这个问题，大都做不到具体问题具体分析，为了省事，对不同的地方均采用统一煤型，不能合理利用，这也是能源浪费的原因之一。

（三）工作人员技术问题

从供暖过程上来说，工作人员操作的技术严重影响着能源的利用率。工作人员技术熟练、工作责任心强，就会对工作更为重视，该加燃料就加，不该加就不加，这样就会减少能源的浪费。如果一个工作责任心不强的人来操作，为了节省时间或力气，工作人员往往在添加燃料时不顾后果地一次性添加很多，或者不等原有的燃料燃烧完就清除掉，最后造成能源的浪费。

（四）缺乏严格的规范管理流程的问题

不论从操作流程上还是在对工作人员的管理上，城市供暖采热系统都缺乏统一的标准加以规范和管理，这样在操作上具有很大的随意性，也没有严格的惩罚措施，使得人们对能源节约的态度满不在乎，因而造成浪费。

（五）对煤的利用程度不够的问题

对许多企业来说，燃烧煤用过以后就被当作废品处理掉了，但实际上由于操作等方面的原因，那些燃烧过后的煤并没有被充分利用，许多煤仍然具有燃烧价值。燃煤不充分就被处理，这也是造成浪费的重要原因。

（六）热量计量不到位的问题

由于热量计量不到位的问题，用户节能意识淡薄。对于大部分北方城市来说，城市供暖采热都实行集中收费，而不针对个人用户，用户无论使用多少，所承担的经济费用都是一样的，人们在使用能源多的情况下，并没有带来经济损失，这就在一定程度上助长了浪费的坏习惯形成。

二、集中住宅供暖系统的节能技术要点分析

（一）PLC 调节技术分析

PLC 技术是被应用在工业生产自动化控制的设备，这种技术的优点就是不需要采取措施，可直接应用在工业环境中。其缺点是操作中极易受到外界环境和条件的影响，像安装方式不当或者是受到电磁的干扰时，就会出现程序出错的情况，使得设备失控，并且会影响供暖系统的稳定运行，所以在应用 PLC 技术时，要提高技术的抗干扰能力，进而提高技术的可靠度。近些年来，PLC 技术有很大程度的发展，其安全不可靠性以及抗干扰能力都得到了很大的提高和改善，这样就可以减少 PLC 技术在集中供热住宅供暖系统的能耗，实现节能环保的目的。

（二）太阳能辅助加热技术分析

太阳能始终是节能、环保、低成本的绿色、清洁能源，已经被广泛应用在人们的生产和生活中，它可以给家庭、商业以及工业提供热能、照明、热量、电等，满足人们生活生产的需求。在集中供热住宅供暖系统中应用太阳能辅助加热技术可以最大化地达到节能环保的效果，像太阳能中央热水系统是以太阳能能源为主，配套使用电能或其他能源，实现供热系统的稳定性和自动化程度，而且太阳能辅助加热技术可以实现无烟排放，降低热水的成本和能源消耗，实现节能环保的目的。

（三）烟气余热回收技术分析

烟气余热回收技术是利用烟气余热对低温水进行加热，进而提高资源的利用率，降低烟气排放时的温度。根据实践经验总结发现，锅炉的烟气排放时的温度有 150 到 210 摄氏度，而且烟气中有大量具有潜热的烟气被直接排放走了，这些烟气中含有较多二氧化碳等有害物质，直接排放的方式不仅造成了能源的浪费，而且加剧了环境的污染。而采用烟气回收装置，可以实现温水对烟气潜热的利用，降低烟气排放时的温度，进而提高锅炉的利用效率。另外，烟气排放时温度降低，烟气中所含有害气体的浓度在冷凝作用下降低，减

少了烟气排放对环境的污染。因此，采用烟气余热回收技术，可以提高锅炉的供热效率，提高锅炉及供热系统中回水的温度，并且利用烟气的余热进行水温的加热可以实现节能环保的目的。

（四）高温远红外纳米涂料节能技术分析

高温远红外纳米涂料节能技术是一种高效的节能环保产品，它是利用特殊的工艺把远红外纳米涂料涂抹在锅炉膛内适当的部位，待到涂料固化后会形成牢固的涂层，这种涂层具有超高的吸收率，可以把吸收到的热能转换成远红外电磁波的形式进行辐射，进而提高锅炉膛内的温度，这样就最大限度地提高了锅炉的热效率，降低了热能的损失，实现了节能目的。锅炉的出烟口的温度和排烟口的温度都会降低，这样就缩短了升温时间，而锅炉的热循环性也得到提高，热效率也得到提高。另外，利用高温远红外纳米涂料节能技术可以很大程度上延长锅炉的使用寿命，可以加大施工的简便性和快捷性。

三、新时期城市供暖采热系统节能的策略

（一）引导居民树立正确的节能意识

要想根本性地提高能源的利用率，减少浪费，最重要的是培养人们的节能意识。无论从管理者、操作者还是使用者方面，都应该加强节能意识的宣传，加强人们对节能的重视，这样才能使人们自觉地贯彻科学发展观，并表现在实际行动中。

（二）运用合适的方法，进行科学测算，选用合适的锅炉设备

锅炉设备过大，是造成能源浪费的一个最重要的原因。因此，在选购设备时，要先实地考察使用地的实际情况，然后根据不同的情况选购不同的锅型，不可为了省事、为了避免事故的发生均采购大型的锅炉设备，这样不仅增加了采购费用，还使得燃烧过程中煤炭资源的浪费十分严重。所以，这样在采购时，要指派专业的采购人员根据需要采购合适的锅炉设备。

（三）选用高科技含量的专用供暖锅炉

不同的燃烧用途对煤型的要求也不同。因此在使用时，可以针对锅炉本身的特点选用专门的锅炉燃烧煤，可以在很大程度上减少因操作不当而造成的能源浪费。

（四）采用分层燃烧技术，提高燃煤利用率

这主要是针对实际操作过程中工作失误导致的能源浪费提出的合理化建议。在实际燃煤过程中，煤炭一次性投入量对煤炭的利用程度有很大的影响，一次投入燃料过多，则会使得煤炭不能完全燃烧，投入过少，又不能保证正常的热量供应。

（五）加强对锅炉工的培训监督，提高其操作水平和节能意识

锅炉工为了省事往往一次性投入过多的燃煤，一次性掏出大量煤渣，这样煤炭没有燃

烧完全就被当作垃圾处理掉，造成了很大的浪费。因此，要加强对锅炉工的监督，对责任意识不强的工作人员要及时淘汰，并制定相应的奖惩措施，提高工作积极性、增强节能意识。

（六）采用烟气热能回收方法避免能源浪费

在燃料燃烧的过程中，由于化学方面的作用，使氢与氧相结合产生大量的水蒸气。再从物理上进行分析，蒸发吸热，因而这些水蒸气在蒸发的过程中会吸收掉很多的热量，这样就会使很多热量丢失，浪费燃料，给公司、企事业单位带来经济损失。

（七）制定科学合理的管理制度

为了提高节能意识，还应该制定统一的标准，对供暖采热行业加以规范，并配以严格的监督机制和奖惩措施，对能源利用率高的企业进行奖励，对能源利用率低、浪费严重的企业进行惩处，可以给企业施加一定的压力，使企业注重对能源的利用。

（八）供热系统量化管理节能技术

为改善这种动力设备（锅炉、水泵）大、使用寿命短，运行负荷小、工作效率低，能耗（煤、水、电）高，供热质量差、冷热不均、热力失调，供热、耗煤无依据，运行管理凭经验等状况，让设备投资和运行费用减低，避免能源浪费，用微机监测对供热系统进行状态监测和故障诊断，实行科学的量化管理，以便提高供热质量，实现节能技术。应用这项研究技术，可使供热系统运行管理水平大大提高，从根本上改变中国供暖系统高能耗、低效率的落后局面，而且可以提高供热质量，延长设备使用寿命，减少运行维修管理费用，节约能源，减轻环境污染。

总之，我国城市的供暖采热系统存在的问题还有许多，但这在另一方面又给我们提供了很大的提升空间。因此，我们应该从实际问题出发，对症下药，减少对煤炭资源的消耗，合理利用煤炭资源，加强对技术人员的培训，把节能技术充分应用到城市供暖采热系统上，实现经济效益、环境效益和社会效益的有机统一，为可持续发展做出应有的贡献，造福于子孙后代。

第四节　供暖系统监管平台应用技术

随着我国经济的不断发展，我国的城市化的建设进程也在逐步加快。供热系统是城市建设中的一个组成部分，维持着人们日常生活的供暖问题。针对供暖系统加入智能化的监管系统，能够对城市的供暖系统进行实时的监控、了解反馈系统的运行情况，对故障进行及时预警等。这为供暖系统安全稳定的运行提供了保障，带动了人们生活水平的提升。

一、城市供热系统发展的现状和问题

（一）调节供热管网，优化热能分配

供热系统在实际的运行过程中，设置的不合理、管网距离、结构设计不合理等因素会导致在传递的过程中消耗了大量的热量，不利于能源的可持续发展。因此针对这一情况在供热系统中加入智能化的管理，能够对系统进行科学合理的调整，减少热量不均等问题。可以有效地保持热源和各个热点之间的平衡状态，避免热量在传递中大量消耗的情况。但是在实际运行的过程中，热源和热点之间难以保持平衡的状态，因此企业又在供热系统中加入了自动化的调整，加强热源和热点之间的平衡问题，保障供热系统的高效运行。

（二）供热系统的工作人员缺乏专业素养，影响了故障的排除

大部分的供热企业对人力资源的开发和利用并没有给予太多的重视，导致在实际的运行和操作过程中，缺乏一些高素质人才，大部分的工作人员仅仅进行了简单的培训就上岗操作，难免会使操作出现一定的偏差，再加上他们的经验不足，理论知识匮乏，导致难以发现系统中存在的一些故障和安全隐患，从而影响了故障的排除，并不利于供热系统的高效运转，同时也为供热系统智能化的发展带来了不利的影响。因此加入供热智能化监管系统尤为重要。

二、供热智能化监管系统的研究

供热系统在实际应用的过程中存在很多问题，主要包括操作人员的专业性、定期的检修、热量数据不精确等等，针对这些问题加入了供热智能化的监管系统，逐步解决存在的一些问题。供热智能化监管系统主要由监测点、通信技术、监控中心、控制点四部分组成的，通过这四部分的协调工作，可以有效地对供热系统的运行过程实施监控和管理，保障供热系统安全可靠的运行。

监测点是实施智能化监控系统最重要的一步，需要在供热系统中设置监测点，扩大监测点的覆盖范围，实施全面化的监督管理。通信网络的应用也能够将检测的信息快速传递给监控中心，便于监控中心做出应急措施。监控中心可以将所有的信息进行分析存档，并对控制点下达命令；控制点在接收到命令后，实施自动化、智能化的操作，调节供热系统中存在的问题。

三、供热智能化监管系统的应用

（一）监控管道的腐蚀情况

1. 内部腐蚀情况监管。一般造成供热管道内部腐蚀的因素主要有热水温度上升、热水中盐离子的浓度增加、水中含氧量增加等，若是这些因素同时出现，会加速管道内部的腐

蚀，影响管道的使用寿命。因此需要在供热系统的管道内部布置全覆盖监测点，间隔一段时间收集监测的信息，针对信息进行研究分析，判断水中的含量和其对管道的腐蚀速度，从而进行有效的调节，采取科学合理的防腐措施。

2. 外部腐蚀情况监管。城市进行供暖系统的建设，管道铺设一般会采用地埋、架空、有沟敷设等方式，地埋方式占地面积小、投资少，因此常常被用在供热系统管道的铺设当中。管道的腐蚀和直接接触的土壤的温度、湿度、酸碱度等有关。相关研究可以表明，酸碱性质的土壤的腐蚀性高于普通土壤。土壤温度也是一大主要的影响因素，温度上升导致管道中的化学离子增加，发生化学反应，加速了管道外部的腐蚀情况，因此针对外部管道腐蚀情况进行监管工作，就需要在管道外部加设一层防腐层，建设外部监测点，利用管道和大地之间外加直流电，可以将被测管道的电流和点位上传到监控中心，测算出防腐层的绝缘电阻值，利用数据来判断管道外部的腐蚀情况。

（二）改善水平失调的情况

在供热系统的运行过程中，很容易会出现水平失调的情况，导致受热不均。水平失调指的是在供暖系统中的各立管循环环路长度不一致，导致其所受到的压力损失也不尽相同，难以得到平衡，对距离不同的立管产生的影响也是不同的。近处的立管所处的房间温度会偏高，而远处的则会偏低，造成了能源的浪费。因此需要利用智能化的监管系统结合安装在用户处的流量自动调整阀，可以对热能的流量进行有效的调节，并对用户入口处的流量信息进行监控和反馈。若是在一段时间中，实际的流量和预定的流量相差较大，监控系统就会启动，控制自动调节阀，控制热量的进出，从而有效地解决水平失调的情况。

（三）预警水锤现象

水锤现象主要指的是管道内部的流量在短时间内发生急剧变化，产生了加大的压力并引起了波动，对管道产生了强大的压力，很容易使管道发生破裂等现象。因此针对这一现象，应当引进智能化的监管系统，对管道内部的热量流通进行实时的监控，对水锤现象进行预警，在供热系统的管道中，若是某一处发生了流量剧增的现象，监控系统会及时捕捉，将数据反馈回监控中心，监控中心及时做出预警处理，对控制点下达指令，控制点会开启管道的气门，减少管道内部的流量，消除水锤现象，防止事故的发生。

总而言之，城市供热智能化监管系统的研究和应用可以有效地保障供热系统的稳定安全运行，对供热系统中的管道、流量、整体运行等进行实时的监控，管理好系统运行，针对其中存在的问题，监控中心及时控制监测点和控制点进行预警和应急预案，减少事故的发生，这样才能保障供热系统的科学性和可靠性，为人们的生活提供一定的便利，也促进了供热企业经济效益的提升。

第七章　通风系统节能技术

第一节　通风节能设计

国家在各行各业中开始倡导节能理念，以此达到促进社会可持续发展的目标。建筑行业一直以来属于我国发展的重要行业之一，建筑行业在发展过程中耗费的资源数量庞大，而建筑设计中良好的建筑通风设计能处理好室内外空气流通，促使新鲜空气充分进入室内，建筑物内部的热量排至室外，提高通气效率，达到自然降温的效果。因此，在建筑通风设计过程中应充分地融入相应的节能理念，从各个方面综合考虑，最大限度地减少能源的消耗，优化现有的建筑能耗体系，实现可持续发展的目标。

一、现阶段建筑通风节能设计过程中存在的问题

（一）不合理的规划

现阶段城市建筑设计过程中，虽然大多数设计师都能意识到节能对于社会发展的重要性，但仅有少数设计师会将节能理念很好地运用在建筑设计过程中去。绝大多数建筑公司及设计师在利益的驱使下对建筑外观、建筑企业的经济效益过于重视，建筑通风设计过程中未能很好地融入节能理念，未能从节能的基础着手开展相应的建筑通风设计，使得建筑通风节能设计规划不合理，影响建筑工程整体节能效果及质量。

（二）不合理的遮阳设计

在建筑设计过程中，优良的设计理念能保证室内温度适宜及光线适宜，能最大限度地减少电能的消耗，起到节能的效果。但现阶段的建筑设计过程中，大多数设计师过于重视建筑外观美感的设计，不顾忌建筑使用性能及节能环保，主要表现为建筑物房屋内的光线较弱，部分房间的日光照射过度，无法很好地调节进入室内的光线，无法达到节能的效果及理念。

（三）不科学的建筑通风设计

在建筑通风设计过程中不合理的通风设计会导致能源消耗现象的出现。设计师虽然在建筑设计过程中会充分考虑建筑物的通风性能、室内温度的调节等因素，但建筑公司为了

获取利益，为了最大限度地提高土地的利用效率，一个楼层上设计了数个甚至数十套房屋，很大程度上违背节能、低碳设计的原则，使得人们在居住过程中不得不利用空调对室内温度进行调节。使用空调虽然能降低或提高室内温度，促进空气的流动，但使用空调将会造成大量电能源的消耗及后期维护成本的提高，导致资源浪费现象的出现。

（四）建筑成本增加及空气的污染

由于设计本身的缺陷问题及设备性能的影响导致了建筑建设施工过程中的成本增加，增加了设计、施工及运行过程中的工作量，更不能保证空调系统的正常运行。且在建筑通风设计不合理的状态下，人们的生活离不开空调，现阶段市场上大多数空调采用氟利昂作为制冷剂，大量使用氟利昂会导致地球表面的臭氧层受到破坏，造成大气污染。且空调长时间运行之后会衍生较多的有害物质及细菌，对室内外空气质量造成影响，不利于人体健康。现阶段建筑通风节能设计过程中存在的各类问题均属于资源及能源的浪费现象，不利于可持续发展理念及节能减排的实现，因此，在建筑通风设计过程中融入相应的节能理念显得尤为重要。

二、建筑通风节能设计的改造方案及措施

（一）建筑通风节能设计的重要性及意义

在建筑通风设计过程中实施节能设计具有较为积极的意义及作用。建筑通风节能设计能提高空气质量，减少空气污染。传统室内制冷一般采用的是空调及电风扇等电器，虽然具有较为显著的降温效果，但在使用空调、冷风机等电器时，需要将室内的门窗紧闭才能达到相应的降温效果。而在建筑通风设计过程中融入节能设计理念能促进室内外空气的流通，通风的效果能自然地降低室内温度，提高室内空气质量，促进人们健康生活。建筑通风设计的主要目的就是提高建筑物的通风性能，在建筑通风设计过程中融入节能设计理念能获得强化通风的效果。建筑通风节能设计过程中可以利用室内外气流压力差及温度差实现自然地通风，与以往建筑中高能耗、高噪声的通风方式相比，存在较大的升级，且能提高室内的降温效果。当室内温度比室外温度更高时，建筑物通风系统就会发挥其通风能力，排出室内的气体，引入室外的新鲜空气，强化建筑物的通风能力。

在设计建筑室内通风过程中，采用相应的节能方式能促进室内制冷效果的强化，以此达到被动式制冷的效果。当室外温度较低时，建筑物的通风系统开始发挥功能降低室内温度，排出室内的有害气体，能在低耗电或不耗电的基础上利用自然通风的原理降低室内温度。此外，建筑通风节能设计还能最大限度地减少能源的消耗。建筑行业的能源消耗一直以来都是我国各行业中能源消耗的“巨头”，建筑通风节能设计理念能有效减少电力消耗，减少传统通风设备安装及维修过程中产生的资源、能源消耗现象，达到节约能源的作用。

（二）建筑通风节能设计的改造方案及案例

1. 开展整体统筹的城市规划节能设计

建筑通风节能设计过程中要考虑的因素众多，主要包括建筑物的具体朝向、建筑物与建筑物之间的距离等，还应联系建筑物与周围建筑物之间的差异在合理的位置进行规划，强化建筑物通风系统的自然通风能力，为人民的居住及生活提供健康、美好及舒适的环境，提高居住者的体验。相关部门应结合当地气候、地势及风俗等针对建筑物的朝向问题进行针对性的设计，在设计建筑物朝向过程中将我国所处纬度考虑进去，结合相应的建筑物实际环境、风向等因素进行设计，合理设计及规范城市规划，为建筑通风节能设计奠定坚实的基础。

2. 合理开展相应的建筑物房屋节能遮阳设计

在建筑设计过程中高效的遮阳设计能有效地改善阳光过度照射，使室内光线维持在一个较为舒适的状态内。现阶段建筑设计过程中较为常见的室内光线遮阳设计主要包括垂直遮阳、综合遮阳及水平遮阳等类型，在遮阳设计过程中，应结合当地地形、每天阳光照射的条件及建筑物的实际朝向等进行设计。针对窗户朝南的房屋，采用水平遮阳的方式；针对侧向的阳光，采用垂直遮阳的方式。解决房屋居住过程中多种朝向阳光照射的问题，提高人们的生活质量，降低室内温度，优化建筑设计。

3. 针对建筑通风系统进行合理的节能设计

在建筑通风系统节能化设计过程中影响其设计的因素主要包括建筑物与建筑物之间的距离、建筑物的排列方式、建筑物的朝向等。因此，在建筑通风系统节能设计过程中，应结合建筑物的实际情况选择相应的排列方式，针对高度不一的建筑物采用错列式排序的方式，风能够逐步由低层建筑吹往高层建筑，提高建筑物的通风效果。

4. 建筑通风节能设计过程中的注意事项

自然通风的方式不仅能达到节能的效果，而且能提高室内通风效果，改善室内空气质量，但是对城市建设中密集建筑群中自然通风的效果会有一定的限制。为了提高密集建筑物居住者的生活质量，还应引入相应的机械通风，提高降温效果。在建筑设计过程中引入自然通风能够在一定程度上达到节能减排的效果，但自然风的垂直分布会导致不良影响，当热气流上升过多后会全部聚集在建筑物的顶部。因此，在冬季，中庭过高的建筑物会产生保暖效果不佳的现象。

5. 建筑通风节能设计的案例

针对某小区建筑的阳台进行通风节能设计，朝向为南方的封闭阳台设计相应的建筑通风节能系统，主要的设计目标为强化建筑物阳台的通风效果，将南面阳台的温度降低，使室内温度适宜。笔者在建筑通风设计过程中，依照节能设计的原则提出了以下设计方案：（1）在温度较高、日照较强的夏季，白天将阳台的外窗打开，并设计相应的遮阳措施促进南北方向形成空气的对流，降低室内温度，缩短室外温度与阳台温度的差距，在夜间采用开外窗的方式进行通风降温；（2）增加通风量，在夜间将窗户打开，在白天将阳台关闭，将通风口打开后利用小空间室内换气的方式将室内的热量排出，于此基础上在白天使用反射率较高的遮光器械减少阳光进入室内，控制阳台的温度；（3）在夏季晚上，温度较白天温度低的时候，将阳台外窗打开进行通风处理，在白天使用遮阳的方式全部关上窗户，阻断阳光的过度照射，达到降温的效果。

总之，在建筑通风节能设计过程中，设计人员应正视现阶段建筑物通风设计过程中存在的问题，摒弃传统的建筑通风设计理念，积极开展整体统筹的城市规划节能设计，规范建筑设计要求，合理开展相应的建筑物房屋节能遮阳设计，针对建筑通风系统进行合理的节能设计，促进建筑物通风节能效果的提高，最大限度达到通风的效果，减少资源及能源的消耗，提高人们的生活质量，减少由于建筑物通风不佳导致的能源过度消耗现象，促进社会的可持续发展。

第二节 空调水系统的节能

在大多数的公用建筑之中普遍存在的问题就是中央空调的能耗超标，特别是在夏季，近乎占据了供电部门的一半供电负荷。中央空调系统耗能大户主要是主机及水泵，它们占据消耗能量超高的设备中的重要位置，不可小视。实际使用时，冷热负荷量被各种各样的原因所影响，设计和实际存在着较大差异，所以设计的时候就要求严格控制它的设计负荷以及投入使用主机的台数。有些项目，设计没有考虑实际使用，选用的单台主机量较大，使得过渡季节以及夜间使用时机组 40% 的开启度都达不到，大马拉小车，造成了很大的能源浪费。

一、空调水系统概述

空调冷水系统可以归纳为以下三种形式：

（一）一次泵定流量系统

一次泵定流量系统是国内空调工程设计中应用较多的一种形式。其特点是：蒸发器的冷水流量不变，因此蒸发器不存在发生结冰的危险。当系统负荷侧冷负荷减少时，通过减小冷水的供、回水温差来适应负荷的变化，所以在绝大部分运行时间内，空调水系统处于大流量、小温差的状态，不利于节约水泵的能耗。

（二）二次泵变流量系统

二次泵变流量系统是在冷水机组蒸发器侧流量恒定的前提下，把传统的一次泵分为两级，包括冷源侧和负荷侧两个水环路。其最大特点在于冷源测一次泵的流量不变，二次泵则能通过末端负荷的需求调节流量。对于适应负荷变化较弱的一些冷水机组产品来说，保证流过蒸发器的流量不变是很重要的，只有这样才能防止蒸发器发生结冰事故，确保冷水机组水温稳定。由于二次泵能根据末端负荷调节流量，与一次泵定流量系统相比，能节约相当一部分水泵耗能。

（三）一次泵变流量系统

一次泵变流量系统选择可变流量的冷水机组，使蒸发器侧流量随空调负荷的变化而改变，从而最大限度地降低了水泵耗能。与一次泵定流量系统相比，把定频水泵改为变频水泵，故水系统设计和运行调节方法不同，控制更复杂，但节能效果更明显。

二、空调水系统节能意义

一般空调水系统的输配用电，在冬季供暖期间约占整个建筑动力的 20%~25%，夏季供冷期间约占 12%~24%，这是一个可观的数字。从空调系统能耗分配情况来看，输送动力能耗约占整个空调系统能耗的 50% 以上，如何降低这部分能耗是空调节能的重要环节之一。因此空调水系统的节能具有重要意义，对其能耗进行考察和评价是空调系统节能的重要方面。空调水系统设计时，冷冻水系统和冷却水系统可以设计成不同的类型。我们应该从节能的角度出发，综合考虑设计中各个方面的问题，包括系统的流量控制、循环水泵的节能途径及冷却水系统中冷却塔的节能等。

三、空调水系统节能技术

（一）变流量水系统

在水系统设计中，冷冻水泵的容量是按照建筑物最大设计负荷选定的，但是实际空调负荷在全年的绝大部分时间内远比设计负荷低，绝大多数时间是在部分负荷下运行，而且负荷率在 50% 以下的运行时间要占一半以上。部分负荷时运行调节的传统方法是采用质调节（定流量，调节温度）。在定流量水系统中，没有任何自动控制水量的措施，系统的水量变化基本上由水泵的运行台数决定。这种方法存在的问题是随着负荷的减少不仅不能减低系统的能耗，而且当存在再热、混合等损失时，能耗反而会增加。与之相对应的量调节（变流量调节）不仅可防止或减少运行调节的再热、混合等损失，而且由于流量随负荷的减少而减少，使输送动力能耗大幅度降低。

用三通阀的控制方式，对于空气处理设备而言，虽可实现变水量，但对整个水系统而言，则是定水量方式。因此，水泵的动力不可能节省，用双通阀的控制方式改变管路性能曲线，以使系统的工作点发生变化，结果是流量减少，压力增加，水泵的动力降低有限。转速控制是改变水泵性能的方法，随着转速下降，流量和压力均降低，而水泵动力以转速比三次方的比例减少。所以这种方式具有极好的节能性。台数控制是目前采用较多的控制方式。它简便易行，节能及经济效果十分显著。此外，还可以采用相互结合的控制方式，

如台数 + 转速控制等。

（二）空调水系统的水力平衡

空调水系统水力失调现象时有发生，其原因很多，有设计上的、施工中的，还有运行管理上的。在设计计算中，由于管内流速不允许超过限定流速和管径规格等因素的限制，以及在施工过程中因现场施工条件限制，无法按照设计施工图进行施工，增加或减少了部分额外阻力，结果破坏了原有的设计平衡。

空调水系统水力失调称为静态水力失调。而在运行中，末端装置的阀门开度改变引起水流量变化时，系统压力会产生波动，其他末端装置的流量也随之改变而偏离其要求的流量，由此引起的空调水系统失调称为动态水力失调。

空调水系统的水力失调造成空调系统中各环路或末端装置中的实际流量与规定流量之间的不一致性，导致的表面现象是各用户的室内热环境差，如系统的各房间冷热不均，温湿度达不到要求等。实际上还隐含着系统和设备效率的降低，由此引起能源消耗的增加，如:

（1）由于系统不平衡而导致室内温度偏离所造成的能耗增加。

（2）目前在实际工程中常采用安装大一些的水泵以加大管路循环流量的办法来改善空调水系统水力失调。

（3）空调系统在每天早晨需要用设备满负荷运行，尽快对系统进行预冷或预热，以恢复到舒适状态。若系统水环路平衡性好，将会缩短预冷预热时间。如果设备启动时间少于 30min，那么每天可减少 6% 的能源消耗。

（4）水流量之间相互影响的非兼容性，会导致冷水机组选择过大，降低使用季节的平均性能系数。

（5）水流量的非兼容性还会形成反向流动的混合点，使供水温度在供热时降低，供冷时升高。因此，采用二次泵时，必须重视“一、二次环路水流量应兼容”这个原则，二次回路流量要小于或等于一次回路，否则会在一、二次回路的结合处产生混合点，从而降低系统效率，造成能量损失。实践证明，平衡阀是实现空调水系统水力平衡最基本而有效的平衡元件。通过对平衡阀的正确设计与合理使用，不仅可以提高空调水系统的水力稳定性，而且能使系统在最短时间、最小能耗下达到用户所需求的舒适环境，并能大大降低系统能耗。

目前，常使用的平衡阀有：

（1）静态水力平衡阀。静态水力平衡阀是一种可以精确调节阀门阻力系数的手动调节阀，故又称手动平衡阀，其功能是解决空调水系统的静态失调问题。静态水力平衡阀一般安装在干管、立管、支管路上，分级设置主管平衡阀、立管平衡阀、支管平衡阀、机房集水器每支环路回水管上。

（2）动态流量平衡阀。动态流量平衡阀也称自动流量平衡阀，是一种保持流量不变的定流量阀。其功能是：当系统的某些末端设备（如风机盘管、新风机组等）改变流量而导致管网压力发生改变时，使其他末端设备的流量保持不变，仍然与设计值相一致。

（3）动态压差控制阀。动态压差控制阀又称压差控制器。其应用方式有：用在立管回水管上，稳定立管环路供、回水管之间的压差；用在分层分支管环路回水管上，稳定分支环路供、回水管之间的压差；用在电动调节阀的两端时，稳定电动调节阀两端的压差，改善调节阀的调节性能，是一种与电动调节阀相匹配的最佳水力平衡措施。

（三）冷冻水系统的其他节能措施

现在的工程大都是按冷冻水供回水温差为5℃设计的。如果能提高供回水温差，就意味着减少了冷冻水流量，降低了输送能耗。当然这涉及主机性能、末端性能、保温材料等一系列问题，但现有的技术及施工水平要满足这些要求应不成问题。在春秋冬季利用冷却塔向全年需要供冷的核心区供冷，也是一种节能措施，已有应用，可以通过调节冷却塔及其风扇的运行台数适应负荷变化。冰蓄冷技术充分利用低谷电，减少了用户电费，又有明显社会效益，值得推广。

总之，实现空调水系统的节能能够降低能耗。为了让其可以在绝大部分的时间里面全负载工作，我们就必须要做到使空调系统的装机容量拥有与之相适应的装备配置，只有如此才可以降低成本额外的耗损。

第三节　变风量空调系统的控制

进入21世纪以来，一方面，能源在我国生产与生活中的消耗量越来越大，能源供应日趋紧张；另一方面，雾霾等污染天气在我国出现的频率越来越高，严重影响了人们的日常生活。于是，节能减排成为社会发展的重中之重。而日益得到广泛应用的空调系统作为建筑能耗大户，理应进一步推广应用节能技术，促进节能减排事业的发展。变风量空调系统（VAV）是通过变风量末端装置调节送入房间的风量或新回风混合比来保证房间温度的，同时相应变频调节送、回风机来维持有效、稳定运行，并动态调整新风量，保证室内空气品质及有效利用新风能源的一种高效的全空气系统。

一、变风量空调系统的特点

变风量空调系统具有以下几个方面的优点：

（1）每一空调房间的送风量可根据室内实际负荷量进行自动调节，在考虑房间同时使用系数以及房间负荷变化特性差异的情况下可减少系统的总装机容量。

（2）系统风量随每一空调房间室内负荷大小而不断进行适时调整，从而保证系统高效经济运行。

（3）系统可以依据不同空调房间用户的个性化需求，通过送风量的自动调节实现空调房间的灵活控制。

（4）系统按空调房间室内实际需求供给送风量，有效地避免了室内可能出现过热或过冷现象，提高了环境的舒适性。

（5）系统的应用有很大的灵活性，适用于改建或扩建。

（6）应用该系统，不必在空调房间中布置水管，因而不会出现漏水问题。

虽然变风量空调系统有以上的诸多优点，但系统应用中仍然暴露出以下的一些缺点：

（1）变风量空调系统的建设初期投资较大。

（2）在空调房间有较大湿负荷的条件下，室内湿度要求难以保证。

（3）末端装置一般布置于空调房间内，从而导致室内噪声偏大。

（4）当送风量随房间负荷减少到一定程度时，易出现新风量过少或换气次数过小的问题。

二、变风量空调系统设计和控制的相关问题

（一）最大与最小设计风量确定问题

空调系统在全年的大部分时间都运行在最大设计风量和最小设计风量这两种极限状态之间。因此，合理确定最大设计风量和最小设计风量至关重要。风量确定时要同时考虑负荷波动的特点、室内气流组织的合理性以及室内空气品质要求。

（二）新风问题

变风量空调系统根据空调房间负荷的实际需要不断调节送风量，空调房间的新风量也必然随之不断发生变化，若新风量衰减太大则无法满足空调房间对新风量的需求，如果为保证室内环境达到卫生标准的要求而强行提高该房间的新风量，有的时候可能会导致总新风量超过需要的送风量。所以，在变风量空调系统中，新风设计过程中需要重点解决如何保证各空调房间最小新风量的问题。

（三）室内气流组织问题

由于变风量空调系统末端装置不断调整房间的送风量，会使房间室内气流出现不均匀的现象，使局部区域的温湿度得不到有效控制，从而降低了舒适度。所以在设计时应采用合理的措施来减小或消除送风量变化对室内气流组织的不利影响，如采用扩散性能好的风口、配置多个风口等。

（四）室内噪声问题

变风量空调系统与定风量空调系统相比，噪声源除了通风机外还有 VAV 末端装置，由于变风量空调系统末端装置一般布置在空调房间内或布置在距离房间较近的区域，其产生的噪声直接通过送风和外壳传入室内，往往带来较大的噪声污染。所以在设计时应采用合理的措施来减小室内噪声，如把变风量空调系统末端装置安装在房间外面（如走廊）、

采用消声效果好的吊顶材料、控制变风量空调系统末端装置前后压差等。

（五）风机控制

变风量空调系统末端装置在调整房间送风量的同时，往往引起整个风管道静压的变化，所以需要考虑对风机也进行同步调节。若能采用“变转速控制”的方法来调节风机的风量大小则可以有效地节约风机的电能，这种方法应作为优选的风机调节控制方案。

三、变风量空调系统控制方法

（一）最小新风量控制

1. 风速控制法

在新风入口处设置风速传感器，通过控制器调节新风阀来维持恒定的风速。可控制回风阀保持全开，送风量由变频风机调节。当采用这种控制时，最小新风设定值可在控制器里随时调整，过渡季节则控制新风阀完全开启，回风阀完全闭合，因此回风阀可采用开关控制即可，这样过渡季节就可以最大限度地利用室外新风的冷量。

2. 二氧化碳浓度控制法

这是一种比较新的新风量控制法，它用二氧化碳变送器测量回风管中的二氧化碳浓度并转换为标准电信号，送入调节器控制新风阀的开度，以保持系统所需要的最小新风量。这种控制方法简单易行，但是不足之处是不能控制非人为的因素产生的其他有害物质所需要的最小新风量，如 VOC 浓度、氡浓度等。所以这种控制方法具有局限性。

3. 室内湿度控制法

由于舒适性空调对湿度的要求不是很高，有一定的波动范围，因此，可以将 AHU 对应的所有房间作为整体进行控制，即在总的回风干管上设置湿度传感器，据此信号，冬季调节蒸汽加湿器二通阀开度或电加湿器功率，夏季调节表冷器露点温度维持回风温度设定范围，这样各个房间的湿度偏差也不会太大，足以满足人体热舒适性要求。

（二）变静压控制法

1. 控制方法的理论依据

变静压的控制方法弥补了定静压控制方法能耗大、噪声高的缺点。变静压控制是在定静压控制运行的基础上，阶段性地改变风管中压力测点的静压设定值，在适应所需流量要求的同时，尽量使静压保持允许的最低值，以最大限度节省风机的能耗。由于变静压控制方法运行时的静压是系统允许的最小静压，因此这种方法也称为最小静压法。变静压控制方法静压设定值的变化一般是由阀位信号决定的：每个末端均向静压设定控制器发出阀位信号，若有一个（或两个）阀位大于 95%，认为此阀门基本处于全开状态，此时表明系统静压不能满足此末端装置的风量要求，应提高系统静压的设定值，增加此末端装置的风量；若有一个末端阀位信号处在 75%~95% 之间，则表明静压满足末端装置的要求，锁定静压设定值；若所有末端阀位均小于75%，则表明此时的静压设定值偏高，系统提供的风量大于每个末端装置需要的风量，此时应减少系统的静压设定值。由于静压设定控制器由各个末端阀位信号所控制，因此这种方法也称为末端阀位巡回检测法。温控器感受室内温度的变化，得到所需要的设定风量来调节末端装置的风量，阀位开度传感器感受阀位信号，输入静压调节器，静压调节器根据阀位信号调节系统中的静压设定值，然后调节变频风机风量。

2. 控制特性分析

变静压控制方法不需考虑静压点的设置，并且节能效果很明显。据日本TOPRE公司介绍，采用定静压系统与定风量系统相比，全年风机能耗减少48.18%，而变静压系统则可减少78.14%。由于必须使用风阀开度传感器，增加了VAV末端的成本。同时，由于使用静压控制，压力的波动会造成调节过程时间过长，同时还存在着系统稳定性的问题。由于变静压控制方法采用反馈控制，而且是阶段性改变风机的送风量，因此必须确定合理的延迟时间，以保证风机转速调节效果已对末端的流量调节产生了作用。在此方面若不合理，则会由于静压的频繁改变而引起系统调节频繁，造成控制失败。

（三）直接数字控制法（DDC）

所谓直接数字控制法（DDC）就是计算机在参加闭环的控制过程中，不需要中间环节（调节器），而用计算机的输出去直接控制调节阀、风机等执行机构。用数字式自动控制器进行最小静压控制时，如果知道了末端装置的风阀全开时的开度、压差、流量特性，风管的流量、阻力特性，风机的转速、扬程、流量特性，就可以根据风量求的满足最小静压控制的送风机转速。其步骤如下：给出各末端要求风量；计算风管的阻力；选择最不利环路和计算最小静压状态的送风机扬程；计算送风机转速；计算送风机的转速，送风机风量为各末端装置要求风量之和；根据送风机转速的设定值控制送风机的转速，并对风机转速的变化率加以限制，以免电机过载。

（四）房间温度控制

房间温度控制是通过变风量末端装置对风量的控制来实现的。这是变风量系统的基本控制环节。由于变风量末端装置的送风量不仅取决于风阀的位置（开度），实际上还与入口处风道内的静压有关。当风阀的位置不变时，入口静压的增高会使送风量增大。当系统中有其他末端装置做调节时，会引起风道内的静压发生变化，因而末端装置的送风量也会改变。所以变风量末端装置控制可分为三类：随压力变化的（又称压力相关型）、限制风量的和不随压力变化的（又称压力无关型）。

1. 随压力变化的末端装置对风量的控制。这类末端装置的控制部件，实际上就是安装在末端装置箱体内的一个风量调节阀，它接受室内温度调节器的指令而不断改变其开度来调节送风量。由于变风量系统中各末端装置都在不断地调节各自的送风量，因而整个系统的静压是在不断变化着的。随压力变化的末端装置只要配以较灵敏的室内温度调节器，可以将室温控制在舒适范围以内。况且这类装置结构简单，价格便宜，在以舒适性为目的的民用建筑变风量系统中，仍广泛采用。

2. 限制风量的末端装置对风量的控制。这类末端装置或者安装有最大风量限定器，或者安装有最小风量限定器，它们要么做最大风量限制，要么做最小风量限制。风量限定器可在制造厂就调试好。但是，实际上全年只有很少一些运行小时内会出现最大负荷状态，所以这种控制的结果，仍然像随压力变化的末端装置一样，会使送风量出现“超调”或“欠调”现象。

3. 不随压力变化的末端装置对风量的控制。这类末端装置在任何条件下，都只根据房间负荷的需要输送相应的空气量，与风管系统中的静压变化无关，它可以在最大到最小的送风量范围内进行控制，只接受室内温度调节器的指令。最大和最小送风量也都在制造厂调试好。这样，消除了送风量的“超调”和“欠调”现象，系统的运行也最稳定，室内温度波动很小。从上面的分析可以看出，不随压力变化的末端装置控制精度可以提高，能够更好地满足使用要求，但由于它的结构较复杂，价格也较贵，通常使用在控制要求较高的场合。

总之，变风量系统是一种节能效果较好的系统形式，但目前在我国的市场占有率还远远落后于发达国家。随着控制系统性能的提高，变风量系统必将在我国的空调领域中得到广泛的应用。

第四节　空调系统的运行管理

人们生活水平的提高使得人们对于环境质量的要求越来越高，使得空调系统在日常的生活和工作当中被广泛地使用，从而造成了大量的能源消耗。而全球科学技术的发展使得能源问题已经成为一个全球性问题，如何解决能源问题是各个国家寻求发展的一个必然前提，因为空调系统的能源消耗量大，所以要做好空调系统的节能工作，在空调系统运行管理当中采取相应的节能措施，减少空调系统在运行中的能源消耗，从而有利于提高能源的利用率，有利于解决国家的能源问题。

一、空调运行管理的目标

运行管理所要达到的目标是使中央空调系统达到满足使用要求、降低运行成本、延长使用寿命。

1. 满足使用要求就是能否满足人们工作和生活的要求，是空调管理质量优劣和技术水平高低的直接反映，满足使用要求是运行管理的首要目标。

2. 降低运行成本，除人工费外，运行成本主要包括能耗费和维护保养费，降低运行成本的首选方法是减少用电量，同时也要尽量减少其他燃料（如煤、燃气、燃油）的消耗量，以降低能源消耗费用；另外在维护保养方面也要精打细算，尽量减少相关费用的开支，通过细致操作和维护延长易损件使用寿命，目前由于运行费用太高，国内还存在着装得起而用不起的情况。

3. 延长使用寿命，在配置有中央空调系统的建筑物总投资中，中央空调系统的费用约占总费用的 20% 左右，要使这方面的投资发挥出最大效益，在正常使用年限内起到应有的作用，中央空调系统的使用寿命有多长取决于三个主要因素，分别是系统和设备类型，设计安装制造质量，操作、保养检修水平，精确确定使用寿命比较困难，一般是 10 ~ 23 年。

二、规范空调系统管理，提高系统控制水平

1. 加强运行管理监控工作。在设备运行过程中，运行管理人员要把机组实际的运行状况与规定的标准值加以比较，若有偏差，应及时进行调整，一旦出现故障征兆时，要立即采取适当措施，加以处理。如冷水机组运行中出现冷凝压力过高时，要检查冷却水的供应情况和冷却塔的运行情况，及时进行处理，使其尽快恢复到正常状态。

2. 加强空调系统的维护。定期对空调系统中的阀门、构件等进行维护，防止出现冷、热水和冷、热风的跑、冒、滴、漏现象；对冷凝器、蒸发器等换热设备的传热表面应定期除垢或除灰，以减小热阻；对过滤器、除污器等设备定期清洗，减小阻力损失；经常检查自控设备和仪表，保证其正常工作等。加强系统的维护，可保证系统的正常运行，降低额外的能源浪费。

3. 合理调控被控房间的参数。根据季节的变换，合理设置被控制房间的温度和湿度，避免夏季室内过冷、冬季室内过热的现象，避免使人感到不适，且额外消耗能量。当过渡季节中室内有冷负荷时，尽量采用室外新风的自然冷却能力，节省人工冷源的耗能。

4. 实现空调系统的自动化管理。随着科学技术的发展，自动化已经广泛地应用到了各个领域，通过对空调系统运行的自动化管理，保证了空调系统运行能够满足室内的温度、湿度的精确要求，可以对室内的环境进行良好的自动调控，可以减少空调系统在实际使用中的能源浪费，能够良好地提高能源的利用率；同时也能减少人力资源的消耗，并能良好地降低空调系统的运行费用。

5. 制订设备的使用管理计划。为使空调设备安全、可靠、高效地运行，首先要全面掌握设备生产厂家提供的使用说明书及有关技术资料，结合实际制订使用管理计划。中央空调制冷机组一般每年 6 月至 10 月运行，热水机组 11 月至次年 4 月运行，过渡季节停机时间很短，而维修调试工作量很大。因此，要制订好每年的维护管理计划，按机组性能和特点要求，制定规范的操作管理规程，运行人员要严格按照规程来管理空调设备。

三、空调系统运行管理的技术工作

空调系统是由冷热源、空气处理机组、风管风口、控制系统等组成。其中冷热源的获取主要是冷冻站、锅炉房，空气处理机组必须依靠风机、水泵等设备，这些都是空调系统主要的耗能设备。空调系统运行的技术管理就是要时刻保持空调系统的各组成设备的高效率运行，使各组成设备运行在最佳状态。其主要包括运行操作、维护保养、事故处理和技术资料管理等四项工作，做好四项工作的前提是管理制度化、操作规范化、人员专业化、职能责任化。

1. 空调系统中的制冷机的运行管理，制冷剂的作用是制造冷量，以满足室内的冷负荷。蒸发温度与蒸发压力对制冷机组来说都是很重要的运行参数，蒸发温度与蒸发器冷负荷、换热面积大小、管内壁的结垢情况及管外壁的润滑情况有关，一般地，将蒸发温度控制在 3℃ ~5℃。制冷机组的冷凝温度和冷凝压力受冷却水温度影响很大，对于水冷式的制冷机组，其冷凝温度一般要比冷却水出水温度高 2℃ ~4℃，若温差过大，则应检查并清理冷凝器铜管内壁的污垢；对于风冷式的冷式机组，其冷凝温度一般要比空气的出口温度高 4℃ ~8℃。此外冷却水的温度与压力、冷冻水的温度与压力、电动机运行电压和电流、压缩机的排气与吸气温度、油温油压与油位高度等都是制冷机组中必须实时监测的重要数据，另外，还需对制冷机组的运行声音、各阀门的严密程度多注意，对制冷机组的运行参数也需整理好后存档，这对制冷机组的运行调试及出现故障后的诊断工作都很有帮助。

2. 空调系统辅助设备的运行管理。空调系统的辅助设备有很多，如水泵、风机、冷却塔等。

（1）风机的运行管理与调节风机的运行调节主要目的就是调节其运送的空气流量，以适应空调负荷的变化，其调节的方式可分两种：一是直接对风管上的阀门进行调节；二是对风机的转速进行调节。

（2）水泵的运行管理与调节空调水系统中有不同功能的水泵，但其调节目的都是要改变水流量以满足需要，一般有以下三种基本调节方式：只改变串并联的水泵台数；只改变水泵的转数；同时改变串并联水泵的台数与水泵的转数。

（3）对冷却塔的调节一般有两种方法：改变冷却塔的水流量；调节冷却塔风机的风量可以单独采用或组合采用降低冷却塔风机的转速以及减少冷却塔的台数等方法，还可以节约能源和降低运行成本。因此，要考虑实际情况，通过细致的技术经济分析来选择冷却塔的运行调节方法。

（4）空调系统的水质管理空调系统连续运行较长时间之后，系统中的水很容易遭到污染，而水质的改变对集中式空调机组的运行效果和设备的寿命以及运行费用都有很大的影响，国内的空调系统都需要根据《空调冷却水处理规范》的规定来控制空调冷却水的水质状况，集中空调系统中的冷却水指标通常包括 pH 值、硬度、悬浮杂质的含量、各种盐离子含量等，通过对这些水质指标的检测，可以帮助确定冷却水系统的排污量、加药量，以及对水处理方案的选择，使空调冷却水水质保持在良好状态。

3. 新风管理。不同的季节，室外的气温变化很大，夏季，室外温度较高，中央空调系统需要满负荷或接近满负荷运行，以保证室内场所的气温处于一个较舒适的状况。冬季的情况与此相类似。但是在春天和秋天气温较舒适，中央空调系统可以适当合理地利用室外新风，从而实现减少能源消耗的目的。

总之，空调系统涉及的问题比较多，综合影响因素面广，空调运行管理涉及诸多问题。因此，空调人员应加强对建筑空调系统的认识，提高自身的综合技能，采取切实有效的处理措施，解决好空调系统运行过程中出现的问题，以避免系统故障的出现，从而确保空调系统综合工程的正常运行。

第八章 可再生能源利用技术

第一节 可再生能源及利用

近年来，可再生能源产业快速发展，这得益于各领域的积极应用，同时能源消费需求增加。统计数据显示，2017—2019 年可再生能源增速分别为 3.7%、4.0%、3.7%，贡献全球一次能源消费增长的一半以上，其中风能与太阳能实现两位数增长。目前，可再生能源的身影已经出现在很多领域，建筑领域中利用此类能源，对降低能源消耗，保护生态环境，促使建筑持续化发展，起到了积极的作用。

一、建筑节能领域可再生能源的利用价值

近年来，很多城市积极推广可再生能源建筑，形成带动示范的效应。将可再生能源，如地下水源与太阳能以及地热能等，应用到建筑系统，获得了积极的效果，而且对环境没有危害或者危害极小，同时资源分布比较广泛，在自然界能够实现循环再生。以某城市为例，开展了系列示范项目，地下水源与土壤源热泵空调示范项目总计 44 项，示范应用面积为 155.409 万 m^2；太阳能光热利用示范项目总计 60 项，太阳能集热器面积总计 50755.3m^2，打造了系列可再生能源建筑。由此可见，建筑节能领域可再生能源的应用，能够获得较为突出的节能效果，具有推广应用价值。现结合利用实践，总结利用方法。

二、建筑节能领域可再生能源的应用形式

（一）建筑太阳能光伏系统

将太阳能发电技术应用到建筑中，常用的方式为建筑光伏系统，主要包括 BAPV 与 BIPV，也就是附加光伏系统和光伏建筑一体化系统。具体情况如下：（1）BAPV。将光伏板放置到建筑屋顶，或者将光伏板设置在建筑的立面。因为屋顶轻易不会被障碍物遮挡，而且墙体多样化，因此适合设置光伏装置。（2）BIPV。建设的光伏采光顶指的是将具有较好透光性能以及发电性能的太阳能光伏板，设置到建筑屋面。一般来说，要求透光率达到 10%~50%。建设的光伏幕墙，指的是将具备发电功能的光电玻璃，用作玻璃幕墙，通

过将太阳能有效转化为电能，促使幕墙能够产能。常用的光电玻璃，主要为硅基薄膜以及CDTE薄膜。利用光伏板当作遮阳构件以及围护构件，取代建筑构件，既能节约建筑构件材料，还可以丰富建筑外观。光伏建筑具有以下优势：（1）能够减少污染；②节约能源与土地一级建材等。然而光伏建筑具有造价高与成本高等缺陷，影响着推广应用。

（二）风能

建筑节能设计实践中，风能占据着重要的地位，属于一类可再生能源，采用科学合理化设计手段，可有效促使风能的作用发挥，提高建筑内部的质量，获得不错的节能清洁效益。一般来说，采用的利用方式为主动式利用与被动式利用。其中，被动式的应用，通过对建筑进行合理设计与优化，通过建筑结构优化设计与朝向布局等，促使建筑物能够形成良好的自然通风条件，营造良好的室内环境，减少机械通风的利用，进而获得节能效果。夏季建筑运行情况下，自然通风的热量排出效果较为突出。

（三）地热能

目前，很多地热能源丰富的地区，在建筑节能设计中都在积极推广应用地热能利用技术。整个技术的应用，地源热泵的设置为关键，借助设备的力量，能有效服务于建筑物。在暖通系统运行方面，获得了理想状态。从现有的建筑项目分析，地源热泵的应用，主要利用类型为水—水型、土—气型，设计时结合实际情况选择适宜的方案，促使地热能源的价值得以有效发挥。若想增强地热能的应用效果，制订设计方案时要做好环境条件的研究，分析地热资源应用系统是否存在安全隐患，采取有效的防范措施，切实保障建筑的安全性与稳定性。

（四）生物能

建筑节能设计实践中采用的生物能，也可起到服务建筑的积极作用。在建筑设计实践中，多通过城区垃圾处理带来的热电联产渠道，或者沼气开发运用。其中，沼气属于一类资源，可较好作用于建筑物应用，同时能够取代传统能源，避免能源浪费。建筑设计方案的编制，要合理配置沼气生成装置，促使能源得到有效利用。

三、建筑节能领域可再生能源的利用策略

（一）加大应用政策的支持力度

建筑节能领域可再生能源的推广应用，需相关政策的支持与推动，促使工程中广泛应用各类能源。以广西为例，根据国家可再生能源建筑应用政策，结合自身的实际情况，出台了系列可再生能源建筑应用有关的政策法规以及标准规范等，如《推进可再生能源建筑应用实施意见》，创建了包括南宁和柳州等在内的可再生能源建筑应用示范城市以及示范区，积极推广可再生能源技术在建筑节能领域的应用。充分发挥政策法规的推动作用，为可再生能源技术的应用，提供了强有力的支持与保障。

（二）坚持因地制宜的推广应用原则

建筑节能领域可再生能源的应用，要坚持因地制宜的原则，丰富能源与技术的应用形式，积极拓展能源应用领域，扩大可再生能源的应用规模，鼓励社会资金的参与，为可再生能源建筑的建设与技术推广，提供强有力的支持与保障。以新建与既有建筑节能改造工程为主要对象，积极推广太阳能和空气能等能源，促使建筑建造水平得到提高。除此之外，在城市中低层住宅和酒店等各类公共建筑中也可广泛推广可再生能源技术。通过配套设计以及建可再生能源利用装置，带动太阳能与地热能等的应用。

（三）加大可再生能源利用技术的研究

建筑节能领域可再生能源的推广应用，还面临着很多技术挑战与难题，需加大对能源利用技术的研究力度，提出能源创新利用的方式方法，为建筑工程持续化发展提供支持，降低建筑系统的能源消耗，减少对周围生态环境的不利影响，创造积极的效果，保障能源利用效益水平得到提高。根据现有的可再生能源建筑建造与运行管理经验，深度分析能源利用面临的技术挑战与困难，组织相关技术人员进行研究，结合本地区的气候与建筑建造现场条件等，进行深入的分析，切实保障建筑节能领域可再生能源利用的效益，创造更多的效益，促使建筑持续化发展。

（四）做好可再生能源利用的效果控制

建筑节能领域可再生能源的利用，要围绕建筑工程展开，做好能源利用效果的有效把控，切实保障能源的利用效果。实践中可采取以下措施：（1）做好建设区域的条件调查。若想实现对可再生能源的高效利用，要求根据建设区域的环境条件，做好全面严格的把控，最大限度地保障建筑节能领域可再生能源的有效利用，实现能源的应用价值，促使建筑节能目标得以实现。（2）做好可再生能源建筑的建造质量控制。建筑节能领域可再生能源的利用，要求围绕建造环节做好全面严格的把控，最大限度地保障能源利用率，切实提高利用效率。实践中对使用的装置与材料等做好质量检验检测，分析存在的不足与问题，保障能源利用系统的建造质量达标，避免造成安全隐患或者其他问题，促使建筑节能效益目标得以实现，创造更多的价值。

总之，将可再生能源与建筑行业有效结合，不仅能够有效解决资源紧张的问题，同时对促进经济的发展。提高人们生活质量水平有着积极意义。另外，在建筑设计的过程中应该充分统筹考虑可再生能源的未来发展以及应用前景，将可再生能源的开发、利用以及使用全部都考虑进建筑设计中，有效实现经济快速发展。

第二节 太阳能利用技术

随着经济和住宅建设的发展、人们生活水平的提高，建筑物的能耗在我国总能耗中所占的比重越来越大，因此基于太阳能热利用的生态建筑能源技术引起了人们的关注。

一、基于太阳能热利用的生态建筑能源技术

太阳能热利用与生态建筑一体化的基本思路就是利用太阳能这种最丰富、最便捷、无污染的能源来进行采暖制冷以及供应热水，以满足人们生活的需要，同时达到减少和不用矿物燃料的目的。这就要求在建筑设计中，要同时考虑两个方面的问题：一是考虑太阳能在建筑上的应用对建筑物的影响，包括建筑物的使用功能、围护结构的特性、建筑体形和立面的改变；二是考虑太阳能利用的系统选择、太阳能产品与建筑形体的有机结合。

（一）太阳能通风结构

太阳能与生态建筑复合通风结构是将太阳能空气集热器与建筑围护结构有机结合，从而使建筑围护结构与通风、被动式采暖以及被动式冷却相结合，在改善室内热环境方面起到积极的作用。其工作原理是：利用太阳辐射能量产生热压，诱导空气流动，将热能转化为空气运动的动能。在一些古老的建筑中闪现着太阳能通风结构的影子，然而，随着电力以及空调的发展，对于太阳能自然通风的研究在很长时间内处于停滞状态，与迅猛发展的机械通风技术相比，太阳能自然通风技术直到 20 世纪 80 年代才再次引起人们的重视。

80 年代以后，生态建筑思潮逐渐深入人心，科研人员对太阳能通风技术进行了广泛的实验和理论研究，极大地促进了太阳能与建筑一体化的步伐，同时也为建筑节能提供了新的理念。太阳能通风结构的主要形式包括太阳能集热墙体以及太阳能集热屋面。在太阳辐射的作用下，将会诱导热压作用下的自然通风，从而实现房间的被动式采暖与降温。

（二）太阳能热水系统

太阳能热水系统一般包括太阳能集热器、储水箱、循环泵、电控柜和管道等。太阳能热水系统按照其运行方式可分为四种基本形式：自然循环式、自然循环定温放水式、直流式和强制循环式。

目前在我国家用太阳能热水器和小型太阳能热水系统多采用自然循环式，而大中型太阳能热水系统多采用强制循环式或定温放水式。另外，无论家用太阳热水器或公用太阳能热水系统，绝大多数都采用单循环，即集热器内被加热的水直接进入储水箱提供使用。完全依靠太阳能为用户提供热水，从技术上讲是可行的，条件是按最冷月份和日照条件最差的季节设计系统，并考虑充分的热水蓄存，这样的系统需设置较大的储水箱，初投资也很大，大多数季节会产生过量的热水，造成不必要的浪费。

（三）太阳能采暖系统

太阳能采暖包括以空气为介质的系统和以水为介质的系统。太阳能空气采暖系统由空气集热器、蓄热装置、风机、辅助热源以及风道等组成，与后者相比，它可以避免集热器的冻结以及腐蚀等问题，其缺点是风机电耗较高、蓄热装置的体积较大、空气渗漏较严重、集热效率较低。以水为介质的太阳能采暖系统是太阳能热水系统的进一步发展，它的集热效率比太阳能空气采暖系统高，通过适当增加太阳能集热器的采光面积，太阳能采暖系统可以和太阳能热水系统联合使用。目前，在十分重视环境保护的欧美国家，已经建成大批集太阳能热水和采暖于一体的复合系统。

（四）太阳能空调系统

近年来，太阳能热水器的应用发展很快，这种以获取生活热水为主要目的的应用方式其实与大自然的规律并不完全一致。当太阳辐射强、气温高的时候，人们更需要的是空调降温而不是热水，这种情况在我国南方地区尤为突出。实现太阳能空调有两条途径：（1）太阳能光电转换，利用电力制冷；（2）太阳能光热转换，以热能制冷。

前一种方法成本高，以目前太阳电池的价格来算，在相同制冷功率情况下，造价约为后者的4~5倍。国际上太阳能空调的应用主要是后一种方法。利用光热转换技术的太阳能空调一般通过太阳能集热器与除湿装置、热泵、吸收式或吸附式制冷机组相结合来实现。在太阳能空调系统中，太阳能集热器用于向发生器提供所需要的热源，因而，为了使制冷机达到较大的性能系数，应当有较高的集热器运行温度，这对太阳能集热器的要求比较高，通常选用在较高运行温度下仍具有较高热效率的真空管集热器。

1. 太阳能固体除湿空调系统

干燥剂除湿冷却系统属于热驱动的开式制冷，一般由干燥剂除湿、空气冷却、再生空气加热和热回收等几类主要设备组成。其中，干燥剂有固体和液体、固定床和回转床之分；空气冷却有水冷、直接蒸发冷却和间接蒸发冷却之分；再生用热源有来自锅炉、直燃、太阳能等。干燥剂系统与利用闭式制冷机的空调系统相比，具有除湿能力强、有利于改善室内空气品质、处理空气不需再热、工作在常压、适宜于中小规模太阳能热利用以及灵活性大等特点。

2. 太阳能液体除湿空调系统

太阳能液体除湿空调系统具有节能、清洁、易操作、处理空气量大、除湿溶液的再生温度低等优点，很适合以太阳能和其他低湿热源作为其主要供能，具有较好的发展前景。太阳能液体除湿空调系统利用湿空气与除湿剂中的水蒸气分压差来进行除湿和再生。它能直接吸收空气中的水蒸气，可避免压缩式空调系统。为了降低空气湿度，首先必须将空气降温到露点以下，从而造成系统效率的降低。其次，该系统用水做工作流体，消除了对环境的破坏，而且以太阳能为主要能源，耗电很少。

总之，生态建筑是一种以人为本的设计理念，旨在营造健康、舒适的室内环境。而太阳能是取之不尽、用之不竭的，还具有清洁安全、无须开采和运输等优点，符合生态建筑的理念，因此在接下来的发展中应大力推广。

第三节　地热能利用技术

随着生活水平的提高，人们对生活环境的质量要求也越来越高，随之带来的便是建筑能耗急剧上升。目前，建筑能耗在社会总能耗中占很大比例，因此应大力提倡生态建筑能源的概念，尽可能利用清洁可再生能源，以实现建筑、能源与环境及社会的可持续发展。下面就地热能在生态建筑中的利用技术进行讨论。

一、地热能的直接利用

（一）覆（掩）土建筑

无论什么结构形式的建筑，只要其中有一部分或全部用土覆盖的均可称为覆土建筑。覆土建筑的主要优点来自地下空间及土壤的热工特性（恒温恒湿），并以节约用地、节省能源、美化环境的特点而被世界许多地方所接受。如我国西北部黄土地带的窑洞民居，建造在地势高、土质均匀丰厚的约 8m 深的黄土层中，室内温度四季适宜，且在窑洞的屋顶亦可种植庄稼，满足农业生产的需要，实属于生态建筑的典范。在现代城市建筑设计中，也有许多特殊功能的建筑建于地下，如市政工程、人防掩蔽所、地铁、车站、购物中心、仓库及图书馆等。

（二）地下通风空调

已有研究表明，在地下 5m 以下的土壤温度基本上不随室外气温的改变而变化，并且约等于当地年平均气温。因此从理论上来讲，用土壤本身即可进行采暖空调，即考虑用地下通风管道来对进入室内的新鲜空气进行加热与冷却，以实现自然空调，从而达到节能、节地及美化环境的功效。

（三）地下季节性储能技术

由于地下土壤本身具有储能特性，而且温度全年相对稳定，地下空间（如建筑物底部）可以用来季节性储能。通常的做法是在建筑物的底部设置一大的水池，并装满诸如卵石等热容量较大的物质，这样夏季即可将富余的热能（如太阳能）储存于地下以备冬季采暖用，冬季亦可储存冷量以备夏季空调用。目前欧洲、北美发展已比较成熟及我国近期发展比较迅速的地源热泵技术，在一定程度上就是利用了这一原理。

（四）地热水采暖与空调

1. 地热水采暖。地热采暖主要是指北方供暖地区直接利用中低温地下热水来为建筑物进行采暖。我国的中低温地热资源分布比较广泛，水温一般在50℃～120℃之间，具有很好的直接利用条件。目前，地热供暖技术比较成熟，地热水温度从60℃到90℃以上都有很多成功的工程。

2. 地热水空调。由于地下水温度常年一般比较稳定，分别在冬夏两季高出和低于对应地面空气温度，因此可通过钻井直接抽取地下水的方法来进行空调。目前这一“自然空调”技术在我国许多地方及领域已被采用。例如纺织行业，夏季用深井水作为冷源来对生产车间进行降温去湿。尽管地下水钻井费用比较高，初投资大，但其运行费用低（几乎不消耗能源）、污染小，不仅有很好的社会效益，用户也有很好的经济效益。因此只要合理加以开发与利用，就有很好的发展前景。

（五）其他

除上述直接利用形式以外，根据温度的不同，地热也广泛用于种植、养殖、温泉疗养及工业利用等领域。我国河北省的地热资源丰富，地热温室比较普遍。利用地热养殖种苗越冬，养殖品种繁多，效益显著。兴建温泉旅游度假村、康复中心等也已成为低温地热利用的热点。

二、地热能的间接利用

地热能的间接利用主要包括两种情况：一种是指地下能源的品位较低，直接利用时其温度范围不足以满足建筑物采暖空调的要求（夏季时太高，冬季时太低），需要对其进行提升到一定品位后方可利用的形式，目前应用比较普遍的要数用热泵对其进行提升的地源热泵技术；另一种采用能量转换的办法，如将地热能转变为电能的地热发电技术。

（一）地源热泵

地源热泵是利用地下土壤或水中的能量作为热泵低位热源，主要由室外管路系统、热泵工质循环系统及室内空调管路系统组成。室外管路系统由埋设于地下土壤或水中的PVC盘管构成，其中盘管作为换热器，冬季作为热源从土壤或水中取热（相当于常规空调系统的锅炉）；在夏季作为冷源向土壤或水中放热（相当于常规空调系统中的冷却塔）。地源热泵因其节能性及与环境的友好性而备受世界各国青睐，是近几年浅层地热能在生态建筑利用研究中的一个热点。

根据地下换热盘管在地下敷设形式的不同及是否有辅助冷热源，地源热泵可分为闭式系统、开式系统、直接膨胀式系统及混合式系统。

1. 闭式系统

闭式系统指的是通过水或防冻液在预埋地下的塑料管中进行循环流动来传递热量的地下换热系统。根据埋管在地下的布置形式及位置的不同有水平环路、垂直环路、螺旋形环路、池塘湖泊环路及桩埋环路五种形式。

2. 开式系统

开式系统主要是利用地下或地表水作为冷热源的热泵系统，因此又可称之为“地下水源热泵”，其形式有单井系统、双井系统及地表水系统之分。开式系统的优点是设计简单，换热效率高，传热性能好，初投资比闭式小；缺点是需水量较大，不一定能有适合的水源，受当地水文地质条件及水资源管理部门的约束与限制，虽然可以采用回灌的方法取得足够的水量，但回灌不好对地下沉降有一定的影响，而且热泵的热交换器容易受到腐蚀。

3. 直接膨胀式系统

该系统直接将铜管埋入地下，制冷剂直接与土壤或水进行冷热交换，因此传热效率较高，而且不需要循环水泵。但是，制冷剂需要的量比较大，而且一旦发生泄露，则很难维修，同时铜管在地下也容易腐蚀，目前应用比较少。

4. 混合式系统

混合式系统主要是针对特定的气候地区而设计的。目前常见的混合系统主要有两种形式：一种是适用于以夏季空调为主的南方气候地区的带有冷却塔补充散热的混合地源热泵系统——冷却塔补偿系统，一种是适用于冬季采暖为主的北方气候地区的带有太阳能集热器辅助加热的混合系统——太阳能辅助系统。冷却塔补偿系统适合在以空调为主的南方地区及大型公共及商业建筑中使用，可减小系统的初投资，而且可以消除孔域（埋设地下盘管的地下区域）、地下土壤温度的温升，从而可提高热泵机组的性能系数，达到节能的目的。

（二）地热发电

地热发电起源于1904年意大利在拉德瑞罗建立的第一座天然蒸汽试验电站，该电站1913年正式投入运行，此后许多国家都相继建立了地热电站。据国外的经济性分析，按目前的技术水平和价格，地热发电价格不会高于水力发电的价格，因此地热发电在商业上竞争力很强，在相当长时期内仍以热水型资源为主。地热发电先把地热能转变为机械能，然后再转变为电能。根据发电所用的地下蒸汽和地下热水的温度压力及其所含水与汽品质的不同，发电的方式也不一样。

在实际生态建筑能源利用系统的设计中，建筑需要的能源常常是采用多种形式组合，根据各地区的气候及地形地貌特征等具体情况来综合考虑，以选取最适宜的能源形式或者组合，并采取主动与被动利用形式相结合的应用方式。太阳能作为世界上最丰富、最清洁的能源形式是优先要考虑的，地热能作为大地中“取之不尽、用之不竭”的无限能源，也是一种很有发展潜力的能源形式。

第四节 风能利用技术

近年来，分布式供能在城市中得到了探索应用。分布式供能技术一般是指现场型、靠近负荷源、在电力公司电网外独立进行电力生产的小型供能技术，与城市风能的自身特点十分契合。它具有靠近用户、梯级利用、能源利用率高等优点。城市风能虽然集中程度不高，但是分布极为广泛，非常适用于分布式供能。目前相关技术在国外已经有了许多值得借鉴的经验，国内也有了初步的发展。不难想象，如果将城市风能与分布式供能进行有效的结合，不但能够大大提高对分散能源的利用效率，降低输配电成本，还能减弱城市中的风灾害，变废为宝，一举多得。

一、建筑环境中风环境的特性研究

当前城市规模的日益增大，越来越高的建筑出现在人们的生活中，尤其是大城市中高层建筑比比皆是，而且位置相对集中，这样一来对建筑的风环境影响很大，往往会发生群楼效应，会对人们的生活带来众多不利的影响。因此在城市规划和建筑设计时必须充分考虑其影响，避免不必要的麻烦产生。针对已经存在的对人们生活不利的风环境，要采取一系列措施，如防风隔断等等，同时考虑如何利用在高层建筑中存在的风环境，能在城市减少能源消耗方面提供新的途径。

（一）城市建筑风环境的特点

城市风环境存在各种风效应，受高楼阻挡的原因，造成风速加大，尤其在高层建筑与低层建筑相邻时出现来流风正交现象，这使得在两建筑间的漩涡运动更加强烈，这就是所谓的逆风。而分流风使来流受建筑的阻挡，此时使得风发生分离并伴随着流速的收敛的自由流动区域，在建筑物两侧风速明显增大。最易发生的是建筑穿堂风效应，即在建筑群开口位置通过的风流。穿堂风主要是由建筑物的迎面风和背面风的压力差造成的，使得风速变大。在实际情况中，由于风向、风速的不同以及各种风效应的相互影响，城市建筑中的风环境非常复杂，具有不稳性的特点，在城市建筑群中，可以研究阻塞效应和屏蔽效应、建筑物受迎面风产生的滞止效应和受背面风产生的回流效应。

（二）城市建筑风环境研究方法

针对城市建筑风环境的各种效应特点，要想达到风能利用的目的需要具备风环境的研究方法。风环境中最直接的方法就是现场观测，但是这种方法有一定的不足之处，那就是无法在建筑物建造前进行观测，造成无法为建筑物的设计提供可靠的参数，并且现场实测费时费力，在目前情况下，现场实测无法发挥其真正的作用。针对现场实测的不足，实验将会改变当前的现状，风洞试验，通过制作实际建筑的模型在风洞中进行，利用科技技术产生于实际建筑物周围的风场，然后得出相应的参数，为建筑物的设计提供参考。

二、风电建筑一体化相关研究

风电建筑一体化包括风场、建筑结构和风力发电系统三大要素。只有这三者协同工作，才能保证建筑环境风能的有效利用。对城市风环境的研究只是第一个步骤。1998 年，欧盟开展了 WEB 项目，将风力机与城市位置和建筑形式综合考虑，提出了风力机类型的选择必须与建筑美学和空气动力学相结合的观点。综合国内外的研究状况，建筑风能的利用共有四种形式：建筑顶部风能利用、建筑间或建筑群巷道风能利用、建筑风道风能利用，以及旋转建筑风能利用。根据实际情况找到合适的位置来安装风力机，正是高效利用城市风能的关键所在。对于已有建筑，可以根据合适的利用形式直接寻找风场内的适宜位置，或者增加一些辅助措施来改进风能利用的情况。如杨蓉运用 CFD 进行数值模拟分析，发现架空层的合理设置对增大屋顶风速有显著效果。对于规划设计中的建筑，则可以对建筑和风力机进行风电建筑一体化设计。一体化设计从一开始就要在建筑平面设计、剖面设计、结构选择以及建筑材料的使用方面融入新能源利用技术的理念，进一步确定建筑能量的获取方式和建筑能量流线的概念，再结合经济、造价以及其他生态因素的分析，最终得到一个综合多个生态因素的最优化建筑设计。针对城市建筑，国内外学者提出了多种能加强风能利用效率的建筑模型，其中 Mertens 根据建筑中风力机的安装位置提出的三种基本模型具有很好的代表性，分别是扩散体型、平板型、非流线体型，分别对应建筑间的风道、孔洞和顶部的风能利用；在此基础上，Abe 等通过对一种扩散体型建筑的风场特性进行数值模拟，得到了这种建筑形式风能聚集的最佳地点。国内也有学者开展了有关方面的研究，苑安民等人通过对高层建筑群的“风能增大效应”及相关的计算方法的介绍，为提高风能利用效率的建筑设计和改造提供了有益的借鉴。由此可见，只有结合建筑特点对风力机和建筑进行恰当的风电一体化设计，才能在不影响建筑自身情况下保障风能的高效利用。

在国内外，对建筑进行风电建筑一体化设计已有许多良好的范例：上海中心作为中国首座同时获得“绿色三星”设计标识认证与美国绿色建筑委员会颁发的 LEED 白金级认证的超高层建筑，在屋顶的外幕墙上，就有与大厦顶端外幕墙整合在一起的 270 台 500W 的风力发电机，每年可以产生 118.9 万 kWh 的绿色电力。龙卷风造型般的迪拜旋转大厦每层旋转楼板之间都安装了风力涡轮机，一座 80 层的大楼拥有 79 台风力涡轮机，这让大楼成为一座绿色的发电厂；由于大厦每个楼层可随风独立转动，建筑外观时刻变化，丰富了高层建筑的表现力。除了大型建筑上的风力机，还有诸如旋转公寓等新概念的建筑出现，风力发电与建筑的一体化进程前景十分广阔。

风电一体化虽然取得了许多令人瞩目的成就，但是也带来一些新的问题。目前来看，单纯将建筑和风能二者简单拼接在一起已经远远不能满足现代社会对于风能利用的需求。

风能利用效率自然是重要的考虑因素，但是城市环境复杂，人口密集，风电一体化进程中对安全性的考量也是必要且必须的。目前普遍认同的四个可能安全问题为：风机失效或附属设备失效导致坍塌、与人安全距离不足、叶片脱落、覆冰的形成和脱落等。必须采取措施避免以上问题，并进行相应的风险评估与分析。同时，发电机运行过程中带来的噪声和振动问题可能会对居民生活和建筑产生不良影响，其他环境问题还可能包括视觉闪烁、广播、电视干扰、飞机安全、鸟类生活等。然而目前对一体化研究的主要目标还是提高风能利用率，其他部分涉及较少。

三、垂直轴风力机在建筑中应用

风力发电机按照其叶片旋转轴与吹入风力机风向的角度可以分为水平轴风力机和垂直轴风力机。其中，水平轴风力机是国内外研制最多、最常见、技术最成熟的一种风力机。除了在大型建筑上的应用，适合普通居民使用的小型风力机也有了一定的应用实践。虽在目前水平轴风机在城市环境中有相当范围的应用，但在风电建筑一体化进程中垂直轴风机的应用总体趋势上越来越多。

按照风力机叶片的工作原理，垂直轴风力机可分为两个主要类型：一类是利用空气动力的阻力做功，典型的结构是S型风轮，其优点是起动转矩较大，缺点是转速低，风能利用系数也低于高速型的其他垂直轴风力机；另一类是利用翼型的升力做功，最典型的是达里厄型风力机，以H型为典型。H型风轮结构简单，且具有无噪声的特点，接点处弯曲应力较大，支撑产生的气动阻力还会降低发电效率。垂直轴风力发电机在测风向时不需要安装偏航装置，且拥有良好的空气动力学性能、结构简单及造价便宜，具有很好的可开发实用价值和应用前景。

城市复杂的建筑环境使得风场不可能像空旷平坦地区一样集中，就垂直轴风力机各方面综合而言，更适宜在城市环境中应用。目前，许多学者对于垂直轴风力机在城市环境下的应用开展研究和尝试。有研究提出不同的新机型；也有运用CFD数值模拟方法，模拟小型垂直轴风力机的旋转过程，探究建筑环境中小型垂直轴风力机对风场的影响。

总之，随着城市化进程不断加快，城市对能源的多方面需求导致城市风能的利用备受瞩目。风力机结合建筑的形式已经开始以小型的风力机走进城市公共建筑屋顶、居民住宅，成为建筑节能重要的途径。

第五节　生物质能利用技术

建筑已成为耗能“大户”，建筑节能是今后的研究重点。生物质能源是一种典型的可再生能源，研究开发在建筑中的利用具有十分重要的意义。生物质能被称为煤、油、气三大化石能源之后的“第四大能源”。可再生的生物质能源的开发，更具有关系人类社会永续发展、利于环境保护和建设新农村的重要意义。

一、物质能的概念

生物质能源是由植物通过光合作用将太阳能以化学能形式贮存在生物质中的能源，是人类使用最早、最直接的可再生能源，也是目前我国农村的重要能源之一。生物质能源主要来源于农村生产的有机废弃物，如薪柴、秸秆、稻草、畜禽粪便等。人们可以利用可再生能源中的生物质能来实现建筑节能。

所谓生物质是指通过光合作用而形成的各种有机体，包括所有的动植物和微生物。而所谓生物质能就是太阳能以化学能形式贮存在生物质中的能量形式，即以生物质为载体的能量。它直接或间接地来源于绿色植物的光合作用，可转化为常规的固态、液态和气态燃料。它取之不尽、用之不竭，是一种可再生能源，同时也是唯一一种可再生的碳源。地球上的生物质能资源较为丰富，而且是一种无害的能源。地球每年经光合作用产生的物质有1730亿t，其中蕴含的能量相当于全世界能源消耗总量的10 ~ 20倍。但目前的利用率不到3%。

二、物质能的应用

由于生物质能可以转化为常规的固态、液态和气态燃料，所以主要分为固化、液化、气化三种大的方面进行利用。尤其在固化方面，主要将秸秆等通过加工转变成密度较大的生物质压块作为燃料或者动物饲料。

（一）生物质能在建筑采暖、热水供应、炊事方面的应用

1. 固化方式

若采用固化方式，使用为生物质压块专门设计的采暖系统。

工作原理：如同家里的采暖炉，只不过这种炉子是为生物质压块专门设计的，同时可以配套和普通热水或蒸汽采暖系统类似的散热器片，实现和常规燃煤采暖炉相同的采暖效果。

2. 气化方式

气化方式有两种：一是利用生物质气化炉生产可燃气体，二是利用沼气池产生沼气。

下面具体介绍沼气能源。沼气是农村广泛使用的可再生能源，它是由农村的生物质能源转变而成的能源之一。

农村生态建筑不仅是建立一套独立的建筑以满足农民居住和存放物品的空间要求，而且要将建筑与环境、资源、能源以及人的活动紧密地融为一体。可再生资源、建筑与可再生能源生产和利用过程构成了链循环，沼池生产的沼气供住宅建筑人群生活、生产使用，沼液和沼渣可用作肥料或禽畜饲料，肥料生产的作物和饲养禽畜可供人们做食物，其废物又作为沼池原料生产沼气，构成了生态循环。由于生产沼气的原料是农业的废弃物，容易产生废气的污染，因此在建筑设计时必须要统筹兼顾，整体布局，做到在充分利用好可再生能源的同时，又可以实现生态建筑设计的基本要求。

3. 液化方式

生物质液化技术：液化在目前有很多种方法，有热解、在溶剂中液化和与煤共热解等方法。

原理：生物质热解液化是生物质在完全缺氧或有限氧供给的条件下热降解为液体生物油、可燃气体和固体生物质炭三个组成部分的过程。

（二）生物质能在建筑制冷方面的应用

对于我们来说，建筑相关的制冷不外乎空调（室内温度的调节）和冰箱（食物的低温储存）。如今，同样可以利用生物质能来进行制冷。

1. 吸收式制冷

概念：利用吸收剂的吸收和蒸发特性进行制冷的技术是生物质能吸收式制冷技术，一般是利用生物质产生的热能，驱动溶液进行制冷。

根据吸收剂的不同，可分为氨水吸收式制冷和溴化锂吸收式制冷两种。

2. 吸附式制冷

概念：吸附式制冷是利用固体吸附剂对制冷剂的吸附作用来制冷的，常用的有分子筛—水、活性炭—甲醇吸附式制冷。

特点：吸附式制冷系统是以吸附床替代蒸汽压缩式制冷系统中的蒸汽压缩机，而吸附床性能的好坏对整个吸附式制冷系统能否正常运行起着决定性作用。

在生物质能吸附式制冷系统中，生物质产生的热能是其热驱动源，以生物质能来加热吸附床。

当然，单单依靠生物质能势必会造成对于单户来说的制冷的间断，不过我们可以将电能作为辅助能源以保证制冷的连续性。如果能和中央空调结合起来，集中制冷分户控制，将会有助于建筑耗能的降低。同时，可以利用气化形式实现远距离工作，克服固化生物质能利用带给住户的环境污染。

（三）生物质能在建筑照明方面的应用

生物质能在照明方面的应用也主要体现在两方面：一是利用比较成熟的沼气灯来照明；

二是利用生物质压块或沼气进行生物质发电来提供建筑照明用能。

在实际中，我国生物质发电也主要是以生物质压块和沼气为燃料来产生能量，通过改进的发电机组进行发电的。

总之，如果能够充分将生物质能利用到建筑耗能上或作为建筑耗能的辅助功能方式，也会在一定程度上大大降低建筑能耗。利用生物质能进行建筑节能不仅可以缓解经济高速发展带来的能源危机，另外还会大大降低由于使用不可再生能源引起的环境污染和破坏，减少“酸雨”现象的发生，为我们创造优美的生活和工作环境，生物质能利用将成为建筑节能重要的发展方向。

结 语

暖空调节能设计对建筑工程有着非常重大的意义，不仅能实现建筑工程的经济效益，还在一定程度上节约了环境资源，为我国的环保事业贡献了一分力量。在实际的建筑工程项目当中，暖通空调节能技术的应用效果不仅直接决定着整个建筑工程项目节能的效率，还将直接关系建筑工程企业的经济效益。基于这样的重要性，我们理应在实际的建筑工程中不断优化暖通空调节能技术的设计与应用手段，让真正意义上的节能效果充分体现于建筑工程项目之中。只有这样，暖通空调节能技术才能够促进建筑工程企业的可持续发展。

参考文献

[1] 李郡，俞准，刘政轩，等. 住宅建筑能耗基准确定及用能评价新方法 [J]. 土木建筑与环境工程，2016.

[2] 李兆坚，江亿. 我国广义建筑能耗状况的分析与思考 [J]. 建筑学报，2006.

[3] 王沁芳，范一菁，万荣娟 . 建筑节能现状及建筑节能新技术 [J]. 砖瓦，2011.

[4] 王爱兵 . 浅析建筑节能现状及建筑节能新技术 [J]. 城市建筑，2013.

[5] 杨柳，杨晶晶，宋冰，等 . 被动式超低能耗建筑设计基础与应用 [J]. 科学通报，2015.

[6] 刘志跃，刘慧勇，杨宗文，等 . 被动房屋面防水保温系统的设计与施工 [J]. 中国建筑防水，2019.

[7] 闫嘉川 . 现代建筑工程与绿色建材的研究 [J]. 中外企业家，2019.

[8] 豆高雅 . 环保型建筑节能材料的特性及应用发展趋势 [J]. 上海建材，2016.

[9] 朱冠军 . 对建筑外墙保温技术的探讨 [J]. 中小企业管理与科技 .2017.

[10] 谢空，曾刚，武晶 . 太阳能与建筑一体化设计的研究与实践 [J]. 煤炭工程，2015.

[11] 谢空，白梅，邓康 . 太阳能与建筑一体化设计体会 [J]. 工业建筑，2014.

[12] 王斌 . 建筑电气节能设计及照明节能设计思考 [J]. 住宅与房地产，2020.

[13] 李进军 . 现代绿色建筑节能设计的发展及运用 [J]. 绿色环保建材，2019.

[14] 王亮 . 建筑构造技术的玻璃幕墙节能策略分析 [J]. 中国标准化，2017.

[15] 张小玲 . 推广被动式低能耗建筑力争实现碳中和目标 [J]. 建设科技，2020.

[16] 纪卫 . 供热工程节能设计研究 [J]. 价值工程，2015.

[17] 张运杰 . 节能技术在供热管网中的应用研究 [J]. 科技创新导报，2019.

[18] 刘舰，于戈，高艳娇，等. 集中供热分户计量的几个问题 [J]. 辽宁工学院学报. 2005.

[19] 叶晓翠，夏剑铭，刘毅，等 . 燃气蒸汽锅炉房供热系统的节能减排分析 [J]. 空调暖通技术，2018.

[20] 吕文慧 . 节能环保技术在暖通空调系统中的应用 [J]. 四川水泥，2019.

[21] 张秀娟 . 对节能型集中供热系统运行管理的探讨 [J]. 城市建设理论研究，2012.

[22] 方芳，许令顺，方廷勇 . 城市供热智能化监管系统的研究及其应用 [J]. 区域供热，2019.

[23] 朱诗君．建筑工程自然通风节能设计浅析 [J]. 低碳世界，2014.
[24] 罗桂荣 . 民用建筑空调水处理设计相关问题探讨 [J]. 黑龙江科技信息 .2012.
[25] 李智耿，肖立 . 居住建筑节能设计有关问题探讨 [J]. 重庆工商大学学报，2014.
[26] 林佩仰 . 建筑能源管理系统及其在绿色建筑中的应用 [J]. 建筑电气，2012.